人類、宇宙に住む

実現への3つのステップ

ミチオ・カク
MICHIO KAKU
訳 斉藤隆央

THE FUTURE OF HUMANITY
TERRAFORMING MARS, INTERSTELLAR TRAVEL,
IMMORTALITY AND OUR DESTINY
BEYOND EARTH

NHK出版

人類、宇宙に住む

実現への3つのステップ

THE FUTURE OF HUMANITY:
TERRAFORMING MARS, INTERSTELLAR TRAVEL,
IMMORTALITY AND OUR DESTINY BEYOND EARTH
by Michio Kaku

装幀　高柳雅人

本書を愛情に満ちた妻シズエと、娘のミシェルとアリソンに捧げる

人類、宇宙に住む　実現への3つのステップ　目次

第Ⅱ部 星々への旅

本文中の〔　〕は訳注を表す。注番号は巻末の原注を参照。
本文引用中の［　］は原著者による補足を示す。
本文中に挙げられた書名は、邦訳版があるものは邦題を表記し、邦訳版がないものは原題とその逐語訳を併記した。

プロローグ

七万五〇〇〇年前のあるとき、人類はほとんど死に絶えた。[*1] インドネシアで巨大噴火が起こると、大量の灰と煙と岩くずが舞い上がって空を覆い、何千キロメートルも広がった。このトバ山の噴火はきわめて猛烈なもので、過去二五〇〇万年で最大の火山現象とされる。なんと二八〇〇立方キロメートルもの土砂を空中に巻き上げたのだ。そのおかげでマレーシアからインドにかけての広い地域が、最大で九メートルの厚さの火山灰に覆われた。有毒の煙と塵《ちり》がやがてアフリカへ達し、通り過ぎたあとに死と破壊の跡を残していった。

ここでしばし、この激変が引き起こした混乱状態について考えよう。われわれの祖先は、灼熱地獄と太陽を陰らせる灰の雲によって恐怖に陥り、多くは濃密な煤《すす》と塵で息が詰まったり、中毒を起こしたりした。それから気温が急激に下がり、「火山の冬」がもたらされた。見渡すかぎり、草木や野生動物は死に絶え、荒涼たる風景のみが広がっている。残されたヒトや動物は荒廃した土地でわずかな食べ物のかけらをあさってまわったが、ほとんどのヒトは飢え死にした。まるで地球全体が死にかけているかのようで、わずかに生き延びた者が目指したのはただひとつ、世界に下りた死のカーテンからできるだけ遠くへ逃げることだった。

この大異変の動かぬ証拠は、われわれの血に見出せるかもしれない。*2

遺伝学者は、ヒトのなかでどのふたりをとっても、ほぼそっくり同じＤＮＡをもつことに気づいている。一方、どの二頭のチンパンジーをとっても、ヒトの集団全体で見られる以上に遺伝子の差異があるようだ。数学的に考えると、この現象を説明するひとつの見方は、巨大噴火のとき、ほとんどのヒトが消え去って、ほんのひとにぎり――およそ二〇〇〇人――しか残らなかったというものになる。そしてなんと、このぼろぼろになった人類集団が祖先のアダムとイヴになり、やがて地球全体に住みつくようになったのだ。われわれは皆、互いにほとんどクローンで、現代のホテルの宴会場にやすやすと収まる数の、厳しい環境に耐えた小集団を祖先にもつ、兄弟姉妹なのである。

不毛の世界を歩いていた彼らには、いつの日か自分たちの子孫がこの惑星を隅々まで支配することになるとは思いもよらなかった。

今日、未来に目をやると、七万五〇〇〇年前に起きた出来事は、実はこの先に起きる大惨事の予行演習のようにも思える。私は一九九二年、遠くの恒星をめぐる惑星が初めて見つかったという驚くべきニュースを耳にしたときに、このことを思い起こした。この発見で、天文学者は太陽系外に惑星が存在することを証明できたのである。これは、宇宙を理解するうえで大きなパラダイム・シフト（認識の転換）だった。だが私は、そのニュースの続きを知ってがっかりした。この系外惑星が周回していたパルサーという死んだ恒星は、かつて超新星爆発を起こしており、もしその惑星に何かが棲んでいたとしても皆殺しにしていたにちがいなかったのだ。科学で明らかになっているどんな生物も、恒星が至近距離で爆発する際に生じる圧倒的な核エネルギーの爆風には耐えられない。

それから私は、その惑星の文明が、母なる恒星の終焉を知り、急いで宇宙船の大部隊を集めて別の恒星系へ飛ばすさまを思い描いた。惑星はすっかり混乱状態で、人々はパニックになり、飛び立つ船の残り少ない席を必死に奪い合っていただろう。取り残された人々が恒星の爆発で最期を遂げるときに覚えた恐怖はいかほどか。

人類がいつかなんらかの絶滅レベルの出来事に遭遇するのは、物理法則と同じぐらい避けがたい。それでもわれわれは、祖先のように生き残り、さらには繁栄しようとする意欲と決意をもつだろうか？

微生物から、そびえ立つ森、闊歩《かっぽ》する恐竜、挑戦心あふれるヒトに至るまで、これまで地球上に存在した全生物を眺めてみると、九九・九パーセント以上が結局は絶滅していることに気づく。つまり、絶滅は当たり前で、事態はわれわれにひどく不利なのだ。足もとの土を掘って化石を掘り出せば、かつて存在した多くの生物のあかしを目にすることになる。しかし、ほんのひとにぎりしか今日まで生き延びていない。われわれより前に無数の種《しゅ》が現れては、隆盛を謳歌し、その後衰退し滅びている。それが生命の物語なのだ。

感動的でロマンチックな夕日の眺め、さわやかな海風の香り、夏の日のぬくもりをどれだけ大事に思っていても、いつかすべてが終わりを迎え、この惑星にはヒトが住めなくなる。自然はやがてわれわれに牙を剝《む》く。絶滅したすべての生物にもそうしていたように。

地球の壮大な生命史は、厳しい環境に直面した生物が必然的に三つの運命のどれかに行き着くことを明らかにしている。その環境から出ていくか、環境に適応するか、滅びるかだ。だが、非常に遠い未来に目を向けると、われわれが直面する災厄はあまりにもひどくて適応が事実上不可能になる。すると地球を出ていくか、滅びるかしかなくなる。ほかに方法はない。

そうした災厄はこれまでに何度となくあったし、これからも起きるのは避けられない。地球はすでに五度も大量絶滅を繰り返してきた。その際、最大で全生物の九〇パーセントが地球から姿を消している。昼のあとに夜が来るように、今後また災厄が訪れるのは確実なのだ。

数十年のスケールでは、われわれは自然の脅威ではなく、己《おのれ》の愚かさや近視眼的な考えによってほぼみずから招く脅威に直面する。たとえば、地球の大気そのものがわれわれに牙をむく、地球温暖化のおそれだ。核兵器がとりわけ不安定な地域の一部に拡散すると、現代の戦争が起きるおそれもある。エイズやエボラを咳やくしゃみだけで空気感染するようにするなど、微生物を兵器化することも脅威となる。これは九八パーセントを超える人類を消し去るかもしれない。さらに、ふくれあがる人口が猛烈な勢いで資源を消費するおそれもある。われわれはどこかの時点で地球の許容量を超え、最後に残ったたくわえを奪い合い、生態学的な最終戦争に突入するかもしれないのである。

われわれがみずから生み出す災厄に加え、自分たちではほとんど制御できない自然災害もある。数千年のスケールでは、次の氷河期が始まる。過去一〇万年にわたり、地球表面の多くは最大で厚さ八〇〇メートルの氷に覆われていた。荒涼たる氷の世界は多くの動物を絶滅に追いやった。

やがて一万年前に、雪解けが訪れる。この短い温暖化の期間が、現代文明の突然の興隆をもたらし、人類はそれを利用して広がり栄えた。だが、この繁栄は間氷期の出来事なので、この先一万年以内に次の氷河期を迎える可能性が高い。それが来たら、われわれの都市は雪の山に埋もれ、文明は氷の下で押しつぶされるだろう。

そしてまた、イエローストーン国立公園の下に眠る巨大火山が長い休眠状態から目覚め、米国をズタズタにして、煤と岩くずからなる、息苦しい有毒の雲で地球を包み込んでしまう可能性もある。過去の噴火は、六三万年前、一三〇万年前、二一〇万年前に起きた。噴火の間隔はおよそ七〇万年なので、今後一〇万年以内に次の巨大噴火があるかもしれない。

数百万年のスケールでは、六五〇〇万年前に恐竜を滅ぼしたレベルに近い、小惑星や彗星の衝突が起こるおそれがある。六五〇〇万年前の衝突では、直径一〇キロメートルほどの岩石がメキシコのユカタン半島に落下し、燃えさかる岩くずを空に舞い上げて地上にまた降り注がせた。トバ山の噴火と同様、ただしもっと大きな規模で、灰の雲がやがて太陽を覆い隠し、地球全体で気温が急激に低下した。草木は枯れ、食物連鎖が崩壊した。草食恐竜が餓死すると、すぐに肉食恐竜もあとを追った。結局、この破局的な出来事によって、地球上の生物の九〇パーセントが死に絶えたのである。

何千年ものあいだ、われわれはのんきなことに、地球が自分たちの命を奪いうる岩石の群れのなかに浮かんでいるという現実を知らなかった。ここ一〇年のあいだにようやく、科学者は大規模衝突の実際のリスクを数量的に評価しはじめている。いまやわれわれは、数千の地球近傍天体

（NEO）が地球の軌道を横切り、生命に危険をもたらしていることを知っている。二〇一七年六月の時点で、こうした天体が一万六二九四個リストアップされているが、これはすでに見つかっているものにすぎない。天文学者は、太陽系には地球のそばを通る未知の天体が数百万個あるかもしれないと推定している。

かつて私は、この脅威について、今は亡き天文学者のカール・セーガンにインタビューしたことがある。彼は、「私たちは射撃練習場のなかに住んでいるのです」と潜在的な危険に囲まれていることを力説した。大きな小惑星が地球にぶつかるのは時間の問題にすぎないと言ったのだ。そうした小惑星をどうにかして明るく目立たせたら、夜空は何千もの恐ろしげな光点にあふれてしまうだろう。

たとえこのすべての脅威を避けられたとしても、そのすべてがちっぽけに見えるほどの脅威がさらにある。今から五〇億年後、太陽は膨張して赤色巨星となり、空を覆いつくすだろう。巨大になるあまり、地球の軌道が太陽の燃えさかる大気に収まってしまい、猛烈な熱さによって、生命はこの地獄のなかでは存在できなくなるはずだ。

この惑星にいるほかの生物は皆、運命をただ待ち受けるしかないが、われわれヒトはみずからの運命を操れる。幸い、われわれは現在、自然が示す確率を覆す道具を作りつつあるので、絶滅を運命づけられた九九・九パーセントの生物には入らない。本書では、人類の運命を変える活力とビジョンとリソースをもつ先駆者たちに出会うことになる。人類が宇宙で生きて栄えることができると信じる夢想家たちにも会う。また、地球を出て、太陽系のどこかやさらに遠くにまで住めるようにする、技術の革命的な進歩について分析もおこなう。

一方でわれわれの歴史から学べる教訓がひとつあるとすれば、それは人類が、命をおびやかす危機に直面するたびにその難題に対処し、さらに高い目標に到達してきたということだ。ある意味で、冒険心がわれわれの遺伝子に内在し、精神に組み込まれているのだと言える。

しかし今、人類は最大の難題に直面しているのかもしれない。地球の囲いを出て宇宙へ舞い上がるという難題だ。物理法則は明確なので、遅かれ早かれ、われわれは自分たちの存在そのものをおびやかす地球規模の危機に出くわすことになる。

生命はかけがえのない存在だ。だから、ただひとつの惑星にとどまり、こうした惑星規模の脅威に運命を委ねるわけにはいかない。

人類には保険が要る。セーガンはそう私に言った。彼は、人類は「ふたつの惑星の種族」になるべきだと断言した。つまり、人類にはバックアップのあるプランが必要だというわけである。

本書では、われわれの前途に待ち受ける出来事と、難題と、考えられる解決策を探っていこう。その道のりはなだらかではなく、後戻りもあるだろうが、選択の余地はないのだ。

およそ七万五〇〇〇年前に絶滅しかけてから、われわれの祖先は勇気をもって前進し、地球全体に住みかを広げていった。本書が、将来必ず直面する障害を克服するためのステップを明らかにすることになればいいと思う。ひょっとしたらわれわれは、いくつもの星々にまたがって暮らす「多惑星種族」となる運命なのかもしれない。

はじめに　多惑星種族へ向けて

人類の長期的な生存がおびやかされているとしたら、われわれは、自分たちの種《しゅ》に対し、敢然とほかの世界へ向かう基本的責務を負っている。

——カール・セーガン

恐竜は宇宙計画をもたなかったがゆえに絶滅した。だからもしわれわれが宇宙計画をもたないばかりに絶滅したら、自業自得だ。

——ラリー・ニーヴン

子どものころ、私はアイザック・アシモフの『ファウンデーション』三部作〔『銀河帝国興亡史』シリーズとして岡部宏之訳、早川書房など〕を読んだ。ＳＦ史上屈指の大河小説として名高い作品である。アシモフが、エイリアンとの光線銃での戦いや宇宙戦争について書くのではなく、単純だが深い、次のような疑問を投げかけているのに私ははっとした。五万年後に人類文明はどこにあるか？　われわれが最終的にたどる運命は？

その画期的な三部作でアシモフは、人類が天の川銀河の隅々にまで広がり、住みついた何百万もの惑星が広大な銀河帝国にまとまっている状況を描いていた。人類はあまりにも遠くまで旅していたので、この大文明を生み出した最初の故郷の場所は、とうの昔に忘れ去られている。そして、非常に多くの先進社会が銀河じゅうに散らばり、非常に多くの人が複雑な経済網によって結びついていたため、この莫大な数のサンプルの存在によって、数学的に将来の成り行きを予測することができた。まるで、分子集団の運動を予測するかのように。

ずいぶん前、私はアシモフ博士を大学に招き、話してもらった。その思慮深い言葉に耳を傾けながら、彼の知識の幅広さに驚いた。それから私は、子どものころから気になっていたことを尋ねた。何から着想を得て『ファウンデーション』シリーズを書いたのですか？　どうして銀河系全体を取り込むほど大きなテーマを思いついたのでしょうか？　アシモフはためらいもなく、ローマ帝国の興亡から着想を得たと答えた。この帝国の物語では、ローマ人の運命が、波瀾万丈の歴史においてどのように展開したかを知ることができる。

私は、人類の歴史にも運命があるのだろうかと考えるようになった。もしかしたら、われわれはやがて天の川銀河全体に広がる文明を作り出す運命なのかもしれない。われわれの運命はまさしく星のめぐり合わせなのかもしれないのだ。

アシモフの作品の根底に流れるテーマの多くは、もっと前に、オラフ・ステープルドンの独創的な小説『スターメイカー』（浜口稔訳、国書刊行会）で探求されている。この小説では、主人公が夢うつつの状態でなぜか宇宙へ舞い上がって遠くの惑星に行き着く。純粋に意識だけで銀河を駆け抜け、恒星系を訪ねてまわりながら、彼は奇想天外なエイリアンの帝国をあれこれ目にする。そうした帝国のなかには、興隆して平和で豊かな時代を迎えつつあるものもあれば、宇宙船で星間国家を作っているものさえある。一方で、憎悪や対立や戦争によって滅び、廃墟と化しているものもある。

ステープルドンの小説に登場する斬新な概念の多くは、その後のＳＦに取り込まれている。たとえば『スターメイカー』の主人公は、多くの超先進文明が、遅れた文明からわざと自分たちの存在を隠していることに気づく。うっかり後進文明を先進テクノロジーで汚さないようにとの配慮だ。この概念は、『スター・トレック』シリーズで惑星連邦の指針のひとつとなっている「最優先事項《プライム・ディレクティブ》」〔他惑星の種族の政治や文化への干渉を禁じる原則〕に近い。

主人公はまた、非常に高度になったあまり、母なる恒星を巨大な球体に収めてすべてのエネルギーを利用している文明にも遭遇する。この概念は、のちにダイソン球と呼ばれるもので、いまやＳＦの設定の定番となっている。

さらに彼は、つねにテレパシーで連絡を取り合っている種族に出会う。互いに、相手の内心の考えがわかるのだ。この概念は、『スター・トレック』に登場する種族ボーグに先立つ。ボーグの場合、個体同士は精神的につながっていて、集合体の意思に従っている。

そして小説の末尾で、主人公はスターメイカーにあいまみえる。スターメイカーとは、それぞれ独自の物理法則をもつ宇宙の集まりのすべてを創造し、手直ししている天上の存在だ。われわれの宇宙はマルチバース（多宇宙）のひとつにすぎないわけである。主人公はすっかり畏怖の念を抱きながら、スターメイカーが新たに刺激的な世界を出現させる一方、自分にとって魅力のない世界を捨て去るさまを目の当たりにする。

ステープルドンの画期的な小説は、ラジオがまだ奇跡のテクノロジーと考えられていた世界に相当な衝撃を与えた。一九三〇年代には、宇宙旅行をする文明に到達するという考えは、とんでもないものに思われた。当時、プロペラ推進の飛行機が最新鋭で、ほとんど雲の上にも出られなかったので、星々へ旅する可能性はどうしようもなく低いように思えたのである。『スターメイカー』はたちまち好評を博した。アーサー・C・クラークは、これまでに刊行されたSFのなかで最高に優れた作品のひとつに挙げている。戦後の全世代のSF作家の想像力に火をつけたのだ。しかし一般の人々のあいだでは、この小説は、第二次世界大戦の混乱と蛮行のなかですぐに忘れられてしまった。

宇宙に新しい惑星を探す

いまや、宇宙機ケプラーと地上の天文学者たちが、天の川銀河で太陽以外の恒星をめぐる惑星を四〇〇〇個ほども見つけているので、ステープルドンの描いた文明が実在するのではないかと思われるようになっている。

二〇一七年、NASAの科学者たちが、地球からわずか三九光年という近さの恒星をめぐる地球型惑星を、ひとつならず七つも発見した。その七つのうち三つは、主星に近すぎて液体の水を保持することができないが、ほどなく天文学者は、これらやほかの惑星に、水蒸気を含む大気があるかどうかを確かめられるだろう。水は「万能溶媒」として、DNA分子を構成する有機化合物を混ぜ合わせられるので、科学者は、生命の条件が宇宙にありふれていることを明らかにできるかもしれない。われわれは、惑星天文学の聖杯と言える、地球に瓜ふたつの星を宇宙に見つける寸前なのかもしれないのだ。

同じころ、天文学者はもうひとつ画期的な発見をした。ケンタウルス座プロキシマbという地球型惑星だ。この惑星は、われわれの太陽から最も近い、わずか四・二光年の距離にある恒星、ケンタウルス座プロキシマのまわりを回っている。科学者は長らく、この恒星を最初に探索すべき候補のひとつと考えていた。

こうした惑星は、ほぼ毎週更新しなければいけないほどデータがふくれ上がっている「太陽系外惑星エンサイクロペディア」に最近加わったいくつかにすぎない。そのリストには、ステープルドンが夢想するほかなかった、奇妙で特異な恒星系も含まれている。四つ以上の恒星が互いのまわりを回っている連星系などだ。多くの天文学者は、どんな奇想天外な配置の惑星でも、物理法則を破っていないかぎり、きっと銀河系のどこかに存在するだろうと考えている。

すると、銀河系に存在する地球型惑星の数がおおよそ計算できることになる。銀河系には一〇〇〇億個ほど恒星があるので、太陽に似た恒星をめぐる地球型惑星は二〇〇億個はあるかもしれない。そしてわれわれがもっている機器で見える銀河は一〇〇〇億個あるから、可視宇宙に存在する地球型惑星の数を見積もることができる。なんと一兆の二〇億倍だ。

銀河にハビタブル（生命居住可能）な惑星が満ちていることに気づいたら、夜空はもうこれまでのようには見えないだろう。

天文学者がこのような地球型惑星を見つけたら、次の目標は、大気を分析して生命の徴候である酸素や水蒸気を見つけ、知的文明の存在を示す電波をとらえることとなる。そんな発見ができたら、火の使用に匹敵する人類史上最大級の転機になるはずだ。われわれと宇宙との関係が見直されるだけでなく、われわれの運命が変わってしまうのだから。

宇宙探査の新たな黄金時代

こうした系外惑星の刺激的な発見は、新世代の夢想家がもたらす目新しいアイデアとともに、宇宙旅行に対する人々の関心に再び火をつけている。もともと宇宙計画の原動力となっていたのは、冷戦と、超大国間の競争意識だった。人々がアポロ宇宙計画に米国の連邦予算の五・五パーセントもつぎ込まれても気にしなかったのは、国家の威信がかかっていたからだ。しかし、この熱狂的な競争はいつまでも続けられず、やがて資金が途切れた。

米国の宇宙飛行士が最後に月面を歩いたのは、およそ四五年前のことだ。いまや、サターンＶ《ファイブ》ロケットもスペースシャトルも解体され、博物館や廃品置き場で錆《さ》びかけており、それらの物語はほこりだらけの歴史書のなかに消え入ろうとしている。その後しばらく、ＮＡＳＡは「どこへも行かない機関」と批判された。数十年にわたり、皆がすでに通った道をあえて進んで時間を無駄にしたのである。

だが、経済情勢が変わりだした。かつては高すぎて国家予算の足かせになりそうだった宇宙旅行のコストが、次第に低下した。主に、新進の企業家たちから流れ込む、エネルギーと資金と熱意のおかげである。ときに遅々として進まないＮＡＳＡのペースにしびれを切らし、イーロン・

マスクやリチャード・ブランソン、ジェフ・ベゾスのような億万長者が小切手帳を開いて新たなロケットを建造している。彼らは利益を上げたいだけでなく、宇宙へ行くという子どものころからの夢を実現したいのだ。

今、国家の志《こころざし》が蘇ろうとしている。問題は、もはや米国が火星に宇宙飛行士を送るかどうかではなく、いつ送り込むかだ。バラク・オバマ前大統領は、二〇三〇年以降に宇宙飛行士が火星表面を歩くと言い、ドナルド・トランプ大統領はNASAにそのスケジュールの前倒しを求めている。

惑星間旅行の可能なロケットと宇宙モジュール――NASAのスペース・ローンチ・システム（SLS）とオリオン宇宙船や、イーロン・マスクのファルコンヘビーとドラゴン宇宙船など――は現在、初期のテスト段階にある。これらは重量物を打ち上げ、宇宙飛行士を月や小惑星、火星、さらに遠くへと運ぶだろう。事実、このミッションはとても広く知られ、人々の強い関心を呼び起こしたため、実現へ向けて競争意識が高まっている。ひょっとして、火星上空で交通渋滞が起き、さまざまなグループが火星の土に最初に旗を立てようと競い合うことにでもなるのだろうか。

われわれは、数十年なおざりにされた宇宙探査が再び国家の刺激的な重要課題となる、宇宙旅行の新たな黄金時代に入ろうとしている――そんなふうに書いている人もいる。

未来に目を向ければ、科学が宇宙探査を変えていくプロセスのあらましを思い描ける。幅広い現代テクノロジーの革命的な進歩によって、われわれの文明がいつか宇宙へ進出し、惑星をテラフォーミング（地球化）して星々のあいだを飛びまわるさまが、いまや予想できるのだ。これは長期的な目標ではあるが、妥当な期間を示し、なんらかの節目に到達する時期を見積もることはできる。

本書では、この野心的な目標をなし遂げるのに必要なステップを検討しよう。だが、未来がどう展開するかを明らかにするための鍵は、こうした驚異的な進歩の背景にある科学を理解することにある。

テクノロジー革新の波

科学の広大なフロンティアが目の前に広がっていることを考えれば、人類史の全景を大局的に眺めるのは役に立つかもしれない。われわれの祖先が今日のわれわれを見たら、どう思うだろうか？ 人類はその歴史の大半にわたり、みじめな暮らしをして、寿命が二〇年から三〇年ぐらいの冷酷な世界で奮闘していた。ほとんどが流浪の民で、私財はすべて背負って運んでいた。毎日が、食べ物と隠れ家を確保するための戦いだった。人類は、獰猛《どうもう》な捕食者や病気や飢えをつねに恐れながら生きていたのだ。しかしそんな祖先が、画像を即座に世界じゅうに送ることができ、月やもっと遠くへ人を連れて行けるロケットがあり、自動運転のできる車をもつ今のわれわれを見たら、魔法使いか魔術師だと思うだろう。

歴史は、科学革命が波のように断続的にやってきて、そのきっかけはえてして物理学の進歩であることを明らかにしている。一九世紀、科学技術の最初の波は、力学と熱力学の理論を生み出した物理学者によって生み出された。これにより、技術者が蒸気機関を作り出すこととなり、それが機関車の誕生や産業革命へと導いた。このテクノロジーの大転換が、無知や大変な力仕事や貧困の呪いから文明を解き放ち、われわれを機械の時代へ引き入れたのである。

二〇世紀には、第二波が、電気と磁気の法則をものにした物理学者によってもたらされ、それが今度は電気の時代へ導いた。これにより、発電機やテレビ、ラジオ、レーダーが登場して、都市が電化された。この第二波が現代の宇宙計画を生み、人類を月へ到達させたのだ。

二一世紀には、トランジスタやレーザーを発明した量子物理学者が牽引役となった科学の第三の波が、ハイテクの形をとって現れた。これにより、スーパーコンピュータ、インターネット、現代のテレコミュニケーション（遠隔通信）、ＧＰＳが登場し、小さなチップが普及して、われわれの生活のあらゆる領域に浸透した。

本書で私は、惑星や恒星を探査してどんどん遠くへと人類を向かわせるテクノロジーについて語ろう。第Ⅰ部では、恒久的な月基地を建設し、火星に入植してそこをテラフォーミングしようとする取り組みを題材に論じる。それをなし遂げるためには、人工知能とナノテクノロジーとバイオテクノロジーからなる科学の第四の波を利用する必要がある。火星のテラフォーミングという目標は、現在のわれわれの能力を超えたものだが、二二世紀のテクノロジーならば、この荒涼とした凍てつく砂漠をハビタブルな世界にできることだろう。自己複製するロボットや超強靭で軽いナノ素材、生物工学によって生み出されたバイオ作物によって、コストを大幅にカットしながら火星をまさしく楽園にすることが考えられるはずだ。やがては火星より先へ進み、小惑星や、巨大ガス惑星である木星や土星がもつ衛星にも、コロニー（植民地）を開拓する。

第Ⅱ部では、太陽系を出て近隣の恒星を探査することができる時代を見通す。やはりこのミッションも現在のテクノロジーを超えたものだが、ナノシップ、レーザー帆、核融合ラムジェットエンジン、反物質エンジンといった、第五の波のテクノロジーによって可能となるだろう。すでにＮＡＳＡは、恒星間旅行の実現に必要な物理学研究に資金を投じている。

第Ⅲ部では、宇宙の星々を新たな住みかにすべく人類の体を改造するには、何が必要かを検討する。恒星間旅行には何十年、いや何世紀もかかりそうなので、寿命を延ばして宇宙で長期間生きるために、われわれ自身を遺伝子操作しないといけないのではなかろうか。若さの泉は今は不可能だが、科学者は、老化を遅らせ、もしかしたら止めることさえできるかもしれない有望な手段を探っている。われわれの子孫は、なんらかの形で不死を享受している可能性があるのだ。さらにわれわれは、重力や大気組成や生態系の異なる遠くの惑星で繁栄するために、自分の体を遺伝子操作する必要もあるかもしれない。

ヒトの脳にあるすべてのニューロン（神経細胞）の地図を作ることを目指すヒトコネクトーム・プロジェクトのおかげで、いつの日か、われわれのコネクトーム〔神経接続の全情報のこと〕を強力なレーザー光線で宇宙へ送り、恒星間旅行にかかわる多くの問題をなくせる可能性もある。私はこれをレーザーポーティング（レーザー転送）と呼んでいる。これでわれわれの意識は自由になり、光速で銀河やさらに遠くの宇宙までも探ることができるため、恒星間旅行にまつわるあからさまな危険を気にする必要はなくなる。

前世紀の祖先が今日のわれわれを魔法使いや魔術師だと思うとしたら、われわれは一世紀後の子孫をどのように見るだろうか？

きっと、われわれは子孫をギリシャ神話の神々のように思うにちがいない。彼らはヘルメスのように、宇宙へ舞い上がって近隣の惑星を訪れるだろう。アフロディーテのように、完璧な不死の体をもつだろう。アポロンのように、太陽のエネルギーをいくらでも利用できるだろう。ゼウスのように、心で命じるだけで願望を実現できるだろう。さらに、ペガサスのような想像上の動物を遺伝子工学で出現させられるはずだ。

つまり、われわれの未来の運命は、かつて恐れ崇《あが》められていた神々になることなのである。科学はわれわれに、宇宙を自分のイメージどおりに操る手段を与えてくれる。問題は、この強大な神々しい力にともなうソロモンの知恵をもつかどうかだ。

人類が地球外生命とコンタクトする可能性もある。自分たちより一〇〇万年進んでいて、銀河を駆けめぐり、空間と時間の構造を変えてしまう力をもつ文明に出くわしたらどうなるかについても、のちほど議論しよう。そんな生命は、ブラックホールをいじったり、ワームホールを使って超光速旅行ができたりするかもしれない。

二〇一六年、宇宙の先進文明にかんする推測が、天文学者やメディアのなかで熱狂の域に達した。天文学者が、遠く離れた恒星を周回する、ダイソン球ほどもありそうな「巨大構造物」らしきものが存在する徴候を見つけたという発表があったのだ。その徴候はまるで決定的なものではないが、科学者は初めて、宇宙に先進文明が実在する可能性を示す徴候に出合ったのである。

本書では最後に、地球の死だけでなく宇宙そのものの死にも直面する可能性を探る。われわれの宇宙はまだ若いが、遠い未来、ビッグフリーズが近づき、温度が絶対零度付近まで下がってわれわれの知るすべての生命が死に絶えそうなときが来るのを予見できる。そのころには、われわれのテクノロジーは十分に高度になり、この宇宙から、思い切って超空間《ハイパースペース》〔三次元を超える高次元空間〕を通り、若い新たな宇宙へ出ていっているかもしれない。

理論物理学（私の専門だ）は、われわれの宇宙がたくさんの泡宇宙からなるマルチバースに浮かぶ一個の泡にすぎないのではないかという考えを提示してくれる。ひょっとすると、マルチバースの宇宙のなかに、われわれの新たな住みかがあるかもしれない。また、たくさんの宇宙を眺めるうちに、もしかしたらスターメイカーのような存在による大いなる構想を明らかにできるかもしれないのだ。

したがって、かつては夢想家による過激な想像の産物と見なされていた、ＳＦの途方もない芸当が、いつか実現できる可能性もある。

人類は今、最大の冒険とも思えるものに出かけようとしている。アシモフやステープルドンによる推測と現実とを隔てる溝に、科学の驚くべき急速な進歩のおかげで橋が渡されるかもしれない。そして星々への長い旅の第一歩は、われわれが地球を離れるときに踏み出される。古いことわざにあるとおり、「千里の道も一歩から」なのだ。その旅は、まさに最初のロケットによって始まるのである。

第I部

地球を離れる

第1章　打ち上げを前にして

水素と酸素を燃料とする世界最大のシステムの上にいて、末端に火をつけようとしているのを知りながら、ちっとも気にかけないような人は、状況をよく理解していない。

――宇宙飛行士ジョン・ヤング

一八九九年一〇月一九日、一七歳の少年が桜の木に登って悟りを得た。少年はH・G・ウェルズの『宇宙戦争』(中村融訳、東京創元社など）を読んだばかりで、ロケットで宇宙を探検できるという考えに胸を躍らせていた。火星へ行く可能性さえある装置を作ったらどんなにすばらしいことかと思い、その赤い惑星を探るのが人類の運命だと空想したのだ。木から下りるころには、彼の人生はすっかり変わっていた。少年は、その空想を実現するロケットを作り上げるという夢に生涯を捧げた。それ以後、一〇月一九日を彼の記念日とすることになる。

少年の名は、ロバート・ゴダード。彼はのちに世界初の液体燃料多段式ロケットを作り上げ、人類史の流れを変える出来事の数々をもたらしたのである。

ツィオルコフスキー――孤独なビジョナリー

ゴダードは、孤独と貧困のなかで仲間から嘲《あざけ》りを受けながら、あらゆる困難に負けじと邁進し、宇宙旅行の土台を築いたひとにぎりの先駆者のひとりだ。そうしたビジョナリー(先見性のある人)のなかでも最初期のひとりとして、ロシアの偉大なロケット科学者コンスタンティン・ツィオルコフスキーがおり、彼は宇宙旅行の理論的基礎を打ち立て、ゴダードへ続く道をつけた。ツィオルコフスキーはひどく貧しい人生を送り、人付き合いを避け、学校の教師をしてかろうじて暮らしていた。若いころは図書館に入り浸り、科学雑誌をむさぼり読み、ニュートンの運動の法則を学び、それを宇宙旅行に応用しようとした。[*1] 夢は、月や火星へ行くことだった。彼は科学界の助けを借りず、独力でロケットにかかわる数学や物理学、力学を考え出し、地球からの脱出速度――つまり地球の重力から逃れるのに必要な速度――を時速四万三〇〇〇キロメートルと割り出した。これは、当時馬で出せた時速二四キロメートルをはるかに上回る。

一九〇三年、ツィオルコフスキーは有名なロケット方程式を公表した。ロケットの質量と燃料供給量から最大速度が決定できる式だ。この式から、速度と燃料の関係が指数関数的であることがわかる。ふつう、ロケットの速度を倍にしたければ、燃料の量を倍にすればいいと思うかもしれない。ところがそうではなく、必要な燃料の量は速度の変化に対して指数関数的に増大するので、加速するのに莫大な量の燃料が要る。

この指数関数的関係は、地球を離れるのに大量の燃料が要ることを明らかにしている。ツィオルコフスキーは、先述の方程式によって、月へ行くのにどれだけの燃料が必要かを、みずからの夢が実現するはるか以前に初めて見積もることができた。

彼は、「地球はわれわれの揺りかごだが、われわれは揺りかごのなかに永久にいられはしない」という理念を指針とし、人類の未来は宇宙の探査だと考える「宇宙主義」という哲学を信じた。一九一一年にこう書いている。「小惑星の土を踏みしめ、月の石を手で持ち上げ、エーテル〔かつて光などの媒質として、空間を満たしていると考えられていたもの〕に満たされた宇宙空間に動く拠点を建造し、地球や月や太陽のまわりに居住できるリングを作り上げ、火星を数十キロメートルの距離から眺め、その衛星や火星そのものの地表にさえ降り立つ——これ以上とんでもないことがあるだろうか！」*2

ツィオルコフスキーは貧しすぎてみずからの数式から実際のモデルを作ることはできなかったが、次のステップはロバート・ゴダードが踏んだ。ゴダードは、いずれ宇宙旅行の土台をなすはずの試作品を実際に作ったのである。

ロバート・ゴダード——ロケット工学の父

ロバート・ゴダードが初めて科学に興味をもったのは、子どものころ、自分の町が電化されるのを目にしたときだった。彼は、科学がわれわれの暮らしのあらゆる面に革命を起こすと考えるようになった。父はその興味を後押しし、望遠鏡や顕微鏡、科学誌『サイエンティフィク・アメリカン』を息子に買い与えた。ゴダードはまず、凧《たこ》や気球で実験をおこなった。ある日図書館で読書をしていて、アイザック・ニュートンの有名な『プリンシピア』（中野猿人訳、講談社）に出合い、運動の法則を知る。すぐに彼の関心の的は、ニュートンの法則をロケット工学へ応用することとなった。

ゴダードは、三つの革新を持ち込むことで、この好奇心を手際よく科学の有用なツールに変えていった。第一に、異なるタイプの燃料で実験し、粉末燃料が非効率であることに気づいた。中国では何世紀も前に火薬が発明され、花火や武器のロケットに使われていたが、火薬は均一に燃えないので、ロケットはほぼおもちゃの状態のままだった。ゴダードの最初の見事なひらめきは、粉末燃料を液体燃料に替えたことだ。液体燃料は精密にコントロールできるため、少しずつ完全に燃やすことができる。彼の作ったロケットにはふたつのタンクがあり、ひとつにはアルコールなどの燃料が入っていて、もうひとつには液体酸素などの酸化剤が入っていた。これらの液体を一連の管とバルブで燃焼室へ送り込み、爆発を細かくコントロールして、ロケットを推進させることができたのだ。

ゴダードは、ロケットが空へ昇るにつれ、燃料タンクが徐々に空《から》になることにも気づいた。そこで彼が次に起こした革新は、使用済みの燃料タンクを捨てて途中で荷重を減らし、飛行距離と効率を大幅に増大することができる、多段式ロケットの導入だった。

そして第三に、ゴダードはジャイロスコープを導入した。ジャイロスコープを回転させると、向きを変えてもその軸はつねに同じ方向を指す。たとえば軸を北極星に向けると、逆さまにしてもその方向を指しつづける。すると宇宙船は、軌道をそれても、動きを補正し元のコースに戻すように推進ロケットを調整することができる。ゴダードは、ジャイロスコープを使えばロケットをずっと目標に向かわせることができると気づいたのである。

一九二六年、彼は液体燃料ロケットの打ち上げに初めて成功して歴史に名を残した。ロケットは一二メートル半上昇し、二・五秒間飛んで、五六メートル先のキャベツ畑に着地した（その場所は今、すべてのロケット科学者にとって聖地となっており、米国の国定歴史建造物に指定されている）。

クラーク大学の研究室で、ゴダードはあらゆる化学燃料ロケットの基本構造を確立した。今日発射台から轟音《ごうおん》とともに打ち上がる巨体は、彼が作った試作品の直系の子孫なのである。

嘲笑われて

次々と成功を収めたものの、ゴダードはメディアの格好の餌食となった。一九二〇年に彼が宇宙旅行を本気で考えているという話が漏れ伝わると、『ニューヨーク・タイムズ』紙は、並の科学者ならくじけてしまうだろう痛烈な批判を紙面にのせてこけにした。「かのゴダード教授は、クラーク大学に自分の『講座』をもっているが……作用反作用の関係を知らず、真空よりましな、何か反作用を起こすものが必要なことを知らない。なんともばかげた話だ。明らかに、高校で日々教えられている知識すらないように見える」[*3]。さらに一九二九年、彼があるロケットを打ち上げたあとで、地元ウスターの新聞がひどい見出しをのせた。「月ロケット、目標まで二三万八七九九と二分の一マイル足りず」。だが、明らかに『ニューヨーク・タイムズ』などはニュートンの運動の法則を理解しておらず、ロケットが宇宙の真空のなかを進めないものと勘違いしていた。

どんな作用に対しても等しく逆向きの反作用があるというニュートンの第三法則は、宇宙旅行も支配している。この法則は、風船をふくらませて手を離し、風船が四方八方へ飛びまわるのを見たことのある子どもなら皆知っている。この場合の作用は、空気が一気に風船から出ることで、反作用は、風船そのものが前へ進むことだ。同様に、ロケットでは、作用は高温のガスが末端から噴き出ることで、反作用はロケットが前へ進むことであり、これにより真空の宇宙でも推進力が得られる。

ゴダードは一九四五年に世を去り、『ニューヨーク・タイムズ』の編集部が一九六九年のアポロによる月着陸後に記した謝罪文を生きて目にすることはなかった。謝罪文にはこう書かれている。「いまや、ロケットが大気中だけでなく真空中でも飛べることがまぎれもなく明らかになった。弊紙は過ちを悔いている」

戦争のためか平和利用か

ロケット工学の第一段階では、ツィオルコフスキーのような夢想家が、宇宙旅行のための物理学や数学を考え出した。第二段階では、ゴダードのような人が、ロケットの最初の試作品を実際に作り上げた。第三段階では、ロケット科学者が主要国の政府の目にとまった。ヴェルナー・フォン・ブラウンは、先達のスケッチや夢やモデルをもとに、ドイツ政府――また、のちに米国――から支援を得て、やがて人類を月に到達させるばかでかいロケットを作ったのである。[*4]

だれより有名なロケット科学者は、貴族の家に生まれた。ヴェルナー・フォン・ブラウン男爵の父は、ヴァイマール共和国時代にドイツ農業相を務め、母はフランス、デンマーク、スコットランド、イングランドの王家の血筋を引いていた。フォン・ブラウンは子どものころピアノがうまく、自分で曲まで作っていた。いずれ著名な演奏家か作曲家になっていたかもしれないが、母親に望遠鏡を買い与えられてその運命が変わった。彼は宇宙に魅了されたのだ。それからSFをむさぼり読み、ロケット自動車のスピード記録に胸躍らせた。一二歳だったある日には、おもちゃの台車にずらりと花火を取り付けてベルリンの雑踏を混乱に陥れた。彼自身は、そう、ロケットのように車が飛び出して大喜びだった。ところが警察の印象は違ったのである。フォン・ブラウンは身柄を拘束されたが、父親のおかげで解放された。後年、こう思い出して懐かしんでいる。「予想以上にうまくいった。台車は狂ったように猛スピードで走りまわり、たなびく火はさながら彗星のようだった。ロケットが燃えつきると、きらびやかなショーがいきなり終わり、台車はおもむろに止まった」

フォン・ブラウンは、数学は決して得意ではなかったと打ち明けている。だが、ロケット工学をものにしたいという欲求が、彼に宇宙旅行のための微積分やニュートンの法則、力学をマスターさせた。あるとき教授にこう言っている。「僕は月へ行くつもりなんです」[*5]

彼は大学院で物理学を専攻し、一九三四年に博士号を取得した。しかし多くの時間、宇宙旅行協会というアマチュアの団体で活動していた。この団体は、ベルリン郊外に放棄されていた三〇〇エーカー〔約一・二平方キロメートル〕の土地で、手に入る部品を使ってロケットを作り、テストをおこなっていた。その年、協会はテストを成功させ、ロケットは空へ三キロメートルあまり上昇した。

フォン・ブラウンは、ドイツのどこかの大学で物理学の教授になって、天文学や宇宙航行学の学術論文でも書いていたかもしれない。だが戦争の気配が漂い、大学も含むドイツ社会全体が軍事色に染まった。先達のロバート・ゴダードは米軍に資金援助を求めたのに断られたが、フォン・ブラウンはナチス政府からまったく異なる待遇を受けた。つねに戦争の新兵器を探していたドイツ陸軍兵器局が、彼に目をつけ、惜しみなく資金を提供したのだ。彼の研究は秘密なあまり、博士論文は陸軍によって機密指定され、一九六〇年まで公表されなかった。

フォン・ブラウンは政治に無関心だったとだれもが口をそろえる。ロケット工学に情熱を注ぎ、政府に研究の資金を出してもらえるならそれを黙って受け取ったのだ。ナチ党は彼に最高の夢を与えた。ほぼ無制限の予算で、ドイツのトップクラスの科学者たちを雇い、未来のロケットを作る巨大プロジェクトを指揮させたのである。フォン・ブラウンいわく、ナチ党、さらにはSS（ナチス親衛隊）のメンバーとなったのは、自分の政治的思想の表れではなく、公務員としての通過儀礼なのだった。しかし、悪魔と取引をすれば、悪魔は必ず要求をエスカレートさせる。

V2ロケット、上がる

フォン・ブラウンの指揮のもと、ツィオルコフスキーのメモやスケッチと、ゴダードの試作品から、報復兵器2号（V2）ロケットが生まれた。この先進の兵器は街区をまるごと吹き飛ばし、ロンドンやアントワープを恐怖に陥れたのである。V2にはとてつもない威力があった。これに比べればゴダードのロケットなどちっぽけで、おもちゃのように見えた。V2は高さが一四メートル、重さが一万二五〇〇キログラムもあり、時速五七六〇キロメートルという猛スピードで飛び、最大でおよそ一〇〇キロメートルの高度に達した。音速の三倍で標的に当たり、音速の壁を超えるときに発する二重の轟音《ごうおん》〔いわゆるソニックブームで、機体前方と後方で生じるふたつの音が重なって聞こえる〕のほかにいっさい気配がない。しかも実用的な射程が三〇〇キロメートル以上もある。だれにも追跡できないし、どんな航空機も追いつけないので、対策は不可能だった。

V2はいくつもの世界記録を打ち立て、過去になし遂げられたロケットの速度と射程をことごとく打ち破った。史上初の長距離誘導弾道ミサイルだったのだ。音速の壁を破った最初のロケットでもあった。そしてなによりびっくりしたことに、大気圏を出て宇宙空間に突入した最初のロケットでもあった。

英国政府はこの先進兵器に度肝を抜かれたあまり、言葉を失った。そこで、こうした爆発の原因はガス本管の欠陥だという話を作り上げた。だが、恐るべき爆発のもとは明らかに空から降ってきていたので、人々は皮肉を込めて「空飛ぶガス管」と呼んだ。ナチスが新兵器を英国へ向けて発射したと公表してようやく、ウィンストン・チャーチルは、イングランドがロケットの攻撃を受けたことを認めた。

にわかに、ヨーロッパの未来、西洋文明そのものの未来が、フォン・ブラウンの率いる孤絶した科学者の小集団の仕事で決まってしまうかのように思われた。

戦争の恐怖

ドイツの先進兵器の成功は、莫大な数の人命を奪った。三〇〇〇発を超えるV２ロケットが連合国へ撃たれ、九〇〇〇人にのぼる死者を出したのだ。強制収容所でV２ロケットを作らされた戦争捕虜の死者数は、さらに多い——一万二〇〇〇人以上——と見積もられている。悪魔は代償を求めたのだ。フォン・ブラウンが気づいたときにはもう手遅れで、すっかり自分の手に負えない状況になっていた。

ロケットが作られている現場を訪れたとき、彼は慄然《りつぜん》とした。ある友人は、フォン・ブラウンがこう言ったと語っている。「ひどすぎる。僕はとっさにSSのひとりに話しかけたけど、口出しするな、でないと同じ縞模様の作業服を着ることになるぞ、とピシャリと言われただけだった。……人道的見地にもとづいて考えようとするのが何もかも無駄なことに気づかされたんだ」。別の同僚は、フォン・ブラウンがこうした死の収容所を批判したことがあったかと訊かれて、このように答えている。「批判していたら、その場で撃ち殺されていたと思いますよ」

フォン・ブラウンは、自分が誕生に手を貸した怪物の手下になってしまったのだ。一九四四年に戦争が不利な状況になったころ、彼はパーティーで酔って、戦況が良くないと口にした。彼がやりたいのは、ひとえにロケットの研究だった。自分たちが宇宙船でなくこんな戦争の兵器に取り組んでいることを悔いていた。不運にも、そのパーティー会場にスパイがおり、フォン・ブラウンが酔って話したことが政府に伝わると、彼はゲシュタポ（秘密国家警察）に逮捕されてしまう。そして二週間、射殺されるかどうかわからぬまま、ポーランドの刑務所の独房に入れられた。ヒトラーが彼の運命を決めるときには、共産主義のシンパだという噂など、ほかの嫌疑もかけられていた。一部の役人は、彼が英国に亡命してV2の開発を妨害するのではないかと恐れた。最終的に、軍需大臣アルベルト・シュペーアがヒトラーに直訴して、フォン・ブラウンの命は助かった。まだV2開発に欠かせない人物と見なされていたのである。

V2ロケットは何十年も時代を先取りしていたが、本格的に戦争に投入されたのは一九四四年の終わりだった。それではナチ帝国の倒壊を食い止めるには遅すぎた。ソヴィエト陸軍と連合軍がもうベルリンに迫っていたからだ。

一九四五年、フォン・ブラウンは一〇〇人のスタッフを連れて連合軍に投降した。彼らは、V2ロケットと部品を積んだ三〇〇両の鉄道貨車とともに、ひそかに米国へ送り出された。それは、元ナチスの科学者から情報を聞き出したり、そうした科学者をスカウトしたりする、ペーパークリップ作戦という計画の一部だったのである。

米陸軍はV2を細かく調べ、やがてそれはレッドストーンロケットの基礎となった。そしてフォン・ブラウンと彼のスタッフは、自分たちのナチスでの経歴を「洗浄」してもらった。それでもフォン・ブラウンがナチス政府で果たしたきわめて玉虫色の役割は、ずっと彼に付いて回った。コメディアンのモート・サールはこんな皮肉でフォン・ブラウンのキャリアをまとめていた。「星々に手を伸ばしながら、ときにはロンドンへ撃ち込む[*6]」。歌手のトム・レーラーは次のような歌詞を書いた。「ロケットが上がったら、どこへ落ちるかなんて知ったことか。それは僕の担当じゃない」

ロケット工学と超大国の競争

一九二〇年代から三〇年代にかけて、米国政府の官僚は、戦略的な機会を逸していた。自分たちのすぐそばでゴダードがおこなっていた先見性のある研究に気づかずにいたのだ。彼らは戦後、フォン・ブラウンがやってきたのに第二の戦略的な機会も逸した。一九五〇年代、フォン・ブラウンとスタッフに本気で注目せず、彼らを中途半端にほったらかしていたのだ。やがて軍部間の競争が始まった。陸軍はフォン・ブラウンのもとでレッドストーンロケットを作ったが、海軍はヴァンガードミサイルを、空軍はアトラスを手にしていた。

陸軍に対してただちに果たさなければならない責務がなかったフォン・ブラウンは、科学教育に関心をもちはじめた。そこで、ウォルト・ディズニーと共同で、未来のロケット科学者たちの心をとらえるシリーズもののアニメのテレビ特番を制作した。このシリーズでフォン・ブラウンは、月に着陸したり、火星に到達する船団を作り出したりする大がかりな科学研究のあらましを描いてみせている。

米国のロケット開発計画は断続的に進められていたが、ソヴィエトは急速に計画を進めていった。[*7] ヨシフ・スターリンとニキータ・フルシチョフは、宇宙計画の戦略的重要性を理解し、最優先課題にした。ソヴィエトの計画を指揮したのはセルゲイ・コロリョフで、彼の身元そのものが最高機密とされていた。長年にわたり、彼は「設計主任」や「エンジニア」と謎めかして呼ばれるだけだった。ソヴィエトもV2の技術者を多く捕らえて本国へ移送していた。彼らの手引きにより、ソヴィエトはV2の基本設計を把握し、すぐにそれをもとに次々とロケットを作り上げた。要するに、米国とソヴィエトの全兵器は、基本的にV2ロケットを改良したり束ねたりしたものであり、そのV2ロケットはそもそもゴダードの先駆的な試作品にもとづいていたのである。

米国・ソヴィエト双方にとって大きな目標のひとつは、世界初の人工衛星の打ち上げだった。最初にその概念を提案したのは、アイザック・ニュートンその人だ。今では有名な図を用いて、ニュートンはこう述べた。山の頂上から砲弾を発射すれば、ふもと近くに落ちるだろう。ところが彼の運動方程式に従えば、砲弾は、速く飛ぶほど遠くまで行く。十分に速く撃ち出せば、地球を完全に回って衛星になる。ニュートンは歴史的な大発見をした。この砲弾を月に置き換えれば、運動方程式で月の軌道の厳密な性質を予測できるはずなのだ。

砲弾の思考実験で、彼は重要な疑問を発した。リンゴが落ちるなら、月も落ちるのではないか？　砲弾は地球を回りながら自由落下しているので、月も自由落下しているにちがいない。ニュートンの考察は、史上最大級の革命をもたらした。これで、砲弾、月、惑星など、ほぼあらゆるものの運動が計算できるようになったのだ。たとえば、彼の運動の法則をもとに、砲弾が地球を周回するためには、それを時速約二万八〇〇〇キロメートルで撃ち出す必要があることがすぐにわかる。

ニュートンのビジョンは、ソヴィエトが一九五七年一〇月に世界初の人工衛星スプートニクを打ち上げたとき、現実のものとなった。

スプートニクの時代

スプートニク打ち上げを知って、いわゆる米国の精神が受けた大打撃は、軽く見るわけにはいかない。米国民は、ソヴィエトがロケット科学で世界をリードしていることをすぐに悟った。その屈辱は、二か月後、海軍のヴァンガードミサイルが国際テレビ中継で惨憺たる失敗を起こして上塗りされた。私は子どものころ、母親に、夜更かししてミサイル打ち上げを見てもいいかと尋ねたのをありありと覚えている。母はしぶしぶ承諾した。ヴァンガードが一メートルあまり上昇してから一メートルあまり落下し、転倒して、まばゆいばかりの大爆発とともに発射台を破壊するのを目にして、私はぞっとした。衛星を収めたミサイル先端のノーズコーンがひっくり返り、火の玉に包まれて消えるのがはっきり見えた。

屈辱は続き、数か月後、二度目のヴァンガードの打ち上げも失敗に終わった。メディアは大騒ぎで、そのミサイルを「フロップニク」〔フロップには、どすんと落ちるとか失敗という意味がある〕や「カプートニク」〔カプートはポンコツという意味〕と呼んだ。国連でソヴィエト代表は、わが国が米国に手を貸さなければなるまいと冗談さえ言った。

こうしたメディアの猛攻から国家の威信を取り戻すべく、フォン・ブラウンは急いでジュノーIミサイルを使って衛星エクスプローラー1号を打ち上げるよう命じられた。ジュノーIの原型はレッドストーンロケットであり、さらにその原型はV2だった。

だが、ソヴィエトは立てつづけに切り札を出してきた。一連の史上「初」が、その後数年にわたり見出しを独占した。

- 一九五七年　スプートニク2号が初めて動物――ライカという名の犬――を軌道へ投入。
- 一九五九年　ルナ1号が月を通過した初のロケットとなる。
- 一九五九年　ルナ2号が初めて月への衝突に成功。
- 一九五九年　ルナ3号が初めて月の裏側の写真を撮影。
- 一九六〇年　スプートニク5号が初めて宇宙から動物を無事に帰還させる。
- 一九六一年　ヴェネラ1号が金星を通過した初の探査機となる。

そしてソヴィエトの宇宙計画は、ユーリ・ガガーリンが一九六一年に地球を周回して生還すると、成果の頂点に達した。

私は、スプートニクが米国じゅうにパニックを広げた数年間をはっきり覚えている。どうして後退しているように見えた国家ソヴィエト連邦が、いきなりわが国を跳び越えたのか？

識者は、この大失態の根本的な原因は米国の教育システムにあると結論づけた。米国の学生はソヴィエトの学生に後れをとっていたのだ。資金や資源、メディアの目を、ソヴィエトと張り合える新世代の米国人科学者の輩出に向けられるよう、突貫計画として組織的活動に乗り出す必要があった。当時の記事にはこう書かれていた。「イワンに読めても、ジョニーには読めない」〔イワンとジョニーはそれぞれソヴィエトと米国によくある名前〕

この苦難の時代から、スプートニク世代が現れた。物理学者や化学者やロケット科学者になるのが自分たちの国民としての務めだと考えた学生たちである。

米国の宇宙計画に対する主導権を、哀れっぽい文民の科学者から軍に奪い取らせろという猛烈な圧力を受けながら、ドワイト・アイゼンハワー大統領は、文民による管理の継続を敢然と主張しNASAを創設した。続いてジョン・F・ケネディ大統領が、ガガーリンによる地球周回を受けて、一〇年以内に人類を月へ送る突貫計画を要請した。

この要請が国家を奮い立たせた。一九六六年までに、米国連邦予算のなんと五・五パーセントが月計画に向けられた。いつものことだが、NASAは慎重に事を進め、打ち上げを重ねながら、月着陸の実現に必要なテクノロジーを完成させていった。まずマーキュリーというひとり乗りの宇宙船、次にふたり乗りのジェミニ、最後に三人乗りのアポロができた。NASAはまた、宇宙旅行の段階をひとつひとつ、慎重にクリアしていった。まず宇宙飛行士が、安全な宇宙船を離れて史上初の宇宙遊泳をした。それから、自分たちの船を別の船とドッキングさせる複雑な技術をマスターした。次に彼らは、月をまるまる一周したが、着陸はしなかった。そして最後に、NASAは宇宙飛行士を月へ直接届ける準備を整えたのである。

フォン・ブラウンは、史上最大のロケットとなるサターンVを作るのに駆り出された。このロケットは真に驚くべき工学技術の傑作だった。高さは自由の女神を一八メートル上回り、一四〇トンのペイロード（積み荷）を地球周回軌道まで上げられる。なにより重要なのは、重いペイロードを時速四万キロメートル超という地球脱出速度で送り出せることだった。

致命的な惨事の可能性を、ずっとNASAは考慮していた。リチャード・ニクソン大統領は、アポロ11号のミッションの結果をテレビで発表するにあたり、ふたつのスピーチ原稿を用意させていた。ひとつは、ミッションが失敗に終わり、米国の宇宙飛行士が月で亡くなったことを伝えるものだった。このシナリオは危うく現実になりかけていた。月着陸船が着地する直前になって、カプセルのなかでコンピュータのアラームが鳴ったのだ。ニール・アームストロングは手動で宇宙船を操縦し、月面に静かに着地させた。のちの分析により、そのとき燃料は五〇秒ぶんしか残っていなかったことがわかっている。カプセルは月面に衝突していたかもしれないのである。

幸い、一九六九年七月二〇日、ニクソン大統領はもうひとつのほうのスピーチをすることができた。着陸に成功した宇宙飛行士たちに祝辞を述べたのだ。今なお、サターンVはこれまでに人間を地球の低軌道より上へ運んだ唯一のロケットである。そしてなんと、一度も失敗がなかった。全部で一五基のサターンVロケットが作られ、一三基が打ち上げられたが、無事故だったのだ。サターンVは総計二四名の宇宙飛行士を、一九六八年一二月から一九七二年一二月にかけて月に着陸させるか接近通過させ、アポロの宇宙飛行士たちは、米国の名誉を挽回した英雄として当然ながら称えられた。

ソヴィエトも月へのレースにのめり込んだ。しかし彼らは多くの困難に直面した。ソヴィエトのロケット計画を指揮していたコロリョフが、一九六六年に亡くなった。さらに、N-1ロケットの四度の失敗があった。このロケットは、ソヴィエトの宇宙飛行士を月へ運ぶ予定になっていた。だが一番の決定打は、すでに冷戦で危うくなっていたソヴィエトの経済が、二倍を超える規模の米国の経済と張り合えなくなっていたことだった。

宇宙で取り残されて

ニール・アームストロングとバズ・オルドリンが月に降り立ったときのことは覚えている。それは一九六九年の七月で、私は米陸軍に入り、ワシントン州のフォート・ルイスで歩兵とともに訓練をしながら、自分もベトナムへ送られて戦うのだろうかと考えていた。まさに目の前で歴史が作られようとしているのだとわかってゾクゾクしたが、自分が戦場で死んだら、歴史的な月着陸の記憶を将来のわが子と分かち合えないだろうと気づいて、落ち着かない気分にもなった。

一九七二年にサターンVの打ち上げが終わると、米市民の目はほかのものに向けられるようになった。「貧困との闘い」が本格化し、ベトナム戦争はどんどん金と人命を奪っていた。米国人がすぐそばで飢え、海外で死んでいるのに、月へ行くのは贅沢のように思われたのだ。

宇宙計画の天文学的な費用は支持されなくなった。アポロ以後の時代のためにプランが作成され、いくつかの案が俎上《そじょう》にのせられた。ある案は、無人ロケットを宇宙へ送り込むのを優先させていた。英雄的行為には関心が薄く、価値あるペイロードのほうに関心をもつような軍や民間や学界が、この取り組みを進めた。別の案は、人間を宇宙へ送り込むことを重視していた。現実は厳しく、議会や納税者に資金を出させるには、よく知られていない宇宙探査機より、宇宙飛行士を宇宙へ行かせることのほうが、いつでも易しかったのである。ある議員はひと言でこうまとめている。「バック・ロジャーズ〔フィリップ・ノーラン作のスペースオペラの主人公〕でなければ、金《バック》も出ない」

どちらの側も、何年もかかる出費のかさむミッションより、宇宙空間へすばやく安価に行くものを望んだ。ところが最終的に決まったのは、だれも喜ばない奇妙な掛け合わせだった。宇宙飛行士が貨物と一緒に送られたのである。

その妥協はスペースシャトルという形をとり、一九八一年に運用が始まった。この宇宙機は、それまで数十年のあいだに得たあらゆる教訓と先進テクノロジーを活用した、工学の驚異だった。二万七〇〇〇キログラムのペイロードを軌道上へ送り込み、国際宇宙ステーションとドッキングすることができたのだ。アポロの宇宙船は飛行後に役目を終えたが、スペースシャトルは部分的に再利用できるように設計されていた。七人の宇宙飛行士を宇宙へ送り、飛行機のように飛んで帰還させることができた。そのため、宇宙旅行は次第に珍しくないものに思われていった。米国の人々は、国際宇宙ステーションに着いたばかりの宇宙飛行士がわれわれに手を振るのを見慣れるようになったのだ。そして国際宇宙ステーションそのものが、資金を出した多くの国の妥協の産物だった。

やがて、スペースシャトルにかかわる問題が浮上した。第一に、シャトルは費用を節減するように設計されていたが、それでもコストは急激に上がっていったので、一度の打ち上げにおよそ一〇億ドルかかるようになった。なんであれシャトルにのせて地球の低軌道へ送り込むには、一キログラムあたり八万八〇〇〇ドルあまりかかり、これはほかの運搬方式のコストの四倍ほどにもなる。企業は、従来のロケットで自分たちの衛星を軌道へ送り込むほうがはるかに安いと文句を言った。そして第二に、フライトの頻度が低く、打ち上げの間隔が何か月もあった。米空軍さえ、この制約に苛立ち、スペースシャトルでの打ち上げの一部をキャンセルして、ほかの方法を選んだ。

プリンストン高等研究所（ニュージャージー州）の物理学者フリーマン・ダイソンには、スペースシャトルがなぜ期待に応えられなかったのかについて私見がある。鉄道の歴史を振り返れば、初めは人も商品も含むあらゆるものを運んでいた。業界の商用サイドと消費者サイドにはそれぞれ別個の優先順位と関心事があり、やがて別々の輸送に分かれ、効率を上げてコストを下げた。ところがスペースシャトルは、このように分かれず、商用の関心と消費者の関心が入り混じったままだった。とくにコストの超過とフライトの遅れにより、「あらゆる人のためにあらゆるものを」ではなく、「だれのためにも何もなし」になってしまったのである。

そして、チャレンジャー号とコロンビア号の悲劇で一四名の勇敢な宇宙飛行士の命が失われると、事態はさらにひどくなった。これらの惨事で、宇宙計画への国民・民間・政府の支持は弱まった。物理学者のジェイムズ・ベンフォードとグレゴリイ・ベンフォードはこう書いている。「議会はＮＡＳＡを、探査の機関ではなく主に職業研修と見なすようになった[*8]」。ふたりはさらに、このようにも述べる。「宇宙ステーションではほとんど役立つ科学研究はおこなわれていない。……ステーションは宇宙でキャンプをするところで、宇宙で暮らすところではなかった」

冷戦の風が帆に当たらなくなると、宇宙計画はたちまち資金も勢いも失った。アポロ宇宙計画の絶頂期には、こんなジョークがあった。ＮＡＳＡが議会に資金を求めに行って、ただひと言「ソヴィエトが！」と言えば、議会は小切手帳を取り出して「いくら要る？」と答えるという話だ。しかし、そういう時代はとうに過ぎ去った。アイザック・アシモフが言ったように、われわれはタッチダウンを決めた――それからただボールを持って家へ帰ったのだ。

事態は二〇一一年、ついに大詰めを迎えた。バラク・オバマ前大統領が、新たな「聖バレンタインデーの虐殺」を命じたのだ。さっと手でひと払いするように、彼はコンステレーション計画（スペースシャトルの後釜）、月計画、火星計画を中止した。国民への税負担を和らげるべく、民間企業が不足分を補ってくれることを願って、そうした計画への出資を取りやめたのだ。宇宙計画のベテラン二万人がいきなり解雇され、NASAのエリートたちの集合知が失われた。最大の屈辱は、ロシアの宇宙飛行士と数十年肩を並べていた米国の宇宙飛行士が、これからはロシアの打ち上げロケットに乗せてもらう羽目になることだった。どうやら宇宙探査の絶頂期は終わり、どん底に達してしまったように思われた。

問題は三文字の単語にまとめられるだろう。「コスト」だ。一ポンド（約四五〇グラム）の物を地球の低軌道へ投入するには、一万ドルかかる。あなたの体が純金でできているとしよう。あなたを軌道へ投入するには、おおよそその純金に相当するコストがかかる。月へ何かを運ぶとしたら、一ポンドあたり優に一〇万ドルを超える。さらに、火星へ物を運ぶのに必要なコストは一ポンドあたり一〇〇万ドルを超える。宇宙飛行士を火星へ運ぶ場合の見積もりは、えてして総計四〇〇〇億～五〇〇〇億ドルになる。

私はニューヨーク市に住んでいる。スペースシャトルが街へ来たときは、私にとっては悲しい日だった。シャトルが通りを進んでいくと、物見高い観光客が並んで歓声を上げたが、それはひとつの時代の終わりを示していた。シャトルは展示され、最終的に四六丁目の桟橋に安置された。後釜は望めなかったので、まるでわれわれは科学を放棄し、そのため未来を見捨てたかのように思われた。

そうした暗い日々を振り返って、私はときに、一五世紀に中国の皇帝が派遣した大艦隊のことを連想する。当時、中国人は科学や探検でまぎれもなく世界を引っぱっており、火薬や羅針盤、印刷術を発明していた。軍事力やテクノロジーで彼らに並ぶ者はいなかった。一方、中世ヨーロッパは、宗教戦争で荒廃し、異端審問や魔女裁判や迷信の泥沼にはまり、ジョルダーノ・ブルーノやガリレオのような偉大な科学者やビジョナリーが、たびたび生きながら焼かれたり、軟禁されたり、彼らの著作が禁書になったりしていた。そのころのヨーロッパは、テクノロジーを実質的に輸入しており、革新の担い手ではなかったのだ。

中国の皇帝は、武将鄭和《ていわ》の指揮のもと、古今を通じて最も野心的な艦隊遠征をおこなわせた。コロンブスの船の五倍も長い巨艦三一七隻に、二万八〇〇〇名の船員を乗せた大艦隊だった。そのようなものは、以後四〇〇年は世界に現れていない。一度ならず、一四〇五年から一四三三年にかけて七度も、鄭和は当時知られていた世界をめぐり、東南アジアをまわって中東を過ぎ、東アフリカまで到達した。その航海で持ち帰ったキリンなどの珍しい動物が、宮廷の前を行進する様子を描いた木版画が残っている。

だが、皇帝が世を去ると、新たな統治者たちは探検や発見など無駄だと決断した。中国の人民に、船を所有してはならないと命じさえした。くだんの艦隊も朽ちるに任されたり、燃やされたりし、鄭和の偉業の記録は消し去られた。後代の皇帝たちは、事実上中国とほかの世界との関係を絶った。中国は内向きになり、悲惨な結果を招き、ついには衰退と完全な崩壊、混沌、内戦、革命に至った。

私は、国家が何十年も輝かしい光に包まれたのちに、自己満足に陥って滅びるのがいかに簡単であるかということを、ときに考える。科学は繁栄のためのエンジンなので、科学や技術に背を向ける国家はいずれきりもみ降下に入るのである。

米国の宇宙計画も同じように凋落した。しかし今、政治経済の環境が変わろうとしている。新たな役者が舞台の中央に躍り出てきている。勇敢な宇宙飛行士が、威勢のよい億万長者の起業家に取って代わられつつあるのだ。新たなアイデア、新たなエネルギー、新たな資金が、この復興を推し進めている。だが、この民間の資金と政府の予算の組み合わせは、天空への道を開けるのだろうか?

第2章　宇宙旅行の新たな黄金時代

あなたの光は、私の元気を生み出す光。あなたは私の太陽で、私の月で、私の星々ぜんぶ。

――E・E・カミングズ

中国の艦隊の凋落が何世紀も続いたのとは違って、米国の有人宇宙計画は、数十年放置されただけで復活を遂げた。さまざまな要因が潮目を変えようとしている。

ひとつは、シリコンバレーの起業家たちからの資金の流入だ。民間の資金と政府の予算が珍しく組み合わさったことで、新世代のロケットが誕生しつつある。また同時に、宇宙旅行のコストが低減することによって、種々のプロジェクトが実現可能になっている。宇宙旅行に対する人々の支持も転機を迎え、米国民は再び宇宙探査にかかわるハリウッド映画やテレビの特番に熱を上げるようになっている。

そして最大の要因として、NASAがついに目標を取り戻した。二〇一五年一〇月八日、まごつき、迷い、決断を避けた年月が終わり、NASAはようやく長期的な目標を宣言したのだ。火星へ宇宙飛行士を送るという目標である。NASAはみずから、再び月へ行くことを筆頭に、一連の目標をおおまかに立てさえした。しかし、月は最終目的地ではなく、火星到達というもっと野心的な目標のための足がかりとなる予定だ。一度は舵を失った機関に、いきなり方向性が生まれたのである。識者はこの決断を歓迎し、NASAが再び宇宙探査でリーダーシップをとることを明言したと結論づけた。

そこでまず、われわれから一番近い天体である月について語り、それから深宇宙への旅に出よう。

再び月へ

再び月へ行こうとするNASAの活動を支えているのは、スペース・ローンチ・システム(SLS)という大型打ち上げロケットと、オリオン宇宙モジュールの組み合わせだ。どちらもオバマ大統領が二〇一〇年代初頭、コンステレーション計画を中止した際に予算を削減したことで財政面の後ろ盾をなくした。だがNASAは、コンステレーション計画の宇宙モジュール「オリオンカプセル」も、まだ設計段階だった大型打ち上げロケットSLSも、救い出すことができた。元はまったく違うミッションのためのものだった両者が継ぎ合わさり、NASAの基本的な打ち上げシステムができあがったのだ。

現在、SLS/オリオンシステムは、二〇二〇年代の半ばに有人月フライバイ(接近通過)をおこなう予定となっている。

SLS/オリオンシステムを見てまず気づくのは、直前のスペースシャトルとは似ても似つかないということだ。むしろサターンVロケットに近い。およそ四五年間、サターンVロケットは過去の遺物だった。ところがある意味で、それがいまやSLS打ち上げロケットとして蘇ったのだ。SLS／オリオンを見ると、既視感《デジャヴュ》に襲われる。

SLSは一三〇トンのペイロードを運び上げることができる。高さも九八メートルあり、サターンVロケットに匹敵する。宇宙飛行士は、スペースシャトルのように打ち上げロケットが脇に付いた船のなかではなく、サターンVにのったアポロ宇宙船のように、打ち上げロケットのてっぺんに付いたカプセルのなかにいる。スペースシャトルと違ってSLS／オリオンは、貨物ではなく主に宇宙飛行士を運び上げるのに特化している。さらに、地球の低軌道に到達するだけのために設計されてはいない。サターンVのように、地球脱出速度に達するように設計されているのだ。

オリオンカプセルは、四〜六名が搭乗できるようになっているが、サターンVのアポロカプセルには三名しか乗れなかった。アポロカプセルと同じく、オリオンカプセルも内部は狭い。直径五メートル弱、高さが三メートル半、重さは二万六〇〇〇キログラムだ（スペースは貴重なので、宇宙飛行士はかつて小柄な人ばかりだった。たとえばユーリ・ガガーリンの背丈は一五七センチメートルしかなかった）。

そして、月へ行くためだけに設計されていたサターンVロケットとは違い、SLSロケットは人をほとんどどこにでも連れて行ける。月や小惑星、さらには火星にまで。

そのうえ、NASAの官僚の鈍重なペースにうんざりして、宇宙飛行士を月や火星にわりと早く送り込みたいと思っている億万長者たちがいる。そうした若い起業家は、民間企業に有人宇宙計画を引き継いでもらうというオバマ前大統領の案に引きつけられたのである。

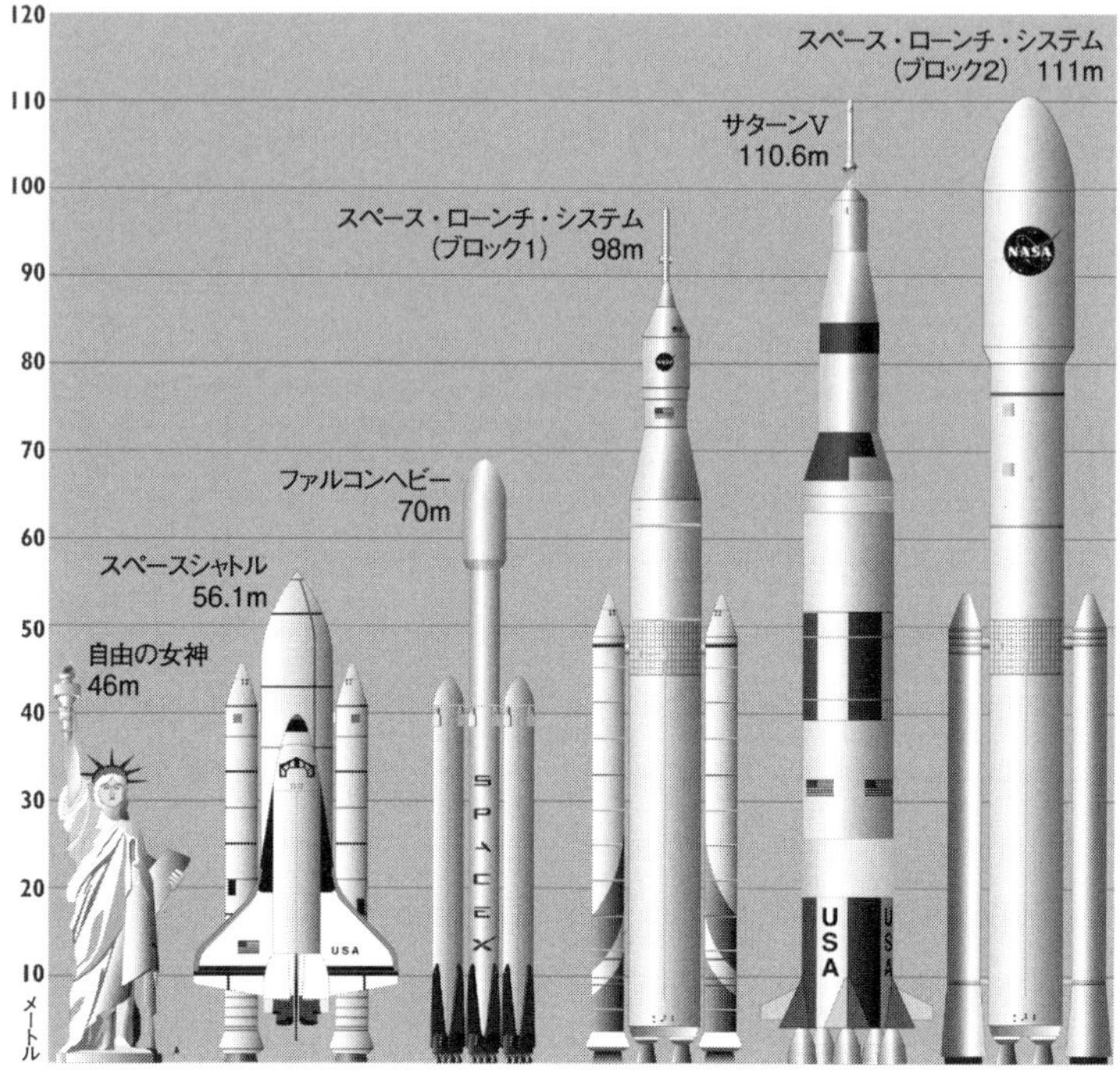

月へ宇宙飛行士を運んだサターンVロケットや、スペースシャトルを、ほかのテスト中の打ち上げロケットと比較してみると、こうなる。

ＮＡＳＡを擁護する人は、慎重なペースは安全上の問題のためだと言っている。二度のスペースシャトル事故のあと、大衆の強い非難がわき起こるなかで、議会の公聴会は宇宙計画を完全に中止させかけた。その規模の事故がもう一度あれば、計画に終止符が打たれてしまいそうだった。さらに彼らは、一九九〇年代にＮＡＳＡが「より速く、より良く、より安く」という謳い文句を訴えていたとも指摘する。ところが、一九九三年に探査機マーズ・オブザーバーが、火星周回軌道に乗る直前に燃料タンクの破裂によって行方不明になると、多くの人がＮＡＳＡはミッションを急ぎすぎたのではないかと思い、「より速く、より良く、より安く」のスローガンはそっと取り下げられた。

したがって、ペースを加速したがる性急な人と、安全性や失敗のコストについてひどく用心深い官僚とのあいだで、微妙なバランスをとらなければならないのである。

それでも、ふたりの億万長者が率先して宇宙計画の迅速化を進めた。アマゾンの創業者で『ワシントン・ポスト』紙のオーナーでもあるジェフ・ベゾスと、ペイパルとテスラとスペースＸの創業者であるイーロン・マスクだ。

メディアはすでに、これを「億万長者の戦い」と呼んでいる。

ベゾスもマスクも、人類を宇宙へ行かせたがっている。マスクは長期的視点に立って火星に狙いを定めているが、ベゾスは月へ行くという直近のビジョンを思い描いている。

月を目指す

人々が、宇宙飛行士を月へ連れて行く最初のカプセルをひと目見たいと、あちこちからフロリダへ押し寄せた。その月行きのカプセルは三人の宇宙飛行士を乗せて、人類史上初めての旅、別の天体への到達に乗り出す。月への旅は三日ほどかかり、宇宙飛行士は、無重力など、かつてない経験をする。勇敢な旅を終えると、宇宙船は太平洋に無事着水し、乗員は世界史の新たな章を開いた英雄として称えられる。

あらゆる計算がニュートンの法則をもとになされ、正確な飛行がなされた。ただし、言っておかなければならないことがひとつある。これは、実はジュール・ヴェルヌが一八六五年、南北戦争が終わった直後に刊行した『月世界旅行』(高山宏訳、筑摩書房など)という予言的小説に書いた話なのだ。月旅行を企てたのは、NASAの科学者ではなく、「ボルティモア大砲クラブ」のメンバーだった。

なんとも驚かされるのは、ジュール・ヴェルヌが、人類初の月着陸より一〇〇年以上も前に、実際の月旅行のさまざまな点を予言できていたことだ。彼は、カプセルのサイズ、打ち上げる場所、地球へ戻って地上へ降りる方法を、正しく描いていた。

ヴェルヌの本で唯一大きな誤りは、巨大な大砲を使って宇宙飛行士を月へ送り込むことだった。発射でいきなりかかる加速度は重力のおよそ二万倍になるはずで、それでは間違いなく搭乗者は死んでしまう。しかし、液体燃料ロケットの登場以前に、彼にはほかの方法での旅を思い描く術《すべ》はなかった。

ヴェルヌは、宇宙飛行士が無重力を経験することも想定したが、その状態になるとしたのは、地球と月のあいだの特定の場所だけだった。彼には、旅のあいだずっと無重力になるとはわかっていなかったのだ(今でも、メディアの解説者が無重力について間違いを犯し、宇宙で重力がなくなる結果の現象だと言うことがある。実際には、木星のような巨大惑星が太陽に引き回されるほど、宇宙にはたっぷり重力がある。無重力の経験は、あらゆるものが同じ速度で落下するという事実が引き起こす。だから、宇宙船内の宇宙飛行士が船と同じ速度で落下していると、重力のスイッチが切れたような錯覚を味わうのだ）。

今日、この新たな宇宙レースを焚きつけているのは、ボルティモア大砲クラブのメンバーの私財ではなく、ジェフ・ベゾスのような大物の小切手帳だ。NASAから納税者の金でロケットや発射台を作る許可が得られるのを待たずに、彼は自前の企業ブルー・オリジンを設立し、ポケットマネーでみずからロケットや発射台を作っている。

プロジェクトはすでに、計画段階を過ぎている。ブルー・オリジンは独自のロケットシステムを作り上げ、ニュー・シェパードと名づけた（米国人として初めて弾道飛行をするロケットで宇宙へ行ったアラン・シェパードにちなむ）。それどころか、ニュー・シェパードは、元の発射台に戻って着地に成功した世界初の弾道飛行ロケットとなり、イーロン・マスクのファルコンを打ち負かした（ファルコンは、ペイロードを実際に地球周回軌道へ送り込んだ初の再使用可能なロケットとなった）。

ベゾスのニュー・シェパードは弾道飛行しかできないので、時速二万八〇〇〇キロメートルに達して地球の低軌道に乗ることはできない。われわれを月へは連れて行かないが、観光客に当たり前のように宇宙を眺めさせる、米国で初めてのロケットになるかもしれない。ブルー・オリジンは最近、ニュー・シェパードでの仮想旅行の動画を公開しており、それはまるで、豪華客船のファーストクラスに乗っているかのようだ。この宇宙カプセルに入ると、すぐになかが広々としているのに驚かされる。ＳＦ映画でよく見られるような狭苦しい場所ではなく、あなたのほかに五人の観光客が贅沢なリクライニングシートにベルトを締めて座れるほどたっぷり余裕があり、あなたはたちまち黒いレザーに身を沈める。外の見える大きな窓がいくつもあり、そのサイズは縦一メートル、横七〇センチメートルほどだ。「どのシートも窓際席で、宇宙船の窓としてはこれまでで最大です」とベゾスは胸を張る。こんなにゴージャスな宇宙旅行はかつてない。

宇宙空間へ行く前に、あなたはいくつか対策をしておく必要がある。旅の二日前に、ブルー・オリジンの打ち上げ施設があるテキサス州ヴァンホーンへ乗り込む。そこであなたは、一緒に行く観光客と顔を合わせ、スタッフから簡単な説明を聞く。飛行は完全に自動化されているため、スタッフは観光客と一緒に乗り込まない。

あなたはインストラクターから、こう説明を受ける。旅は全体で一一分間で、垂直に一〇〇キロメートル上がり、大気圏と宇宙空間の境界まで行く。窓の外の空は暗い紫になり、やがて漆黒になる。カプセルが宇宙空間に達すると、シートベルトを外《はず》して四分間の無重力体験ができる。すると、地球の重力の束縛から逃れて、曲芸師のように浮遊する、と。

なかには無重力のときに気分が悪くなったりもどしたりする人もいるが、短い旅なので大丈夫、とインストラクターは言う（宇宙飛行士の訓練のために、NASAは「嘔吐彗星」――無重力をシミュレートできるKC－135航空機――を利用している。嘔吐彗星は、急上昇していきなり三〇秒ほどエンジンを切り、落下する。そのとき宇宙飛行士は、宙に投げられた石ころのようになっている。自由落下しているのだ。それから航空機のエンジンがかかると、宇宙飛行士は床へ落ちる。これを数時間繰り返すのである）。

ニュー・シェパードでの旅の終わりには、カプセルがパラシュートを開き、カプセル自体のロケットを使って静かに地上へ戻る。海へ着水する必要はない。また、スペースシャトルと違って、打ち上げの時点で失敗があってもロケットから脱出できる安全システムがある（スペースシャトルのチャレンジャー号にはそうした脱出機構がなかったので、七名の宇宙飛行士が亡くなった）。

　ブルー・オリジンはまだこの宇宙への弾道飛行の値段を公表していないが、識者は、当初は乗客ひとりあたり二〇万ドル程度になるだろうと考えている。これは、ライバルのリチャード・ブランソンが開発した弾道飛行ロケットでの旅行の値段だ。ブランソンも、宇宙探査の年譜に名を刻んだ億万長者である。彼はヴァージン・アトランティック航空とヴァージン・ギャラクティックの創業者で、航空宇宙技術者バート・ルータンの活動を支援している。二〇〇四年には、ルータンのスペースシップワンが、アンサリXプライズ〔民間による初の有人弾道飛行を競ったコンテスト〕の賞金一〇〇〇万ドルを勝ち取って世間の注目を浴びた。スペースシップワンは、上空一一〇キロメートルの大気圏の境界まで行くことができた。スペースシップツーは二〇一四年、モハーヴェ砂漠上空を飛行中に死亡事故を起こしたが、ブランソンはテストの継続と宇宙観光の実現を目指している。どのロケットシステムが商業的に成功を収めるかは、いずれわかるだろう。だが、宇宙観光が普及することは間違いないようだ。

　ベゾスは、さらに別のロケットを作って、人々を地球周回軌道へ送り込もうとしている。ロケットの名はニュー・グレンで、地球周回軌道に到達した初の米国人宇宙飛行士、ジョン・グレンにちなんでいる。ロケットは最大で三段まであり、高さは九五メートルで、一段目だけで一七〇万ニュートン〔一ニュートンは、一キログラムの質量に一m/s^2の加速度を生じさせる力〕の推力を生み出す。ニュー・グレンはまだ設計段階だが、ベゾスはさらに新しいロケット、ニュー・アームストロングを計画中であることをほのめかしている。それは地球周回軌道を越え、はるばる月へ到達できるロケットだ。

子どものころベゾスは、とくに『スター・トレック』のエンタープライズ号の乗組員と一緒に宇宙へ行くことを夢見ていた。テレビシリーズを模した劇に出ては、スポックやカーク船長、さらにはコンピュータの役さえ演じていた。高校を卒業すると、たいていのティーンエイジャーなら、最初に乗る車や卒業記念のダンスパーティーに思いをめぐらせそうなときに、彼は来《きた》る世紀の空想のプランを考えた。そして、「地球周回軌道に宇宙のホテルや遊園地、ヨット、二、三〇〇万人が暮らすコロニーを作り」たいと言ったのだ。

「全体として考えたのは、地球を保護することだった。……人類を避難させられるようにするのが目標だ。地球は緑豊かな公園になるだろう」とベゾスは書いている。[*1] 彼が考えたように、この惑星を汚染する工業生産は、最終的に宇宙へ移すこともできるかもしれない。

大人になり、口先だけでなく実行するために、ベゾスは未来のロケットを作るブルー・オリジンという企業を設立した。そのロケット企業の名前は、宇宙から青い球に見えるこの惑星、地球を指している。目標は「お金を出す客に宇宙旅行ができるようにすることで、ブルー・オリジンのビジョンは非常にシンプルです」と彼は語る。「われわれは、何百万もの人々に、宇宙に住んで働いてほしいのです。それには時間がかかるでしょうが、私はやりがいのある目標だと思っています」

二〇一七年にベゾスは、ブルー・オリジンが月への配送システムを確立するための短期計画を発表した。アマゾンがボタンのクリックだけでさまざまな商品を発送するのと同じく、機械や建設資材、商品、サービスを月へ届けられるような大事業を思い描いたのだ。かつては宇宙の寂しい前哨《ぜんしょう》基地と考えられていた月が、恒久的な有人基地や製造拠点をもつ、にぎやかな商工業の要衝になるのである。

月面都市にかんするこのとりとめのない話は、ふつうなら変人のたわごとと片づけられてしまうかもしれない。しかしそれが、大統領や議会や『ワシントン・ポスト』紙の編集者たちに話を聞いてもらえる、地球上で指折りの資産家の口から発せられたら、かなり真剣に受け止められるのだ。

恒久的な月基地

こうした野心的なプロジェクトの費用を補うべく、天文学者は月の採掘にかかわる物理的・経済的側面を検討し、利用価値のありそうな資源を少なくとも三つ指摘している。

一九九〇年代、思いも寄らぬ発見が科学者を驚かせた。月の南半球に大量の氷が見つかったのだ。[*2] 高い山脈やクレーターの陰に、永久に暗闇で氷点下の場所がある。この氷の起源は、きっと太陽系の歴史の初期に幾度もあった彗星の衝突だろう。彗星は主に氷と塵と岩石でできているので、月面で陰になっているところにぶつかると、水や氷を埋蔵物として残す可能性がある。そしてその水は、酸素と水素に変えることができる（それがたまたまロケット燃料の主成分となる）。おかげで月は宇宙のガソリンスタンドになるだろう。水はまた、精製して飲み水にしたり、小規模の農場を作ったりするのにも使える。

それどころか、シリコンバレーの別の起業家集団は、ムーン・エクスプレスという企業を設立し、月から氷を採掘する事業に乗り出した。これは、この営利事業を始める許可を政府から受けた初めての企業である。しかし、ムーン・エクスプレスのさしあたりの目標は、もっと控えめなものだ。同社はまず、月面にローバーを降ろし、埋蔵する氷の存在を手際よく探ることになる。すでに自己資金によって、このミッションを進めるのに十分な金を集めている。資金調達は済んで、発射準備完了の状態なのだ。

科学者は、アポロの宇宙飛行士が持ち帰った月の石を分析した結果、月にはほかにも経済面で重要な要素があるのではないかと考えている。レアアース（希土類）元素はエレクトロニクス産業にとって欠かせないが、ほとんどが中国で産出している（レアアースは少量ならどこにでも存在するが、中国のレアアース産業は世界貿易の九七パーセントを占めるほどの規模をもつ。中国には、世界の埋蔵量のおよそ三〇パーセントがあるのだ）。数年前、国際貿易戦争が勃発しかけ、中国の供給元がいきなりそうした重要な元素の価格を引き上げたとき、世界はとたんに中国がほぼ市場を独占している事実に気づかされた。その供給は、今後一〇年以内に細りだすと考えられており、代わりを見つけることが急務となっている。レアアースは月の石にも見つかっているので、いずれ月からそれを取り出すのが経済的になるかもしれない。プラチナ（白金）もエレクトロニクス産業にとって重要な元素だが、プラチナに似た鉱物の存在が月でも確かめられている。これはひょっとしたら太古の小惑星衝突のなごりかもしれない。

さらに、核融合反応に役立つヘリウム3が見つかる可能性がある。核融合反応が起きるような超高温で水素原子同士を結合させると、水素の原子核が融合し、ヘリウムと、大量のエネルギーと熱が生じる。この余剰のエネルギーが機械を動かすのに使える。ところが、このプロセスではおびただしい量の中性子も生まれ、危険だ。ヘリウム3を核融合に用いる利点は、中性子の代わりに陽子を余剰分として放出することであり、これならもっと扱いやすく、電磁場で飛ぶ方向を制御することもできる。核融合炉はまだほとんど実験段階で、今のところ地球上に存在しない。だが、開発に成功したら、ヘリウム3を月から採掘して未来の核融合炉の燃料として供給できるだろう。

しかし、ここで厄介な問題も持ち上がる。月で採掘するのは合法なのか？　あるいは、月で権利を主張するのはどうなのか？

一九六七年、米国とソヴィエトを筆頭に多くの国が、月などの天体の所有権を国家が主張するのを禁じる宇宙条約に調印した。これはまた、核兵器を地球周回軌道や月など、宇宙のどこかに配備することも禁じ、そうした兵器の実験も禁止している。宇宙条約は、その手のものとしては最初で唯一の取り決めで、今日なお有効である。

ところが、この条約は、土地の私有や商用での月の利用については何も言っていない。それはきっと、条約を起草した人々が、個人で月へ行けるようになるとは考えていなかったためにちがいない。だがこの問題にはすぐに取り組む必要がある。とくに、宇宙旅行の価格が下がりつつあり、億万長者が宇宙を商売に利用したがっているからには。

中国はすでに、二〇二五年までに月へ宇宙飛行士を行かせると発表している。[*3] 彼らが旗を立てても、それはほぼ象徴的な行為だ。しかし、どこかの民間の開発業者が個人の宇宙船で行き着いて月の権利を主張したら、どうなるだろう？

こうした技術的・政治的問題が解決できたなら、次に、「実際に月に住むのはどんな感じになるだろう？」という疑問がわく。

月に住む

これまでの宇宙飛行士は、月面にたいてい数日という短期間しかいなかった。だが、最初の有人前哨基地を作るとしたら、将来の宇宙飛行士は長期間そこにいなければならない。すると、ご想像のとおり地球とはまったく違う、月の環境条件に適応する必要がある。

宇宙飛行士が月にいられる期間を制約するひとつの要因は、食料と水と空気をどれだけ利用できるかだ。自分たちでもっていく物資は、せいぜい数週間で消費しつくしてしまうのだから。[*4] 初めのうちは、何もかも地球から運ばなければなるまい。無人の月着陸船を数週間ごとに、ステーション（基地）の補給のために送り込む必要がある。この輸送は宇宙飛行士にとって生命線となるので、どんなアクシデントも緊急事態をもたらす。月基地が建造されたら、たとえ一時的な基地であっても、宇宙飛行士がまずやるべき活動のひとつは、呼吸と彼らの食料の生育に必要な酸素を作り出すことだろう。酸素を生み出せる化学反応はいくつもあり、水が存在すればすぐに供給できる。そしてこの水は、水耕栽培で作物を育てるのにも使える。

幸い、地球との通信はたいして問題にならない。電波が月から地球へ届くのに一秒ちょっとしかかからないからだ。わずかな遅延を別にすれば、宇宙飛行士は地球上と同じように携帯電話やインターネットを使えるので、愛する人とつねに連絡を取り、最新のニュースを受け取ることができる。

当初、宇宙飛行士は宇宙カプセルのなかで暮らさないといけないだろう。そこから出るとき、第一にやるべき作業は、大きなソーラーパネルを広げてエネルギーを取り込むことだ。月での一日は地球でのひと月にあたる〔月は、地球のまわりを一か月かけて公転するあいだに一回自転する〕から、月面のどこでも、明るい二週間のあとに暗闇の二週間が続く。したがって、大量に電池を並べて、「昼」の二週間に取り込んだ電気エネルギーを、そのあとの長い「夜」に使う必要がある。

月面に進出した宇宙飛行士は、いくつかの理由で北極や南極へ行きたがるのではなかろうか。極地方には太陽が沈まない峰々があるので、何千ものソーラーパネルを並べたソーラーファーム（太陽光発電所）により、絶えず安定したエネルギー供給ができるようになるはずだ。極の高い山脈やクレーターの陰に残る氷を利用することもできる。北極地方には、六億トンの氷が厚さ数メートルの層をなしていると推定されている。採掘作業が始まったら、この氷の多くが掘り出され、飲み水や酸素を得るために精製されるだろう。月の土を採掘することもできる。それには驚くほどの量の酸素が含まれているからだ。じっさい、月の土一〇〇〇キログラムにおよそ一〇〇キログラムの酸素が存在する。

宇宙飛行士は月の低重力に順応しなければならない。ニュートンの重力理論によれば、どの惑星の重力も、その質量に比例し、月の重力は地球の六分の一になる〔表面重力はさらに半径の二乗に反比例するため〕。すると、月では重い機械を動かすのがはるかに楽になる。また、脱出速度もはるかに小さいため、ロケットの離着陸もかなり楽になる。将来、活気あふれる宇宙港が月にできる可能性は十分にある。

一方、宇宙飛行士は、歩くといった単純な動きを学びなおさないといけないだろう。アポロの宇宙飛行士は、月ではかなり歩きにくいことに気づいていた。彼らは、最も速い移動方法が跳躍であることを発見した。月の重力は小さいので、歩行よりも跳躍のほうがずっと遠くまで行け、動きを制御しやすいのである。

もうひとつ対処すべき問題は、放射線だ。数日間のミッションなら、大きな問題はない。だが、月面で何か月も過ごすと、被曝《ひばく》が蓄積してがんになるリスクがひどく高まる（ちょっとした健康問題が、月では容易に命にかかわる状況に発展しうる。宇宙飛行士は全員、応急処置の訓練を受ける必要があり、きっと何人か医師が選ばれるだろう。たとえば月でだれかが心臓発作を起こしたり虫垂炎になったりしたら、おそらく医師が地球の専門家とテレビ会議をして、ひょっとしたら地球から遠隔操作で手術をおこなうことになるかもしれない。ロボットが導入され、地球の熟練者に操られてさまざまな顕微手術をおこなうことも考えられる）。太陽の活動を監視する天文学者からの、日々の「天気予報」も必要だろう。そうした天気予報は、迫り来る雷雨を教えるのでなく、強烈な放射線を宇宙へ発する大規模な太陽フレアの警報を出す。太陽面で巨大な爆発が起きたら、防御するものを探せと知らせるのだ。警報が出ると、数時間後に荷電粒子の死の雨が基地に降り注ぐことになる。

放射線から身を守るシェルターを作る一手は、月の溶岩洞を地下基地にすることかもしれない。この溶岩洞は、太古の火山のなごりで、大きいものでは直径三〇〇メートルにもなり、太陽や宇宙からの放射線に対し、十分な防御となる。

一時的なシェルターが建造できたら、地球から大量の機械や資材を運んで恒久的な月基地の建設に取りかかる。プレハブ式や膨張式の資材を運ぶと、工程をスピードアップできる（映画『2001年宇宙の旅』では、宇宙飛行士は巨大でモダンな月面地下基地で暮らし、そこはロケットの着陸場をもつほか、月での採掘活動を取り仕切る本部の役目も果たしていた。将来最初にできる月の本部はこれほど総合的なものではないとしても、映画で示された光景は遠からず実現するかもしれない）。

そうした地下基地を建造するにあたり、機械部品を製作・修繕できることがどうしても求められるだろう。ブルドーザーやクレーンなどの重機は地球から送らなければなるまいが、3Dプリンターがあればプラスチックの小さな機械部品を現地で作ることができる。

理想を言えば、金属を鍛造する工場を設置したい。しかし、溶鉱炉は作れない。炉へ送り込む空気がないからだ。だが実験から、月の土をマイクロ波で加熱すると、溶融してカチカチのセラミック煉瓦《れんが》になることがわかっており、これを月基地の建築用ブロックにすることができる。原理上、インフラのすべてが、土から直接得られるこの資材で作れるはずなのである。

月での娯楽や気晴らし

さらに、宇宙飛行士の気晴らしになるもの、ストレスを解消してリラックスする手段も必要だ。一九七一年にアポロ14号が月に着陸したとき、NASAの職員たちは、アラン・シェパード船長が六番アイアンのゴルフクラブを宇宙カプセルへこっそり持ち込んでいたことを知らなかった。シェパードがクラブを取り出し、ゴルフボールを月面で二〇〇ヤード飛ばしたのにびっくりしたのである。これは、ほかの天体でスポーツをした最初で唯一の記録だ（このゴルフクラブのレプリカは、現在ワシントンDCのスミソニアン国立航空宇宙博物館に飾られている）。月でのスポーツは、空気がなくて低重力なので特別な問題が生じるだろう。一方で、何か驚くべき離れ業も飛び出すはずだ。

アポロ15、16、17号では、宇宙飛行士が月面車に乗ってほこりっぽい月面を走り、どの車も二七〜三五キロメートル移動した。これは有益な科学ミッションだったばかりか、わくわくする探検でもあった。彼らには雄大なクレーターや山脈が見わたせ、自分たちがそんな驚くべき眺めを目にする最初の人類だとわかっていたからだ。将来、デューンバギー〔砂漠を走れる仕様のバギーカー〕に乗れば、月面調査やソーラーパネルの設置や最初の月ステーションの建設がはかどるだけでなく、乗ること自体が一種の娯楽にもなるだろう。もしかしたら、月面での史上初のレースもできるかもしれない。

月の観光や探検は、人々が異郷の景色のすばらしさに気づくにつれ、娯楽として人気を呼ぶようになるだろう。重力が小さければ、ハイカーは長距離でも疲れずに歩くことができる。登山をするにしても、山の急斜面を楽にザイルで下りられる。そしてクレーターや山脈の頂《いただき》からは、まさしく何十億年も手つかずの、これまでだれも見たことのない月のパノラマが広がる。洞窟探検が好きな人は、月を縦横無尽に走る巨大な溶岩洞の調査に躍起になるはずだ。地球では、洞窟は地下を流れる川によって形成され、鍾乳石や石筍《せきじゅん》として太古の水の流れの形跡が残っている。ところが月では、はっきり見えるほど液体の水はたまっていない。月の洞窟は、流れる溶岩によって岩が削られたものだ。地球で見られる洞窟とはまったく違う見かけをしているだろう。

月は何から生まれたのか？

採掘によって月面の資源をうまく開発できたら、人々は必然的に月の奥深くに眠る富に目を向けるはずだ。それを発見すれば、地球で偶然石油を見つけたときのように、経済環境が変わるだろう。しかし、月の内部はどうなっているのか？　これに答えるには、次の疑問について考える必要がある。月は何から生まれたのか？

月の起源の問題は、何千年も前から人類を引きつけてきた。月は夜の支配者なので、闇や狂気とよく結びつけられていた。「lunatic（狂気の）」という言葉は、ラテン語で月を指すlunaに由来する。

古代の船乗りは、月と潮の満ち干と太陽のつながりに興味をそそられ、この三者のあいだに密接な関連があることを正しく突き止めていた。

古代の人はもうひとつ不思議なことに気づいていた。月は片側しか見えないという事実だ。月を見たときのことをひととおり思い出してほしい。すると、いつも同じ側を目にしていることに気づく。

最終的にパズルのピースをすべて埋めたのは、アイザック・ニュートンだった。彼は、月や太陽が地球の海に重力を及ぼすことで潮の満ち干が引き起こされていると、計算で明らかにした。その理論によれば、地球もまた月に対して潮汐《ちょうせき》の効果をもたらしている。月は岩石でできていて海をもたないので、地球にもろに引き伸ばされてわずかにふくらむ。かつて月は、地球を周回しながら転がり回っていた。やがてその自転がゆっくりになり、ついには地球にロックされたため、片側がつねにわれわれのほうを向くようになった。これは潮汐ロックと呼ばれ、木星や土星の衛星など、太陽系全体で起きている。

ニュートンの法則を使えば、潮汐力が月をゆっくり地球から遠ざけていることもわかる。月の軌道半径が年に四センチメートルほど増しているのだ。この小さな効果は、レーザー光線を月へ発射し（アポロの宇宙飛行士がこの実験に使える鏡を置いてきている）、それが反射して地球に戻ってくるまでの時間を計ることで測定できる。レーザーの往復には二秒ほどしかかからないが、この数値は次第に増している。月が地球のまわりを回りながら離れていっているとしたら、そのビデオテープを巻き戻すことで過去の軌道を見積もることができる。

ちょっと計算すると、月は数十億年前に地球から分離していたことがわかる。そして最近の証拠によれば、四五億年前、地球が形成されてまもないころに、地球となんらかの巨大原始惑星との激しい衝突があった。この原始惑星はテイアと呼ばれ、火星ほどの大きさだった。コンピュータ・シミュレーションを用いればこの衝突が劇的によくわかる。地球から大きなかたまりをえぐり出し、宇宙へ押し出したのだ。しかし、この衝突はどちらかというと直撃ではなく当たりそこないだったので、地球の内部にある鉄のコアを多くは持ち去らなかった。その結果、月は、いくらか鉄を含むものの、溶融状態の鉄のコアがないため明白な磁場をもたない。

衝突後の地球はパックマンのようで、巨大なパイの一部が切り取られた形をしていた。しかし、重力に引き寄せられ、やがて月も地球も凝縮して再び球体になった。

衝突説の証拠は、歴史に残る月旅行から宇宙飛行士が持ち帰った三八二キログラムの石によって得られている。天文学者は、月と地球が、ケイ素や酸素や鉄など、ほぼ同じ物質でできていることを明らかにした。一方、小惑星帯の岩石をランダムに分析した結果、その組成が地球のものとは大きく違うこともわかっている。

私が月の石と対面したのは、理論物理学の大学院生としてバークレー放射線研究所にいたときだ。そんな石のひとつを高性能の顕微鏡で見る機会があった。私は目にしたものに驚いた。何十億年も前に月に当たった微小隕石があけた、小さなクレーターが見えたのだ。さらによく見ると、そうしたクレーターのなかにもクレーターがあった。おまけに、そのクレーターのなかにもさらに小さなクレーターが。この入れ子状のクレーターは、地球の石ではありえない。そんな微小隕石は、大気のなかを進むうちに蒸発してしまうからだ。だが、月には大気がないので月面まで届く（これはつまり、微小隕石が月面の宇宙飛行士にとって問題になりうるということでもある）。

月の組成は地球にとても近いので、実際には、月の内部の採掘は、月に都市を建設する場合にしか役に立たないかもしれない。月の石を地球へ持ってくるにしても、地球にすでにあるものを提供するだけなら、高くつきすぎるにちがいない。しかし月の素材は、月面に建物や道路、ハイウェイといった現地のインフラを整備するのには、大いに役立つだろう。

月面を歩く

月面で宇宙服を脱いだらどうなるだろうか？　空気がないと窒息してしまうが、もっとおぞましいことも起きる。血液が沸騰するのだ。

海水面では、水は摂氏一〇〇度で沸騰する。気圧が下がると水の沸点は下がる。子どものころ、山でキャンプをしていたある日、この原理をありありと実感した。われわれはフライパンを火にかけて卵を焼いていた。卵はフライパンでジュージューいって、おいしそうに見えた。ところが、それを食べて私は吐きそうになった。ひどい味だったのだ。それから、山に登ると気圧が下がり、水の沸点が下がるのだと教わった。卵が泡を立て、焼けているように見えても、しっかり調理されていなかったのである。泡を立てる卵はちっとも熱くなかった。

やはり子どものころ、クリスマスを祝っていたときにもこの現象に出くわした。わが家には古風なクリスマスの電飾があり、それは電球の上に細い水の管が立っているものだった。スイッチを入れると美しくきらめいた。管に入った鮮やかな色の水が、色とりどりに沸騰しだす。そこで私はばかなことをした。沸騰している水の管を素手でつかんだのだ。すぐに激しい熱さを感じると思ったが、ほとんど何も感じなかった。何年もあとになって、どういうことだったのかがわかった。管のなかは真空に近かった。そのため、水の沸点が下がり、小さな電球の熱でも液体を沸騰させられたが、沸騰している水はちっとも熱くなかったのである。

　宇宙飛行士は、宇宙空間や月で宇宙服に穴があいたら同じ物理現象に直面する。服から空気が出るにつれ、内部の気圧が下がり、水の沸点も下がる。やがて、宇宙飛行士の体内の血液が沸騰しはじめるのだ〔厳密には血管は体内にあって圧力的に閉じた系なので沸騰せず、溶存窒素などが気泡になって問題を起こすとも言われている〕。

　地球で椅子に座っていると、われわれの皮膚が一平方センチメートルあたりほぼ一キログラムの空気の圧力で押されていることを忘れている。真上に高い空気の柱がのっているのである。なぜわれわれはつぶされないのか？　体内から一平方センチメートルあたり一キログラムの圧力で押し返しているからだ。それでバランスがとれている。しかし月に行ったら、大気から受ける一キログラムの圧力がなくなる。すると、外へ押す一キログラムの圧力だけが残る。

　つまり、月で宇宙服を脱ぐと、とてもひどい目に遭うことになるのだ。いつでも宇宙服を身につけておくべきである。

　恒久的な月基地はどんなものになるだろう？　あいにくＮＡＳＡは正式な設計図を公表していないので、ＳＦ作家やハリウッドの脚本家のイメージをおおまかな手引きにするしかない。だがいったん月基地が建造されたら、人々はそれを完全に自立した設備にしようとするだろう。そうしたシステムは、コストを大幅に下げる。ところがそれにはたくさんのインフラが必要になる。建物を作るための工場、食料のための大きな温室、酸素を生み出す化学プラント、それに巨大な太陽エネルギーの貯蔵所。このすべての資金を用意するには、なんらかの収入源が必要になる。月は地球とほぼ同じ素材でできているから、収入源として月より先へ目を向けなければならないかもしれない。だからシリコンバレーの起業家たちは、すでに小惑星に狙いを定めている。宇宙には無数の小惑星があり、莫大な富の源泉になる可能性を秘めているからだ。

第3章　宇宙で採掘する

破滅をもたらす小惑星は、自然が「宇宙計画はうまく進んでいるか？」と訊く手だてなのだ。

——だれかの言葉

トマス・ジェファーソンはとても不安だった。ナポレオンに一五〇〇万ドルを払う契約書に署名したところだったのだ。一八〇三年当時ではかなりの金額で、彼が大統領として下したなかで、最も物議をかもした値の張る決断と言えた。彼は米国を倍の広さにした。これではるばるロッキー山脈まで領土が広がったのである。このルイジアナ買収は、ジェファーソン大統領の任期で最大級の成功か失敗として歴史に残るはずだった。まるっきり未踏の莫大な領域が広がる地図を見ながら、彼は自分の決断を後悔することになるだろうかと思いをめぐらせた。

その後彼は、購入した土地を探検する任務に、メリウェザー・ルイスとウィリアム・クラークを派遣した。そこは入植を待つ未開の楽園なのか、それとも荒涼たる不毛の地なのか？

内心では、ジェファーソンは、いずれにせよそんなに広い土地に入植するにはあと一〇〇〇年はかかるかもしれないと認めていた。

数十年後、すべてを変える出来事が起こる。一八四八年、カリフォルニアのサッターズミルで金《きん》が発見されたのだ。衝撃的なニュースで、三〇万を超える人々がこの荒野へ富を求めてなだれ込んだ。いたるところから来た船が、サンフランシスコの港に列をなすようになる。経済の規模は一気にふくらんだ。翌年、カリフォルニアは州になる申請をした。

農家や牧場主、実業家があとに続き、西部に初めて大都市がいくつかできた。一八六九年には、鉄道がカリフォルニアへ延び、米国各地とつながって輸送や交易のインフラを支え、この地域の人口は急増した。一九世紀によく唱えられたスローガンは、「若者よ、西へ行け」だ。ゴールドラッシュは、度が過ぎてはいたが、西部を入植のために開拓し、こうしたことを起こすのをうながしたのである。

今日、小惑星帯での採掘が、宇宙で次なるゴールドラッシュをもたらしうるのではないかと考えている人もいる。すでに民間の起業家たちが、この領域とそこに眠る莫大な富の探査に関心を示しており、NASAは、小惑星を地球へ持ち帰ることを目標とするいくつかのミッションに資金を提供している。

次の大きな発展は、小惑星帯で起きるのだろうか？　もしそうなら、われわれはどうやってこの新たな宇宙経済を取り込み、維持するのだろう？　一九世紀の米国西部の農産物供給網と、小惑星からの未来の供給網のあいだに、共通点がある可能性を考えることもできる。一八〇〇年代、カウボーイたちは、南西部の牧場から牛を千数百キロメートルも離れたシカゴなどの街へ連れて行った。そこで処理された牛肉は、都市部の需要を満たすべくさらに東へ列車で運ばれた。こうしたかつての牛の運搬が南西部と北東部を結んだのと同じように、小惑星帯から月を経て地球へと結ぶ経済が生じるかもしれない。月は未来のシカゴになり、小惑星帯から届く有用な鉱物を処理して、地球へ送る場所となるのだ。

小惑星帯の起源

小惑星での採掘について深く掘り下げる前に、よく混同される言葉をいくつか明確にしておくといいだろう。「流星」と「隕石」と「小惑星」、それに「彗星」だ。「流星」は、石のかけらが空に筋を引きながら大気で燃えつきるものだ。流星の尾は、空気との摩擦によって生じ、流れる方向とは反対側に伸びる。晴れた晩には、見上げているだけで数分おきに流星が見えるかもしれない。

実際に地上にまで落ちた石は、「隕石」と呼ばれる。

「小惑星」は、太陽系内の岩塊だ。ほとんどは小惑星帯にあり、火星と木星のあいだで惑星になれなかったもののなごりである。知られているすべての小惑星の質量を足し合わせても、月の質量の四パーセントにしかならない。だが、そうした天体の大多数はまだ発見されておらず、数十億個もあるかもしれない。大半の小惑星は、小惑星帯の安定した軌道にとどまっているが、ときたまそこから外《はず》れたものが地球の大気にぶつかり、流星として燃え尽きる。

「彗星」は氷と石のかたまりで、地球の軌道のはるか外で生まれたものだ。小惑星は太陽系のなかにあるが、多くの彗星は、実は太陽系の外縁にあたる「カイパーベルト」や、さらにはその外側の「オールトの雲」にいて、軌道をめぐっている。われわれが夜空で目にする彗星は、軌道をたどって太陽の近くへ来たものなのだ。彗星が太陽に近づくと、太陽風が氷と塵の粒子を押しやって、動く方向の逆ではなく、太陽とは反対側に向かって尾が伸びる。

長年のあいだに、太陽系がどのようにしてできたかについて、ひとつの説明が浮かび上がっている。およそ五〇億年前、太陽は、主に水素とヘリウムと塵からなる、ゆっくり回転する巨大な雲で、その直径は数光年にわたっていた（一光年は、光が一年間に進む距離で、九兆五〇〇〇億キロメートルほど）。質量が大きいため、その雲は重力によって次第に圧縮された。サイズが縮むにつれ、回転が速くなる。ちょうど、フィギュアスケートの選手が腕をたたむとスピンが速くなるように。やがて雲は、太陽を中心としてすばやく回る円盤に凝縮した。このガスと塵の円盤が原始惑星を形成しだし、それは物質を吸い込みつづけてどんどん大きくなった。このプロセスで、すべての惑星が同じ平面内で同じ方向に公転している理由が説明できる。

こうした原始惑星のひとつが、木星という最大の惑星に近づきすぎた結果、途方もない重力で引き裂かれて小惑星帯を形成したと考えられている。あるいは、ふたつの原始惑星が衝突した結果、小惑星帯ができたのではないかという説もある。

太陽系は、太陽をとりまく四つのベルトと見なすことができる。一番内側のベルトは岩石惑星からなり、水星、金星、地球、火星が含まれる。その次は小惑星帯《アステロイドベルト》で、その外側に、木星、土星、天王星、海王星からなる巨大ガス惑星のベルトがある。最後は彗星のベルトで、これをカイパーベルトともいう。さらにこの四つのベルトの外に、オールトの雲という、太陽系を取り囲む彗星の球状の雲がある。

水は単純な分子で、初期の太陽系によくある物質だったが、太陽からの距離に応じて異なる形態をとっていた。太陽の近く、水が沸騰して水蒸気になる場所には、水星と金星がある。地球はそれより遠いので、水が液体として存在できる（これを、液体の水が存在するのにちょうどいい温度の場所として、「ゴルディロックスゾーン」と呼ぶこともある〔ゴルディロックスは、童話『三匹のクマ』でクマの家に迷い込んだ少女ゴルディロックスが三種のスープの味見をして、熱すぎず冷たすぎず適温のスープを見つけたという話からきている〕）。それより遠くになると、水は氷になる。だから、火星や、その外側にある惑星や彗星では、水はたいてい凍っている。

小惑星で採掘する

小惑星の起源を知り、それによって組成を知ることは、採掘をおこなううえで重要となる。

小惑星での採掘という考えは、一見途方もないものに思えるが、それほどでもない。小惑星の組成については、実はかなりのことがわかっている。地球に落下したものがあるからだ。鉄やニッケル、炭素、コバルトからなり、レアアースや（プラチナ、パラジウム、ロジウム、ルテニウム、イリジウム、オスミウムといった）貴金属もかなり含まれている。これらの元素は地球で自然界に見つかるが、希少で非常に高価だ。この先数十年で地球のこうした資源が枯渇していくと、小惑星帯で採掘するほうが安上がりになるだろう。そしてもし小惑星を小突いて月を周回する軌道にのせられたら、採掘し放題になる。

二〇一二年、起業家の一団が、小惑星から貴重な鉱物を取り出して地球へ持ち帰るべく、プラネタリー・リソーシズという企業を立ち上げた。この野心的で大儲けの可能性を秘めたプランは、グーグルの親会社アルファベットのCEOであるラリー・ペイジ、同社の会長エリック・シュミット〔二〇一七年に会長を退いて技術顧問となっている〕といったシリコンバレーで屈指の大物たちのほか、アカデミー賞受賞映画監督ジェームズ・キャメロンからも支援を受けている。

小惑星は、ある意味で、宇宙を飛ぶ金鉱のようなものだ。じっさい二〇一五年、そんなひとつが地球から一六〇万キロメートル以内にまでやってきた。地球から月までの距離のおよそ四倍である。直径は九〇〇メートルほどで、コアに九〇〇〇万トンのプラチナがあると推定された。その値打ちは五兆四〇〇〇億ドルだ。プラネタリー・リソーシズは、わずか三〇メートルの小惑星に含まれるプラチナで二五〇億～五〇〇億ドルになると推定している。[*1] 同社はさらに、採りごろと言える近隣の小ぶりな小惑星のリストまで作った。そのどれかひとつでも地球へ持ち帰ることができれば、含まれる鉱脈で、出資者に何倍もの金を返すことができるだろう。

地球近傍天体（地球の経路と交差する軌道をもつ天体）と考えられる一万六〇〇〇個ほどの小惑星のなかで、天文学者は、回収するのに最適な候補となりそうな一二個を割り出してリストアップしている。計算の結果、この直径三～二〇メートルの一二個は、軌道をそっとずらせば月や地球の軌道に誘い込めることが明らかになっている。

しかし、宇宙にはそんな天体がほかにもまだたくさんある。二〇一七年一月、天文学者が新たな小惑星を、かすめ去るほんの数時間前に思いがけず発見した。それは、地球からわずか五万一〇〇〇キロメートル（地球から月までの距離の一三パーセント）のところを通り過ぎた。幸い、直径が六メートルしかなかったので、地球に落ちてもさほどダメージはないだろう。だがこれは、地球のそばを漂い去る小惑星が大量にあり、その大半はまだ見つかっていないということについて、さらなる確証を与えてくれた。

小惑星の探査

小惑星はとても重要なので、NASAは火星ミッションへ向けた第一歩として小惑星の探査を目標とした。二〇一二年、プラネタリー・リソーシズが記者会見でプランを明らかにして数か月後、NASAは、小惑星採掘の実行可能性を分析する「ロボット利用小惑星試掘プロジェクト」を公表した。そして二〇一六年の秋、地球のそばを二一三五年に通過する直径五〇〇メートルの小惑星ベンヌに到達することを目指し、一〇億ドルを投じたオシリス・レックスという探査機を打ち上げた。二〇一八年にはベンヌを周回し、表面に接地してから、分析のために六〇～二〇〇グラムの石を地球へ持ち帰る〔二〇一八年一二月にベンヌに到達し、二〇二三年に地球へ帰還の予定〕。このプランにはリスクがないわけではない。ベンヌの軌道がわずかでも乱されたら、次の接近時に地球にぶつかってしまうかもしれないとNASAが心配しているからだ（本当に地球にぶつかったら、広島に落ちた原爆一〇〇〇個ぶんの威力をもつ）。とはいえこのミッションは、宇宙を飛んでいる物体を途中でつかまえて分析するという貴重な経験をさせてくれるだろう。

ＮＡＳＡは小惑星捕獲ミッション（ＡＲＭ）も構想している。これは、宇宙から実際に小惑星の岩塊を回収しようとするものだ。現在、資金調達の保証はないが、このミッションが宇宙計画の新たな財源を掘り起こしてくれる望みもある〔二〇一七年一二月にミッション中止が決定〕。ＡＲＭにはふたつの段階がある。まず、無人探査機を宇宙空間へ送り、すでに地上の望遠鏡で念入りに評価していた小惑星をつかまえる。そして表面を詳しく調査してから、探査機が着陸し、ペンチのような鉤《かぎ》で大きな岩塊にしがみつく。次に探査機は、そのまま噴射し、岩塊を引っぱりながら月へ向かう。

そこで有人ミッションが開始し、オリオン宇宙船を搭載したＳＬＳロケットが地球から打ち上げられる。宇宙船が無人探査機とドッキングすると、一緒になって月のまわりを回る。宇宙飛行士はオリオンを離れ、探査機にたどり着くと、分析のためのサンプルを取り出す。最後に、オリオン宇宙船が無人探査機から離れて地球へ戻り、海へ着水する。

このミッションを複雑にしうるひとつの問題は、小惑星の物理的構造がまだよくわかっていないということだ。なかがぎっしり詰まっているかもしれないし、小さな岩石が重力でまとまったものかもしれず、後者の場合、着陸しようとするとバラバラになるおそれがある。このため、ミッション遂行の前にさらに調査する必要がある。

小惑星の顕著な物理的特徴は、非常に不規則な形をしていることだ。いびつなジャガイモのように見えることが多く、小さいほど、不規則さが増しやすい。

すると、子どもがよく尋ねるような疑問がわく。遠くの恒星も太陽も惑星も、なぜ皆丸いのか？　どうして立方体やピラミッドのような形にならないのか？　小さな小惑星は質量が軽いので重力が小さく、形を変えられないが、惑星や恒星といった大きな天体は巨大な重力場をもつ。この重力は均一に引力として働くため、不規則な形の天体を押しつぶして球体にする。だから惑星は、数十億年前には必ずしも丸くなくても、やがて重力で押しつぶされて滑らかな球体になったのである。

子どもがよく尋ねるもうひとつの疑問は、なぜ宇宙探査機は、小惑星帯を通るときに壊れないのかというものだ。映画『スター・ウォーズ』では、主人公たちが巨大な岩塊に当たりそうになりながら飛びまわる。ハリウッドの描写はスリリングだが、幸い、それは小惑星帯の実際の密度を表してはおらず、本当はほとんど空っぽの空間をときたま岩塊が通り過ぎる程度だ。将来、新天地を求めて勇敢に宇宙へ出ていく採掘者や移住者は、小惑星帯が案外航行しやすいと思うだろう。

こうした小惑星探査の段階が計画どおりに進めば、最終目標は、将来のミッションにおける保守や補給や支援ができるような恒久的なステーションを作ることとなる。小惑星帯で最大の天体ケレスは、最適な活動拠点となるだろう。ケレス(この名前はローマ神話の農耕の女神に由来し、穀物を意味する英語 cereal の語源でもある)は最近、冥王星と同じく準惑星に分類しなおされ、近隣の惑星ほど物質を集めなかった天体と考えられている。天体としては小さく、月の四分の一ほどのサイズで、大気はなく、重力もほとんどない。だが、小惑星としては大きく、直径がおよそ九三〇キロメートルとテキサス州ほどのサイズで、小惑星帯全体の三分の一にあたる質量をもつ。重力が弱いので、宇宙ステーションにはうってつけだろう。なぜならロケットの離着陸が容易にできるからで、それは宇宙港の建設において重要なファクターとなる。

ＮＡＳＡのドーン探査機は、二〇〇七年に打ち上げられ、二〇一五年からケレスを周回しており、この小惑星が球形だがクレーターの多いかたまりで、主に氷と岩石からなることを明らかにした。ケレスと同様、多くの小惑星は氷を含むと考えられており、その氷を処理すれば、燃料になる水素と酸素が取り出せる。最近では、科学者がＮＡＳＡの赤外線望遠鏡施設を利用して、二四番小惑星テミスは完全に氷に覆われ、表面に微量の有機化合物があることを発見した。こうした知見により、小惑星や彗星が数十億年前の地球に水やアミノ酸の一部をもたらしたのかもしれないという推測の妥当性も増している。

小惑星は衛星や惑星に比べて小さいので、きっと恒久的に移住できる都市にはなるまい。小惑星帯に安定したコミュニティを作るのは難しいだろう。おおかた、呼吸できる空気や飲める水、使えるエネルギーがなく、食料を育てられる土もなく、これといった重力もない。そのため小惑星は、おそらく採掘者やロボットの一時的な滞在地となる。

それでも、そこは火星への有人ミッションというメインイベントへ向けて、きわめて重要な足場になる可能性がある。

第4章　絶対に火星へ！

火星はそこにいて、到着を待っている。

――バズ・オルドリン

私は火星で死にたい――ぶつかって死ぬのは嫌だが。

――イーロン・マスク

イーロン・マスクはちょっとばかり異端児で、起業家にして、人をいつか火星に連れて行くロケットを作るという宇宙的な使命を帯びている。ツィオルコフスキーも、ゴダードも、フォン・ブラウンも、皆火星へ行くことを夢見たが、マスクは実際に行くかもしれない。その過程で彼は、従来のルールをことごとく破りつつある。

南アフリカで過ごしていた子どものころ、マスクは宇宙計画のとりこになり、自分でロケットまで作った。父親は技術者で、息子の興味を後押しした。マスクは早くから、人類絶滅の危機を免れるには星々を目指すしかないと断じていた。そのため、目標のひとつを「生命を複数の惑星に棲まわせる」ことに決め、それが彼のキャリアをずっと導くテーマとなった。

ロケット作りのほかに、マスクはふたつの熱愛の対象に突き動かされた。コンピュータとビジネスだ。彼は一〇歳でプログラミングをして、一二歳のときに初めて作ったブラスターというビデオゲームを五〇〇ドルで売った。じっとしていられず、いつか米国へ渡りたいと思っていた。一七歳になると、単身カナダへ移住した。ペンシルヴェニア大学で物理学の学士号を取得したころには、選べるふたつのキャリアのどちらを歩むか迷っていた。ひとつの道は、物理学者や技術者として、ロケットなどのハイテク機器を設計する人生に続いていた。もうひとつはビジネスへと続く道で、コンピュータのスキルを使って富をたくわえ、みずからのビジョンに対して個人的に出資する手だてを獲得するものとなる。

その迷いが山場を迎えたのは、一九九五年にスタンフォード大学で応用物理学の博士課程に入ったころだ。わずか二日大学に行っただけで、マスクはいきなり退学してインターネットの起業の世界に飛び込んだ。二万八〇〇〇ドルを借り、新聞業界向けにオンラインのシティガイドを作成するソフトウェア企業を設立したのである。四年後、その企業をコンパックに三億四一〇〇万ドルで売却する。その売却額から二二〇〇万ドルを手にすると、彼はすぐにそれをXドットコム（X.com）という新たな企業に突っ込み、その企業がペイパル（PayPal）に成長を遂げる。二〇〇二年には、イーベイ（eBay）がペイパルを一五億ドルで買収し、その金からマスクは一億六五〇〇万ドルを受け取った。

裕福になった彼は、この資金を夢の実現に使い、スペースXとテスラ・モーターズを興した。一時は自己資金の九〇パーセントをこの二社につぎ込んだ。既存の技術をもとにロケットを作るほかの航空宇宙企業と違って、スペースXは再使用ロケットの画期的なデザインを生み出した。

マスクが目指したのは、通常は発射のたびに使い捨てられる打ち上げロケットを再使用し、宇宙旅行のコストを一〇分の一にすることだった。

ほとんどゼロから、マスクは宇宙船ドラゴン（ピーター・ポール&マリーの歌『パフ』に出てくる魔法のドラゴンにちなむ）を宇宙空間へ打ち上げるファルコン（『スター・ウォーズ』の宇宙船ミレニアム・ファルコンにちなむ）ロケットを開発した。二〇一二年、スペースXのファルコンロケットは、民間のロケットとして初めて国際宇宙ステーションに到達し、偉業をなし遂げた。ファルコンはまた、軌道飛行後に地上へ戻り、着陸に成功した初めてのロケットにもなった。最初の妻ジャスティン・マスクはこう言っている。「彼をよくターミネーターにたとえるの。プログラムをセットしたら、絶対に……あきらめ……ない」

二〇一七年、マスクは使用した打ち上げロケットを再び発射することに成功し、またひとつ大きな勝利を収めた。前に打ち上げたロケットを元の発射場に着陸させ、きれいにして手入れをしてから、二度目の打ち上げをしたのだ。再使用は、宇宙旅行の経済性に革命を起こすかもしれない。中古車市場を考えてみよう。第二次世界大戦後、米国で自動車はまだ多くの人にとって――とくに兵士や若者にとって――高嶺の花だった。中古車産業によって、ふつうの消費者が車を買えるようになり、ライフスタイルや社交など、あらゆるものが一変した。今日、米国では年間およそ四〇〇〇万台の中古車が売られ、その台数は新車の二・二倍にのぼる。これと同じように、マスクはファルコンロケットで航空宇宙市場を変えて、ロケットの価格を大きく下げたいと思っている。たいていの組織は、衛星を宇宙へ飛ばすロケットが新品か、前に使われたものかは気にしないだろう。なるべく安くて信頼性の高い手段を選ぶはずだ。

　最初の再使用ロケットは画期的だったが、マスクはさらに火星に到達する野心的なプランの詳細を明らかにして人々を驚かせた。彼は、二〇一八年に火星へ無人の宇宙機を送り〔二〇一七年に中止が決定したが、より大型のロケットで二〇二二年に火星へ無人で物資を送る予定がある〕、その後二〇二四年までに有人ミッションもおこない、NASAを一〇年ほど出し抜くつもりだ。最終的に、火星に前哨基地だけでなく都市をまるごと作ることを目指している。思い描いているのは、一〇〇人の移住者を乗せた改良版ファルコンロケット一〇〇〇機の一団を送り、赤い惑星に最初の入植地を作ることだ。マスクのプランで肝となるのは、宇宙旅行のコストの大幅な低減と、新たな技術革新である。火星ミッションのコストを計算すると、ふつうは四〇〇〇億～五〇〇〇億ドルになるが、マスクはたった一〇〇億ドルで火星ロケットを作って打ち上げることができると見積もっている。当初、火星行きの切符は高価だろうが、宇宙旅行のコストが下がって、やがては往復でひとりあたり二〇万ドルほどにまで下落する。ヴァージン・ギャラクティックのスペースシップツーに乗ってほんの一一〇キロメートル上空を飛ぶのに必要な金額もこれと同じ二〇万ドルであり、ロシアのロケットで国際宇宙ステーションへ行くのにはおそらく二〇〇〇万～四〇〇〇万ドルもかかるのだ。

　マスクが提案したロケットシステムは、初めはマーズ・コロニアル・トランスポーター（火星植民輸送船）と呼ばれていたが、のちに彼はインタープラネタリー・トランスポート・システム（惑星間輸送システム）と改称した。彼自身が言ったとおり、「このシステムはもっと広い太陽系のどこでも行きたい場所に行く自由を与えてくれる」からだ。マスクの長期的なビジョンは、鉄道が米国の都市を結びつけたように、惑星同士を結びつけるネットワークを築くことである。

マスクは、みずから築いた数百億ドルの帝国のなかで協力する可能性も見据えている。テスラは先進の電気自動車を開発し、マスクは太陽エネルギーに多くの投資をしている。太陽エネルギーは、火星のどんな前哨基地でも主要な動力源となるはずだ。そのためマスクは、火星のコロニーを発展させるのに必要な電気機器やソーラーアレイ〔ソーラーパネルを並べたもの〕を提供するのにうってつけの立場にいる。

NASAはひどくのろまでなかなか先へ進まないことが多いが、起業家は、自分たちなら革新的なアイデアや手法をすばやく導入できると考えている。「NASAには、失敗という選択肢はないというばかげた考えがあります」とマスクは語る。「ここ〔スペースX〕では失敗もひとつの選択肢です。失敗がなければ、十分な革新もありません[*1]」

マスクは宇宙計画を代表する現代の顔かもしれない。革新的で頭が切れるうえに、不遜で、怖いもの知らずで、型破り。これまでにないタイプのロケット科学者、つまり、起業家で億万長者で科学者なのだ。彼はよく、アイアンマン〔映画『アイアンマン』シリーズのヒーロー〕の正体トニー・スタークにたとえられる。人当たりのよい実業家にして発明家で、実業界の大物にも技術者にも通じている。実のところ、映画『アイアンマン2』の一部は、ロサンジェルスのスペースX本社で撮影されており、スペースXにやってくる訪問者は、アイアンマンのスーツを着た等身大のトニー・スタークの像に迎えられる。マスクはニューヨークファッションウィークで、メンズウェアのデザイナー、ニック・グラハムによる、宇宙をテーマにしたランウェイコレクションに影響を与えさえした。グラハムはこう説明している。「火星は今シーズンのテーマのようで、だれもが大きな望みを抱く対象という点で、真っ先に頭に浮かぶトレンドです。イーロン・マスクが火星へ最初の人々を行かせたがっているという二〇二五年の秋物コレクションをお見せするという着想でした」[*2]

マスクは自分の理念をこのようにまとめている。「私には、生命を複数の惑星に棲まわせるために自分にできる最大の貢献をすること以外に、個人的に資産をためる動機はありません」[*3]。Xプライズ財団のピーター・ディアマンディスはこんなことを言った。「ここには単なる収益性よりはるかに大きな原動力があります。［マスクの］ビジョンは、魅惑的で力強いのです」

火星を目指す新たな宇宙レース

火星をめぐるこうした話は、もちろん、必然的にライバル意識をかき立てた。ボーイングのCEOデニス・マレンバーグは言っている。「火星に降り立つ初めての人間は、ボーイングのロケットに乗ってそこへ行き着くものと確信しています」[*4]。マスクが火星プランを公表して一週間後にマレンバーグがこの驚くべき発言をしたのも、きっと偶然ではなかっただろう。マスクが今、世間の注目を一斉に浴びているとしても、ボーイングには宇宙旅行に成功してきた長い伝統がある。なにしろ、ボーイングこそが、月へ宇宙飛行士を連れて行った名高い打ち上げロケットサターンVを製造したのだし、現にボーイングは、NASAが計画した火星ミッションの土台をなす大型の打ち上げロケットSLSを作る契約を結んでいるのだから。

NASAを支援する人々は、宇宙計画の精華のひとつであるハッブル宇宙望遠鏡など、これまでの大型宇宙プロジェクトには公的資金が欠かせなかったと指摘している。民間の投資者なら、株主に見返りが望めない、そんな危うい企てに金をつぎ込んだだろうか？　民間企業にとっては金がかかりすぎたり、収益を生む望みがほとんどなかったりする冒険的事業には、大きな官僚組織の後ろ盾が必要かもしれないのである。

この競合する計画のどちらにも、それぞれ長所がある。一三〇トンを宇宙へ運べるボーイングのSLSは、六四トンを運べるマスクのファルコンヘビーよりも大きなペイロードを送り届けられる。だが、ファルコンヘビーのほうが手ごろな価格かもしれない。現時点で、衛星を宇宙に打ち上げる費用は、スペースXが一ポンド（約四五〇グラム）あたりおよそ一〇〇〇ドルと最も安く、通常の商用宇宙機の一〇パーセントで済んでいる。スペースXが再使用ロケット技術を完成させると、料金はさらに下がるだろう。

NASAはいつの間にか人気を集める立場になっていた。魅力的なプロジェクトにふたりが言い寄ってきたのだ。NASAは、基本的にまだSLSとファルコンヘビーのどちらかを選べる状況だった。ボーイングからの挑発について訊かれたマスクは言っている。「火星への道は複数あるのがいいと思っています。……手は広げておくべきですから。……多ければ多いほどいいですよね[*5]」

NASAの広報担当者はこう述べた。「NASAは、次なる大きな飛躍――そして火星への旅――を目指すこうしたすべての方々を称賛します。……この旅には、抜群の精鋭が必要になるでしょう。……NASAではここ数年、継続可能な火星探査計画を練り上げ、このビジョンを支えてくれるほかの国々および民間のパートナーとの提携関係を築き上げるように努めてきました」[*6]。結局のところ、競争心が宇宙計画に役立つということになりそうだ。

しかし、この競争には当然の結果という側面もある。宇宙計画は、エレクトロニクスの小型化を余儀なくさせたことで、コンピュータ革命の扉を開いた。コンピュータ革命によって生まれた億万長者たちは、子どものころの宇宙計画の記憶に触発され、一周回って自分の富の一部を宇宙探査につぎ込んでいるのである。

ヨーロッパや中国やロシアも二〇四〇～二〇六〇年に火星への有人ミッションを実施したいと表明しているが、そうしたプロジェクトの資金調達には難がある。だが、中国が二〇二五年に月へ到達することは確実性が高い。かつて毛沢東主席は、中国はとても遅れているのでジャガイモを宇宙へ打ち上げることもできないと嘆いていた。それから状況は一変した。一九九〇年代にロシアから購入したロケットを改良して、中国はすでに一〇人の「タイコノート」〔タイコ（太空）は中国語で宇宙の意味で、中国の宇宙飛行士（アストロノート）のことをこう呼ぶ〕を打ち上げて地球周回軌道に乗せており、二〇二〇年ごろには宇宙ステーションを建造し、サターンV並みのパワーがあるロケットを開発する野心的な計画を進めている。五か年計画をあれこれ立てて、ロシアや米国が先鞭をつけたステップを慎重にたどっているのである。

とりわけ楽観的な夢想家たちさえも、火星旅行で宇宙飛行士の直面する危険がたくさんあることはよく承知している。マスクも、「あなた自身火星へ行きたいか」と訊かれた際、最初の旅で死ぬ確率が「かなり高い」ことを認め、自分はわが子の成長を見届けたいと言っている。

宇宙旅行は休日のピクニックではない

火星への有人ミッションにひそむ危険を挙げれば、膨大な数になる。

まずは壊滅的な故障だ。宇宙時代に入って五〇年以上経つが、悲惨なロケット事故が起きる確率は、まだ一パーセントほどある。ロケットの内部には何百も可動部品があり、どのひとつの欠陥もミッション失敗をもたらすおそれがある。スペースシャトルでは、全部で一三五回の打ち上げのうち、惨憺たる事故が二回あった。つまり事故率は約一・五パーセントだ。これまでの宇宙計画全体では、死亡率は三・三パーセントになる。宇宙へ行った五四四人のうち、一八人が亡くなった。とりわけ勇敢な人だけが、何十万キログラムものロケット燃料の上にみずから進んで乗って、帰ってこられるかどうかも知らずに、時速四万キロメートルで宇宙へ打ち上げられるのである。

「火星のジンクス」もある。火星に送った探査機のおよそ四分の三は、そこへ行き着いていない。理由は主に、距離の遠さと、放射線の問題、機械的故障、通信途絶、微小隕石〔惑星間を飛んでいる状態なので本来落下物を意味する隕石と呼ぶのはふさわしくないが、専門家のあいだでも慣例上呼ばれているため、以後こう表記する〕などにある。それでも、米国はロシアよりはるかに良い成績を収めており、ロシアは赤い惑星到達の試みを一四度失敗している。

さらなる問題は、火星までの旅の長さだ。アポロ計画で月へ行くのには三日しかかからなかったが、火星への片道旅行は九か月を超え、往復を終えるにはおよそ二年かかる。私が以前見学したオハイオ州クリーヴランド郊外にあるＮＡＳＡの訓練センターでは、科学者たちが宇宙旅行のストレスを分析していた。宇宙飛行士が宇宙空間で長期間過ごすと、無重力のせいで筋肉や骨が萎縮する。われわれの体は、地球の重力をもつ惑星に住むために微調整されているのだ。地球が数パーセント大きくなるか小さくなるだけで、われわれの体は生き延びるためにデザインを改めないといけなくなる。宇宙に長く滞在するほど、人体は衰える。ロシアの宇宙飛行士ワレリー・ポリャコフは、宇宙滞在四三七日という世界記録を達成したあと、地球へ帰還すると宇宙カプセルから這い出るのがやっとだった。

興味深いことに、宇宙では脊柱が伸びるので、宇宙飛行士は数センチメートル背が高くなる。地球へ帰ると、また元の背丈に戻るが。さらに宇宙では、ひと月で骨量の一パーセントを失う。この減少を遅らせるには、一日に少なくとも二時間、ランニングマシンで運動しなければならない。そうしてもなお、国際宇宙ステーションで六か月過ごした宇宙飛行士は、リハビリにまる一年かかることもある——そしてときには、骨量が完全には戻らない（無重力の影響で最近まで深刻に考えられていなかったものとして、視神経へのダメージもある。以前から、宇宙飛行士は宇宙での長期ミッションのあとで視力が落ちることに気づいていた。彼らの眼を詳しく調べると、視神経に炎症が見られることが多く、それはきっと眼球の液体の圧力によるものにちがいない）。

将来、宇宙カプセルは、回転して遠心力で人工重力が生み出せるようにする必要があるかもしれない。遊園地へ行ってローターやグラビトロンといった回転する筒のなかに入れば、だれでもこの効果を体験する。遠心力が人工重力を生み出し、人を筒の壁に押しつけるのだ。現在、回転する宇宙船はコストがかかりすぎて作れないだろうし、この構想は実現に難もある。回転する船室は相当大きくなければならず、そうでないと遠心力が均一に働かず〔半径方向の距離による差が大きくなる〕、宇宙飛行士は船酔いして方向感覚を失ってしまうのだ。

宇宙では放射線の問題もある。とくに太陽風や宇宙線によるものだ。われわれはよく、地球が分厚い大気に覆われ、とりまく磁場が自分たちを守ってくれていることを忘れている。海抜ゼロメートルでは、大気が有害な放射線のほとんどを吸収してくれているが、ふつうに飛行機に乗って米国を横断するだけで、われわれは一時間あたり一ミリレム余分に浴びることになる――横断飛行のたびに、歯のレントゲン写真を撮るのに等しい。火星へ旅する宇宙飛行士は、地球をとりまく放射線帯を抜け出なければならず、すると多量の放射線を浴びて、老化が進んだり、がんなどの病気になったりする率が高まる。二年の惑星間旅行で、宇宙飛行士は、地球にとどまっている人のおよそ二〇〇倍の放射線を浴びる（とはいえ、この統計値は全体の状況のなかでとらえる必要がある。宇宙飛行士の生涯の発がんリスクは、もともと二一パーセントだったのが二四パーセントに上がる。小さくはないが、この脅威より、宇宙飛行士が事故に遭う危険のほうがはるかに大きい）。

深宇宙からの宇宙線は、ときとして非常に強いため、宇宙飛行士には、素粒子が眼球内の液体をイオン化したときの小さな閃光が見えることがある。私がインタビューした何人かの宇宙飛行士は、この閃光について語ってくれた。それは美しく見えるが、眼に深刻な放射線障害をもたらしうる。

そして二〇一六年には、脳への放射線の影響について悪いニュースがあった。カリフォルニア大学アーヴァイン校の科学者らが、深宇宙を二年旅するあいだに受け取るレベルの多量の放射線を、マウスに浴びせたのだ。すると回復不能の脳損傷の証拠が見つかった。マウスは行動障害を示し、気が立って機能不全に陥ったのである。少なくとも、この結果は、深宇宙で宇宙飛行士をきちんと放射線から守る必要があることを裏づけている。

さらに、宇宙飛行士は巨大な太陽フレアも気にする必要がある。一九七二年、アポロ17号が月へ向かう準備を整えていたころ、強力な太陽フレアが月面を襲った。このとき月面を宇宙飛行士が歩いていたら、死んでいたかもしれない。宇宙線はランダムだが、太陽フレアは地球から探知できるので、宇宙飛行士に数時間前に警告することができる。じっさい、国際宇宙ステーションの宇宙飛行士に、太陽フレアの接近を知らせ、ステーション内で保護のしっかりした場所へ移るように命じたことも何度かあった。

それから、微小隕石が、宇宙船の外殻を破るおそれもある。スペースシャトルをよく調べると、タイル張りの表面に微小隕石が無数に衝突していることがわかる。時速六万四〇〇〇キロメートルで飛んでいる切手サイズの微小隕石には、ロケットに穴をあけて急激に減圧させるだけの力がある。宇宙モジュールを別々の部屋に分け、穴のあいた部屋をすぐに封鎖できるようにするのが賢明だろう。

心理的な問題も別の障害をもたらす。小さなグループで長期間にわたり狭苦しいカプセルに閉じ込められるのは、つらい。心理テストをあれこれしても、人がどうやって協力するか――あるいは協力するかどうか――を確実に予測することはできない。結局のところ、あなたの暮らしがどうなるかは、あなたの気に障る人次第なのかもしれない。

火星へ行く

数か月真剣に考えた末に、NASAとボーイングは二〇一七年、ついに火星に到達するプランの詳細を明らかにした。NASAの有人探査・運用局長を務めるビル・ゲスティンマイヤーは、赤い惑星へ宇宙飛行士を送り込むのに必要なステップについて、驚くほど野心的なスケジュールを公表している。[*7]

まず、数年間のテストののち、SLS/オリオンシステムを二〇一九年に打ち上げる。すべて自動制御で、宇宙飛行士は乗せないが、月を周回する。四年後、五〇年のブランクを経て、宇宙飛行士がついに月へ戻ってくる。ミッションの期間は三週間だが、月のまわりを回るだけで、月面に着陸はしない。目的は主に、月の探査ではなく、SLS/オリオンシステムの信頼性を検証することである。

ところが、NASAの新たなプランには予想外の展開があって、多くの識者を驚かせた。SLS/オリオンシステムは、実は予行演習なのだ。それは、宇宙飛行士が地球を出て宇宙空間へ到達するための重要な手段になるが、人を火星に連れて行くのは、まったく新しいロケットシステムなのである。

最初にNASAは、ディープ・スペース・ゲートウェイの建設を構想している。これは国際宇宙ステーションに似ているが、もっと小さくて、地球ではなく月を周回する。宇宙飛行士はこの

NASAのディープ・スペース・ゲートウェイは月を周回し、火星以遠へのミッションの燃料・物資の補給ステーションとなる。

ディープ・スペース・ゲートウェイで暮らす。そこは火星や小惑星へ向かうミッションにとって燃料・物資の補給ステーションの役目を果たし、宇宙に人が恒久的に滞在するための土台となる。この月周回軌道宇宙ステーションは二〇二三年に建設に取りかかり、二〇二六年までに運用を開始する予定である。建設には四回のSLSミッションが必要となる。

しかし、大事なのは、実際にロケットが火星に宇宙飛行士を送り届けることだ。それはまったく新しいシステムで、ディープ・スペース・トランスポートといい、主に宇宙空間で建造される。二〇二九年にディープ・スペース・トランスポートは、最初の大がかりなテストとして、三〇〇～四〇〇日にわたり月を周回する予定だ。これは、宇宙での長期ミッションについて貴重な情報を与えてくれるだろう。厳しいテストの末、やがてディープ・スペース・トランスポートは、二〇三三年までに宇宙飛行士を火星周回軌道へ送り込むことになる。

NASAの計画は、多くの専門家に称えられた。体系立っていて、月周回軌道に精巧なインフラを作る段階的なプランを備えているからである。

だが、NASAのプランはマスクのビジョンとまるっきり対照的なものだ。NASAのプランは、具体的に詰められ、月周回軌道に恒久的なインフラを作ることになるが、ゆっくりしたスケジュールなので、マスクのプランより一〇年長くかかるかもしれない。一方、スペースXは月軌道宇宙ステーションを抜きにして、早ければ二〇二二年には直接火星へ飛ぶかもしれない。ただし、マスクのプランにはひとつ欠点があり、ドラゴン宇宙船はディープ・スペース・トランスポートよりかなり小さい。どちらの方法が良いのか、あるいは両方の組み合わせが良いのかは、いずれわかるだろう。

初の火星旅行

最初の火星ミッションについてはもっと具体的な内容が明かされつつあるので、いまや赤い惑星への到達に必要なステップを考えることができる。今後数十年にわたり、NASAのプランがどのように展開されそうなのかを、順にたどってみよう。

歴史に残る火星ミッションを遂行する最初の人々は、きっと今すでに生きているにちがいなく、ひょっとしたら高校で天文学を教わっているかもしれない。彼らは、地球以外の惑星へ向かう最初のミッションに志願する数百人のなかに入るだろう。厳しい訓練を経て、四人の候補が技能と経験によって慎重に選ばれるかもしれない。おそらく熟練したパイロットと技術者、科学者、医師が含まれるはずだ。

二〇三三年ごろ、メディアから緊張するインタビューをいくつも受けて、彼らはついにオリオン宇宙カプセルに乗り込む。オリオンは昔のアポロのカプセルより五〇パーセント以上も広いが、それでもなかは窮屈だろう。しかし問題ない。月までの旅はわずか三日なのだ。とうとう宇宙船が飛び立つと、彼らは、SLSロケットで燃料が激しく燃焼して生じる震動を体感する。月周回軌道に達するまでの旅は、見かけも体験もアポロミッションとそう違わない。

だが似ているのはそこまでだ。そこから先、NASAは過去からの完全な脱却を構想している。月周回軌道に乗ると、ディープ・スペース・ゲートウェイが見えてくる。世界初の、月を周回する宇宙ステーションだ。宇宙飛行士たちはこれにドッキングし、しばし休息をとる。

やがて彼らは、これまでのどの宇宙機とも似ていないディープ・スペース・トランスポートに乗り換える。この宇宙船は、鉛筆の先端に消しゴム（宇宙飛行士が暮らして働くカプセルが収められている）が付いたような形をしている。鉛筆の両側に、とても長いソーラーパネルがたくさん列をなしているので、遠く離れるとヨットのように見えてくる。オリオンカプセルは二五トンだが、ディープ・スペース・トランスポートは四一トンもある。

それから二年間、ディープ・スペース・トランスポートは宇宙飛行士の住みかになる。そのカプセルはオリオンよりずっと大きく、手足を伸ばすだけの余地がある。これは大事なことで、宇宙飛行士は毎日運動しないと筋肉量や骨量の減少を防げず、火星に着いたときに動けなくなってしまうからだ。

ディープ・スペース・トランスポートに乗り込んだら、ロケットのエンジンを始動する。しかし、強い推力で揺さぶられ、ロケットの後尾から巨大な炎が噴き出るのを目にするのでなく、イオンエンジンが滑らかな加速をし、次第に速度を増していく。窓の外に目を凝らしても、熱いイオンのほのかな光が船のエンジンから絶えず出ているのが見えるだけだ。

ディープ・スペース・トランスポートは、宇宙飛行士を送り届けるのに、太陽電気推進という新しいタイプの推進システムを使用する。まず巨大なソーラーパネルが太陽光をとらえて電気に変換する。この電気を使ってガス（キセノンなど）から電子を剝ぎ取り、イオンを作り出す。それから電場が、荷電したイオンをエンジンの片端から撃ち出し、推力を生み出すのだ。数分しか燃やせない化学燃料のエンジンと違って、イオンエンジンは、何か月、あるいは何年も、ゆっくり加速できる。

そして火星への長く退屈な旅が始まり、旅はこの先およそ九か月かかる。宇宙飛行士が直面する大きな問題は、退屈さだ。そのため彼らは、絶えず運動し、頭を鈍らせないようにゲームをして、計算をおこない、愛する人と話し、ネットを見るなどしなければなるまい。ルーチン作業のコース修正のほかに、旅のあいだにやることはあまりない。それでも、ときたま宇宙遊泳をして、ちょっとした修理や摩耗部品の交換をする必要はあるかもしれない。一方、旅を進めるにつれ、地球に電波が届くのにかかる時間が長くなり、ついには二四分ほどになる。これは、即時の通信に慣れている人にとっては少しじれったいのではなかろうか。

窓の外に目をやると、赤い惑星が次第にはっきり見えてきて、目の前に立ちはだかる。宇宙飛行士が準備を始めると、船内の活動が急に忙しくなる。ここへ来て彼らは、ロケットに点火して宇宙機を減速させ、火星周回軌道にそっと乗れるようにするのだ。

彼らは宇宙から、地球上で見えるのとまったく違う眺望を目にする。青い海や、緑の木に覆われた山並みや、街の明かりではなく、赤い砂漠と、雄大な山並みと、地球のものよりはるかに規模の大きな峡谷と、惑星全体を呑み込むほど巨大な砂塵嵐ばかりの、荒涼たる景色が見えるのである。

周回軌道に乗ると、宇宙飛行士は火星カプセルに入り、火星を周回しつづけるメインの宇宙機から離れる。カプセルが火星の大気圏に突入すると温度が急激に上がるが、熱シールドが、空気との摩擦で生じる猛烈な熱を吸収する。やがて熱シールドは射出され、カプセルは逆推進ロケットを噴射してゆっくり火星の地表に降りる。

カプセルから出て火星の地表を歩くと、彼らは人類史の新たな章を切り開くパイオニアとなり、人類を複数の惑星の種《しゅ》にするという目標の実現へ向けた歴史的な一歩を刻むことになる。

宇宙飛行士は、地球が帰りの旅に適した位置になるまで、赤い惑星で数か月過ごす。そのあいだ、彼らは一帯の土地を調査し、水や微生物の痕跡を探すなどの実験をおこない、エネルギー確保のためにソーラーパネルを設置することができる。ひとつの目標となりうるのは、穴を掘って永久凍土層の氷を手に入れることかもしれない。地下の氷はいずれ、飲み水のほか、呼吸用の酸素や燃料用の水素のきわめて重要な供給源となりうるからだ。

ミッションを終えた彼らは、宇宙カプセルに戻って飛び立つ（火星の重力は弱いので、カプセルに必要な燃料は、地球を出るときよりずっと少なくて済む）。そして軌道上の本船にドッキングすると、地球へ帰る九か月の旅の準備をする。

地球へ戻った宇宙飛行士は、海のどこかに着水する。陸地へ上がると、彼らは人類の「新たな一派」の確立への第一歩を記した英雄として称えられるだろう。

あなたもご承知のとおり、赤い惑星に至る道には多くの課題が待ち構えている。しかし、人々が熱を上げ、ＮＡＳＡや民間部門が力を注げば、火星への有人ミッションは今後一〇年か二〇年のうちになし遂げられるだろう。すると次なる課題が現れる。火星を新たな住みかに変えるという課題だ。

第5章　火星――エデンの惑星

思うに、人々がようやく火星で探検と都市や町の建設に取りかかったら、それは人類にとってすばらしい時代のひとつと見なされるだろう。人々が別世界に足を踏み入れ、自分たちの世界を築く自由を手に入れる時代だ。

――ロバート・ズブリン

二〇一五年の映画『オデッセイ』で、マット・デイモン演じる宇宙飛行士は、究極の課題に直面する。荒涼として空気のない凍てつく惑星で、ひとりで生き延びるという課題だ。運悪く仲間に取り残されてしまった彼のもとには、何日かもちこたえるだけの物資しかなかった。彼は、救出ミッションの到着までもちこたえるべく、ありったけの勇気を奮い起こし、専門知識を総動員する必要に迫られた。

この映画はリアリティにあふれていたので、火星移住者が直面しそうな困難を人々に味わわせてくれた。第一に、激しい砂塵嵐がある。これは、ベビーパウダーのように細かい、赤いダストで惑星全体を覆い、映画では宇宙機をひっくり返しそうになる。大気はほぼ二酸化炭素からなり、大気圧は地球の一パーセントしかないため、宇宙飛行士は火星の大気にさらされると数分以内に窒息する。呼吸に十分な酸素を作り出すのに、マット・デイモンは与圧された宇宙基地のなかで化学反応を起こすことを余儀なくされる。

少しずつ、『オデッセイ』の宇宙飛行士は、火星に自分が生き長らえる生態系を作るのに必要な、骨の折れる手段を講じていく。この映画は若い世代の関心を引くのにひと役買った。しかし、火星への関心には、実は一九世紀にまでさかのぼる長く興味深い歴史がある。

一八七七年、天文学者のジョヴァンニ・スキャパレリが、火星に自然のプロセスでできたように見える奇妙な線状の模様を見つけた。彼はその模様を「canali」(溝)と呼んだが、そのイタリア語が英語に訳された際、iが抜け落ちて「canal」(運河)になった。これはまったく意味が違う。自然のものではなく、人工的なものなのである。単純な誤訳が臆測と空想の連鎖を起こし、「火星人」伝説に火をつけた。裕福で一風変わった天文学者のパーシヴァル・ローウェルは、火星が死にゆく惑星で、火星人は干からびた農地を灌漑《かんがい》すべく、極冠(両極の氷冠)から懸命に水を運ぼうとしているのだ、という説を立てはじめた。ローウェルは、アリゾナ砂漠のフラッグスタッフに相当な私財を投じて最先端の天文台を建設し、自分の推測の証明に生涯を捧げることになる(彼は結局そうした運河の存在を証明できず、後年、宇宙探査機が運河は視覚的なまやかしであることを明らかにした。しかしローウェル天文台は、ほかの領域で成功を収め、冥王星の発見に寄与したり、宇宙が膨張している徴候を初めて提示したりしている)。

一八九七年、H・G・ウェルズが『宇宙戦争』を著した。この小説に出てくる火星人は、人類を根絶やしにして、地球の気候を火星に近づけるように「テラフォーミング」するつもりでいる。

その本は文学に新しいジャンル——「マーズ・アタック（火星人襲来）」ジャンルと呼んでもよかろう——を生み、天文学者による退屈な内輪の議論が、いきなり人類生存の問題になったのである。

一九三八年のハロウィーンの前日、オーソン・ウェルズは、この小説の抜粋をもとにドラマチックで真に迫った短いラジオ番組を制作した。番組は、まるで地球が実際に敵意に満ちた火星人の侵略を受けているかのように放送された。一部の人は、次々と報じられる侵略の情報——軍が殺人光線でたたきのめされ、火星人が三本脚の巨大な乗り物でニューヨーク市へ押し寄せてくる様子——を耳にして、パニックに陥った。ラジオを聴いて恐怖に襲われた人々から噂が国じゅうへ一気に広まる。この混乱のあと、大手メディアは悪戯《いたずら》をあたかも本当のように放送することは二度としないと公約した。この禁制は今も続いている。

多くの人は、火星人ヒステリーにとらわれている。カール・セーガンは少年時代、「火星のジョン・カーター」シリーズなど、火星を舞台にした小説に夢中になった。一九一二年、ターザンの小説で有名なエドガー・ライス・バローズがＳＦに手を出し、南北戦争時代の米国の兵士が火星に転送される話を書いた。バローズは、火星では地球に比べて重力が小さいので、ジョン・カーターはスーパーマンになるだろうと考えた。カーターは、途方もない距離を跳べ、サークという火星の種族を打ち負かして美女デジャー・ソリスを救い出す。文化史研究者は、ジョン・カーターのこうした超人的な力の説明が、『スーパーマン』の話のおおもとを形成したと考えている。『スーパーマン』が最初に登場した『アクション・コミックス』の一九三八年のある号では、スーパーマンの超人的な力は、彼が生まれたクリプトン星に比べて地球の重力が弱いことによるとされている。

火星に住む

火星に居を構えるというのは、ＳＦではロマンチックに思えるとしても、現実にはかなり大変だ。この惑星で生き延びるためのひとつの戦略は、氷など、手に入るものをうまく利用することである。火星はカチカチに凍りついているので、一メートルほど掘れば永久凍土層に当たるだろう。ならば氷を掘り出して解かし、精製して飲み水にしたり、呼吸に使える酸素や、暖房やロケット燃料に使える水素を取り出したりできる。また、放射線や砂塵嵐から身を守るために、移住者は岩を掘って地下シェルターを作る必要があるかもしれない（火星の大気はとても薄く、磁場はとても弱いので、宇宙からの放射線は、地球上のように吸収されたり逸《そ》らされたりはしない。したがってこれは大問題となる）。あるいは最初の火星基地は、月の場合に検討したように、火山に近い巨大な溶岩洞に作るのがいいのではないか。火星に火山が多いことを考えれば、そのような溶岩洞は豊富にありそうだ。

火星の一日は、地球の一日とほぼ同じ長さだ。太陽に対する火星の傾斜角も、地球のものと変わらない。だが移住者は、地球の場合の四〇パーセントしかない火星の重力に慣れることを求められ、月のときと同じく、筋肉量や骨量の減少を避けるために激しい運動を強いられるだろう。また、酷寒の気候にも立ち向かい、つねに凍死しないようにがんばらないといけない。火星の気温はめったに水の氷点を超えないし、太陽が沈んだあとは摂氏マイナス一二七度まで一気に下がることもあるから、停電が命をおびやかすおそれもある。

たとえ二〇三〇年までに火星への最初の有人ミッションが成功しても、こうした障害のために、十分な設備や物資をそろえて恒久的な前哨基地を作るのは二〇五〇年以降までかかるかもしれない。

火星のスポーツ

筋力低下を防ぐのに運動がぜひとも必要なので、火星の宇宙飛行士はどうしても激しいスポーツをせざるをえないだろう。そんなスポーツで、彼らはとてもうれしいことに、自分が超人的な能力をもっていることに気づく。

しかしこれは、競技場を一から設計しなおさないといけないということでもある。火星の重力は地球の三分の一をわずかに上回る程度だから、人は理論上、火星では三倍高く跳べる。人はまた、火星では三倍遠くまでボールを投げられるから、バスケットボールのコートや野球場やアメフトの競技場は広げる必要がある。

おまけに、火星の大気圧は地球の一パーセントほどなので、野球やアメフトのボールの空気力学は劇的に変わる。とくに厄介になるのは、ボールの正確なコントロールだ。地球でスポーツ選手は、何年も練習が必要な、ボールの動きをコントロールする並外れた能力をもつがゆえに、何百万ドルもの報酬を得ている。このスキルは、ボールの回転を操る能力と関係がある。

ボールが空気のなかを進むと、通ったあとに乱流が生じ、小さな渦状の流れがボールをわずかに曲げて減速させる（野球のボールの場合、この渦状の流れはボールの縫い目が生み出し、それによって曲がり方が決まる。ゴルフボールでは、表面のくぼみがその要因となる。サッカーボールの場合は、表面のパネルの継ぎ目がその役目を果たす）。

アメフトの選手は、らせん状のすばやい回転を加えてボールを投げる。回転がボール表面の渦状の流れを減らすため、ボールは正確に空気を切り裂いて進み、暴れまわらずに遠くまで飛ぶようになる。また、すばやく回っているおかげで、小さなジャイロスコープのようになる結果、ボールはずっと同じ方向を指して正しい軌道を描いて飛び、キャッチしやすくなる。

気流の物理学にもとづけば、野球の投球にまつわる通説の多くが真実であることも明らかにできる。昔から野球の投手は、自分がナックルボールやカーブを投げられると言ってきた。これはボールの軌道を制御するもので、一見すると常識に反しているようにも思える。

高速度撮影のビデオは、これが正しいことを証明してくれる。野球のボールをできるだけ回転しないように投げると（ナックルボールの場合）、乱流がとりわけ大きくなって球筋が不規則になる。ボールがすばやく回転していると、（ベルヌーイの定理というものによって）ボールの片側の気圧が反対側の気圧より高くなるため、特定の方向へ曲がる。

そのため、地球上で世界一流のスポーツ選手も、火星の低い気圧ではボールを制御する技術を失い、代わりにまったく新しい火星のスポーツ選手たちが登場する可能性もある。地球でスポーツをマスターしても、火星ではほとんど意味がないのかもしれない。

オリンピックのスポーツをリストアップすれば、ひとつ残らず、火星の重力と気圧の低さを考えて変更を加えなければならないことがわかる。それどころか、地球では物理的に不可能でまだ存在すらしない画期的なスポーツもある、新たな火星オリンピックが誕生するかもしれない。

火星の環境条件は、ほかのスポーツの技能や優美さも高めるのではないか。たとえばフィギュアスケートの選手は、地球では空中で四回転ほどしかできない。これまでに五回転ジャンプをした選手はいないのだ。これは、ジャンプの高さが踏み切りの瞬間の速度と重力の強さによって決まるからである。火星でフィギュアスケートの選手は、重力と気圧の低さのため、空中に三倍高く跳び上がれ、息を呑むようなジャンプやスピンができるだろう。地球の体操選手が空中で驚くほど体をひねったり回したりできるのは、体重を上回るほどの筋力があるからだ。だが火星では、彼らの筋力は軽くなった体重を大幅に上回るようになるので、見たこともないようなひねりや回転ができるにちがいない。

火星の観光

火星で生きるという根本的な死活問題をクリアした宇宙飛行士は、赤い惑星の見目麗しい恩恵をある程度味わうことができる。

重力が弱く、大気が薄く、液体の水がないために、火星の山々は地球上のものに比べ、真に壮大な規模にまでなりうる。火星のオリンポス山は、知られているかぎり太陽系で最大の火山だ。高さはエヴェレスト山のおよそ二・五倍で、大きすぎるあまり、北米大陸の上に置くと、ニューヨーク市からカナダのモントリオールに達する。また低重力ならば、登山するのに重いリュックも苦にならず、月面の宇宙飛行士のように、長時間にわたる大仕事をやってのけられるだろう。

オリンポス山のそばに、それより小さな三つの火山が直線状に並んでいる。この小さな火山群の存在と配置は、大昔に火星で地殻活動があったことを示している。地球のハワイ諸島が、その類比として役に立つ。太平洋の下にはマグマだまりが滞留しており、このマグマだまりの上を構造プレートが動くと、マグマの圧力がときおり地殻を突き抜け、ハワイ諸島に新しい島を作る。しかし、火星の地殻活動は遠い昔に終了したようで、それはこの惑星のコアが冷えた証拠となっている。

火星最大の峡谷「マリネリス峡谷」は、きっと太陽系で最大の峡谷にちがいなく、巨大なあまり、北米大陸の上に置くとニューヨーク市からロサンジェルスにまで達する。グランドキャニオンに目を見張ったことのあるハイカーは、この地球外にある峡谷の連なりには度肝を抜かれるだろう。だがグランドキャニオンと違って、マリネリス峡谷は下に川が流れていない。最新の説によれば、この四千数百キロメートルに及ぶ峡谷は、北米西岸のサンアンドレアス断層に似た、太古のふたつの構造プレートが接する場所らしい。

赤い惑星で一番観光客を引きつけるのは、ふたつの巨大な極冠だろう。これらは二種類の氷からなり、地球の極冠とは組成が異なる。ひとつは水が凍ったものであり、景色にずっと固定されたままで、火星の一年でほぼ変わらない。もうひとつはドライアイス、つまり凍った二酸化炭素でできていて、季節によって広がったり縮んだりする。夏にはドライアイスが気化して消え、水からなる氷冠だけが残る。そのため、極冠の見かけは一年のあいだに変化する。

地球の表面は絶えず変化しているが、火星の地形は基本的に数十億年のあいださほど変わっていない。その結果、火星には、遠い昔に形成された大隕石孔が何千も残っているなど、地球にはない特徴がある。地球にもかつては大隕石孔がいくつもあったが、水の浸食によって多くは消えた。しかも、地球の表面の大半は地殻活動によって数億年ごとにリサイクルされているので、太古のクレーターは皆新たな地形に変わっている。ところが火星を眺めると、時間が止まったままの景色が見られるのだ。

多くの点で、実は地球の表面より火星の表面のほうがよくわかっている。地球のおよそ四分の三は海に覆われているが、火星には海がない。火星を周回する軌道船は、すでに表面を一メートル四方ごとに撮影できており、詳細な地形図を提供してくれている。火星では、氷雪と塵と砂丘の組み合わせによって、地球には見られないありとあらゆる珍奇な地質構造が生じている。火星の地表を歩くのは、ハイカーの夢となるだろう。

火星を観光地とするのに問題となりそうなのは、塵旋風《ダストデビル》かもしれない。これはとてもよくある現象で、ほぼ毎日砂漠を縦横無尽に動きまわっている。高さはエヴェレストを上回ることもあり、一〇〇〇メートルほどにしかならない地球上のものなどちっぽけに見える。さらに、惑星規模の猛烈な砂塵嵐もあり、何週間も火星全体を砂で覆いつくすことがある。それでも、火星の気圧が低いおかげで大きなダメージには至るまい。時速数百キロメートルの風も、そこにいる人にとっては時速一五キロメートルほどの弱い風にしか感じられないはずだ。ただ迷惑で、細かい粒子を宇宙服や機械や乗り物の内部に入り込ませ、故障や不調をもたらすおそれはあるが、建物や構造物をひっくり返すことはない。

空気が非常に薄いので、火星で飛ぶ飛行機は、地球で飛ぶものより翼長が大きくなければならない。太陽エネルギーで飛ぶ航空機は、莫大な表面積を必要とするはずで、高価すぎて娯楽用途では利用されないかもしれない。おそらく観光客が、グランドキャニオンの上を飛ぶように火星の峡谷を飛ぶことはない。しかし気球や飛行船は、気温や気圧が低くても実用的な輸送手段となるだろう。それらは、軌道船よりはるかに近距離から火星の地形を探査しながら、表面の広大な面積をカバーすることもできる。いつの日か、気球や飛行船の群れが、火星の驚くべき地形の上空で頻繁に見られるようになるのだろうか。

火星――エデンの園

赤い惑星に恒久的に居つづけるためには、人の住めない環境にエデンの園を作る手だてを見つける必要がある。

ロバート・ズブリンは、マーティン・マリエッタとロッキード・マーティンで働いていた航空宇宙技術者で、火星協会の創始者でもあり、長年にわたり赤い惑星への入植をとりわけ声高に主張してきたひとりだ。彼は、有人ミッションに出資するよう人々を説得しようとしている。かつてズブリンは、ひとり声を上げ、聞く耳を持つだれにでも嘆願してまわっていたが、今では企業や政府がこぞって彼に助言を求めている。

彼に何度かインタビューする機会があったが、いつもみずからの使命への情熱と活気と献身ぶりが際立っていた。宇宙に惚れ込んだきっかけは何なのかと訊くと、子どものころSFを読んだのがすべての始まりだという答えが返ってきた。ズブリンはまた、早くも一九五二年にフォン・ブラウンが、軌道上で組み立てる一〇機の宇宙船のミッションで、七〇人の宇宙飛行士を火星へ連れて行ける方法を示していたのにも魅了されたという。

私はズブリンに、SFのとりこから、どうして生涯をかけて火星を目指すことになったのかと尋ねた。「実を言うと、スプートニクのおかげでした」。彼は答えた。「大人の世界ではぎょっとする出来事でしたが、私はわくわくしたんです」[*1]。ズブリンは、一九五七年の世界初の人工衛星打ち上げに心を奪われた。自分が読んでいる小説が現実となる可能性を示していたからだ。サイエンス・フィクションがいつかサイエンス・ファクト（科学的事実）になると確信したのである。

ズブリンは、米国がゼロからスタートしてこの惑星で随一の宇宙旅行国家になるのを目にした世代のひとりだ。それから人々はベトナム戦争や国内の騒乱に気をとられだし、月面を歩くミッションはどんどん遠のき、重要性が薄れていった。予算は大幅に削減された。計画は中止になった。社会の雰囲気は宇宙計画に逆風だったが、彼は米国の行動計画で火星が次の大きな目標になるべきだという信念をもちつづけた。一九八九年、ジョージ・H・W・ブッシュ大統領は、二〇二〇年までに火星へ行くプランを発表してつかのま人々の興味をかき立てたが、それも翌年、プロジェクトのコストがおよそ四五〇〇億ドルになると判明するまでのことだった。米国民は金額の高さに目を剝き、火星ミッションは再び棚上げとなったのだ。

ズブリンは何年もひとりでさまよい、自分の野心的な行動計画への支援を呼びかけた。予算オーバーの計画を支援する人などいないことはわかっていたので、赤い惑星に入植するための、斬新だが現実的な手段をいくつも提案した。彼がやってくるまで、ほとんどの人は将来の宇宙ミッションに対する資金調達の問題を真剣に考えてはいなかった。

一九九〇年のマーズ・ダイレクトという提案で、ズブリンは、ミッションをふたつに分けてコストを削減した。まず、地球帰還船という無人ロケットを火星へ送り込む。これは少量の水素――わずか八トンぶん――しか運ばないが、それを、火星の大気で自然に生じる無尽蔵の二酸化炭素と化合させる。この化学反応で最大一一二トンのメタンと酸素ができ、その後の帰還に必要なロケット燃料が用意できる。燃料ができたところで、宇宙飛行士が火星居住ユニットという第二の船で飛び立つ。この船には火星へ片道旅行できるだけの燃料しか積まれていない。宇宙飛行士は火星に着陸したら科学実験をおこなう。それから火星居住ユニットを出て、最初のミッションで作り出したロケット燃料を満載した地球帰還船に乗り換える。この船で彼らは地球へ戻ることになる。

批評家のなかには、ズブリンが旅行者に火星行きの片道切符を与える主張をしたのを聞いて、まるで赤い惑星で死なせることを考えているようだと恐ろしがる人もいる。ズブリンは、帰りの燃料は火星で作れることをしっかり説明しているが、こうも言い添える。「人生は片道旅行で、火星へ行って人類文明の『新たな一派』を創始するのも、そのひとつの使い方ですよ」。今から五〇〇〇年後には、歴史家は二一世紀のつまらない戦争や対立などすっかり忘れているかもしれず、人類は火星に新たなコミュニティを築いたことを祝っているだろう、と彼は考えているのだ。

その後NASAは、マーズ・ダイレクトの戦略の諸要素を採用し、火星計画の理念を、コストと効率と現地調達を優先するように変更している。ズブリンの火星協会は、実際の火星基地のプロトタイプも建造した。その火星砂漠研究基地（MDRS）の設置場所としてユタ州が選ばれている。環境が、赤い惑星の条件に一番近かったからだ。寒冷で、人気《ひとけ》がなく、不毛で植物も動物も存在しない。MDRSのコアとなるのは居住区だ。これは二階建ての円柱形をした建物で、七人のクルーが住める。天体観測のための大きな天文台もある。MDRSは、そこに二〜三週間滞在する志願者を集めており、志願者は、科学実験やメンテナンスや観測などの責務をもつ本物の宇宙飛行士として振る舞うように訓練されている。MDRSの運営スタッフは、クルーの体験をできるだけ現実に近づけ、こうした集団生活を、あまりよく知らない人同士で長期にわたり火星に隔絶されることによる心理面の影響を検証する手だてとしている。二〇〇一年に始まって以来、一〇〇〇人以上がこのプログラムを経験した。

火星の魅力はあまりにも強いので、いかがわしいベンチャーもいくつか引き寄せてきた。MDRSを、一連のテストに合格した人による火星への怪しげな片道旅行を宣伝しているマーズ・ワン計画と混同してはいけない。志願者は何百人もいるが、この計画には火星へ行く具体的な手段がない。寄付を募りミッションの動画も作ってロケット代を稼ぐそうだが、疑いを抱く人は、マーズ・ワン計画のリーダーは本当の科学的ノウハウを引き寄せるよりもメディアを騙すことに長《た》けていると非難している〔マーズ・ワン計画は二〇一九年一月に破産している〕。

火星に作るものに近い、隔絶されたコロニーを作ろうとする突飛な企てには、エドワード・バスという実業家が一億五〇〇〇万ドルの私財を投じた「バイオスフィア２」というプロジェクトもあった。[*2] このプロジェクトでは、ガラスと鋼鉄でできた広さ三エーカー〔約一万二〇〇〇平方メートル〕のドーム型をした複合施設が、アリゾナ砂漠に建てられた。これは八名の人間と三〇〇〇種の動植物を収容できる、密閉された居住環境であり、いつの日か人類がほかの惑星に作りそうな隔絶され管理された環境で人が生き延びられるかどうかをテストすることになっていた。一九九一年に始まってから、その実験は、不運な出来事や論争、不祥事、機器の不具合が次々と起きて悩まされ、科学の成果よりもニュースのネタを生み出した。幸い、施設は二〇一一年にアリゾナ大学に買い取られ、以来本格的な研究センターとなっている。

火星をテラフォーミングする

ＭＤＲＳなどでの経験をもとに、ズブリンは、火星への入植が予想どおりの順序で進むだろうと推定している。彼の考えでは、まず第一に、火星表面に二〇～五〇人ほどの宇宙飛行士が暮らせる基地を建てる。数か月しか滞在しない人もいるだろうが、基地を永住の地とする人もいるはずだ。やがて火星の人々は、自分たちを宇宙飛行士でなく入植者と見なすようになっていく。

ほとんどの物資は当初地球から運ばなければなるまいが、第二段階では、人口が数千人に増え、彼らはその惑星の素材を利用できるようになる。火星の砂の赤い色は、酸化鉄つまり鉄錆《さび》があるためなので、入植者は建築に必要な鉄や鋼鉄を作ることができる。電気は、太陽のエネルギーを取り込む太陽光発電所で生み出せる。大気中の二酸化炭素は、植物の栽培に使える。火星の入植地は次第に自給自足でき、長く維持できるものとなる。

次のステップは一番難しい。最終的にコロニーは、大気をゆっくり暖めて、赤い惑星に三〇億年ぶりに液体の水を流せるような手だてを見つける必要がある。これにより、農業が可能になり、ついには都市ができるようになる。このとき第三の段階に入り、火星に新たな文明が花開く。

おおざっぱな計算によれば、現時点では火星のテラフォーミングに法外なコストがかかりそうで、完了まで何世紀も要するだろう。しかし、この惑星で興味深くも期待をもたせてくれるのは、かつて液体の水が地表に豊富にあり、川床や川岸、さらには米国ほどの広さがあった太古の海の輪郭まで刻んでいたという地理的な証拠だ。数十億年前、火星は地球より前に冷えて、地球がまだ溶融状態だったころに熱帯気候になっていた。この温暖な気候と大量の水の組み合わせから、一部の科学者は、DNAが火星で生じたと考えている。そのシナリオでは、巨大な小天体の衝突で火星から途方もない量の破片が宇宙へ吹き飛んだとされる――その破片のいくつかが地球に落ちて、火星のDNAの種をまいたのだ。この説が正しければ、火星人を見るには鏡をのぞき込むだけでいいことになる。

ズブリンは、テラフォーミングは新しいプロセスでも奇妙なプロセスでもないと指摘している。なんといっても、DNA分子は絶えず地球をテラフォーミングしているのだから。生命は、大気の組成から、地形や海の成分まで、地球の生態系のあらゆる面を作り変えてきた。ならば、われわれが火星のテラフォーミングを始めても、自然の台本に従っているにすぎないのだろう。

火星の温暖化を始動させる

テラフォーミングを始めるには、大気にメタンと水蒸気を注入し、人為的に温室効果を引き起こしたらいい。こうした温室効果ガスは、太陽光をとらえて氷冠の温度をじわじわと上げる。氷冠が解けると、とらわれていた水蒸気と二酸化炭素が放出される。

火星周回軌道に衛星を送り込み、太陽光を集約して氷冠に当てることもできるかもしれない。衛星を火星の自転と同期させて上空の決まった場所に浮かべれば、極地方にエネルギーを放射できるのだ。地球でも、われわれが衛星放送の受信アンテナを向ける、三万六〇〇〇キロメートル近く上空の静止衛星は、二四時間ごとに地球をちょうど一周するので止まっているように見える(静止衛星は赤道上空を周回する。すると衛星からエネルギーを、極地方に斜めから当てるか、真下の赤道に当ててから極地方へ運ぶことになる。あいにくどちらの方法でも、いくらかエネルギーの損失がある)。

この方式の場合、火星の太陽エネルギー衛星は、鏡やソーラーパネルが無数に並んだ、さしわたし何キロメートルもある巨大なシートを広げることになる。太陽光は集約されて氷冠に向けて放たれるか、太陽電池でエネルギーを変換してマイクロ波として送られる。これは、費用はかかるが最高に効率的なテラフォーミングの手段と言える。安全で、汚染がなく、火星表面へのダメージを最小限に抑えられるからだ。

ほかにも方策が提案されている。たとえば、土星の衛星のひとつでメタンの豊富なタイタンから、メタンを採取して火星に運ぶ手が考えられる。メタンは所望の温室効果をもたらしてくれるだろう。ちなみにメタンは、二酸化炭素の二〇倍以上も効率よく熱をたくわえる。近隣の彗星や小惑星を利用する方法も考えられる。すでに語ったとおり彗星はおおかた氷でできており、小惑星には温室効果ガスのアンモニアが含まれていることが知られている。そんな天体がたまたま火星のそばを通ったら、わずかに進路を逸らして火星を周回させるのだ。それからさらに軌道を修正し、非常にゆっくりと火星へ落ちる死のスパイラルをたどらせる。やがて天体が火星の大気圏に突入すると、摩擦で温められて崩壊し、水蒸気やアンモニアを放出する。このときの軌跡は、火星の表面から見たらすばらしい眺めだろう。ある意味で、NASAの小惑星捕獲ミッション（ARM）はそうした事業のリハーサルとも考えられる。前にも紹介したが、ARMは、彗星や小惑星から岩石サンプルを採取したり、それらの軌道を徐々に変えたりする、将来のNASAのミッションだ。もちろん、このテクノロジーには細かい調整が必要で、さもないと巨大な小惑星の進路を逸らして火星表面に落とし、コロニーに惨禍をもたらすおそれがある。

もっと型破りのアイデアはイーロン・マスクが提案しており、それは水素爆弾を上空で爆発させて氷冠を解かすというものだ。この方法は、既存の技術で現在実現できる。理論上、水素爆弾は、製法こそ機密だが比較的安価に作れ、われわれには既存のロケットでそれをいくつも氷冠に落とす技術が確かにある。しかし、氷冠の安定性や、この手段の長期的な影響については、だれにもわかっておらず、多くの科学者は、不測の結果がもたらされるリスクを不安視している。

火星の氷冠がすべて解けたら、水深四メートル半から九メートルの海が惑星全体を覆うほどの液体の水ができると推定されている。

臨界点に達する

こうした案はすべて、火星の大気を、温暖化が自動的に継続するような臨界点に至らせようとするものだ。温度を摂氏六度上げると、融解プロセスを十分に後押しできる。氷冠から出る温室効果ガスは、大気を暖める。数十億年前に砂漠に吸収された二酸化炭素も放出され、惑星全体の温暖化をもたらし、さらなる融解を引き起こす。こうして火星の温暖化は、外部からそれ以上介入がなくても続くのだ。惑星が暖まると、水蒸気や温室効果ガスが放出されて、それがさらに惑星を暖める。このプロセスはほぼ際限なく続き、火星の大気圧は上昇するだろう。

火星の太古の川床に液体の水が流れはじめたら、入植者は大規模農業に取りかかれる。植物は二酸化炭素が好物なので、まずは露地栽培の作物が育てられ、その老廃物で表土層ができる。ここでまた正のフィードバックループが開始する。作物が増えると土も増え、それがまた作物の栄養になるのだ。火星の本来の土にも、マグネシウム、ナトリウム、カリウム、塩素など、植物の生長に役立つ貴重な養分が含まれている。植物が増えだすと、火星のテラフォーミングに欠かせない要素である酸素も生じることになる。

科学者は、火星の厳しい環境条件をシミュレートする温室を作り、植物や細菌が生き延びられるか確かめようとしている。二〇一四年には、NASAの先端構想研究所がテックショット社と共同で環境がコントロールされたバイオドームを建造し、酸素を生成するシアノバクテリアや藻類を育てている。予備試験の結果は、一部の生物が実際にそこで繁栄できることを示している。二〇一二年には、ドイツ航空宇宙センターに維持管理されている火星シミュレーション研究所の科学者が、苔《こけ》に似ている地衣《ちい》類がその環境で少なくとも一か月生き延びられることを見出した。また二〇一五年、アーカンソー大学の科学者は、四種のメタン生成菌――メタンを生成する微生物――が火星に似せた生息環境で生きられることを明らかにしている。

さらに野心的なのはNASAの火星生態系生成テストベッドだ。これは、シアノバクテリアや光合成藻類をはじめとする極限環境生物の細菌や植物をローバーにのせ、火星へ送り込むことを目指すプロジェクトである。こうした生物を缶に収めて火星の土中に埋め込み、缶に水を加えてから、能動的な光合成の証拠となる酸素の存在を機器によって調べる。この実験が成功すれば、いつかこの種の農場が火星を覆い、酸素や食物を作り出すことになろう。

二二世紀の初めごろには、テクノロジーの第四の波――ナノテクノロジー、バイオテクノロジー、AI――が立派に成熟して、火星のテラフォーミングに大きな影響を及ぼしているはずだ。

生物学者のなかには、遺伝子工学によって、火星で――たとえば火星の土の化学組成や新たに作る湖で――生きられるように設計された新種の藻類が生まれる可能性もあると言っている人もいる。この藻類は、二酸化炭素の多い、寒冷で希薄な大気で繁殖し、大量の酸素を老廃物として放出する。そして食用にでき、生物工学によって、地球上にある味に似せることもできそうだ。さらに、好適な肥料を生み出すように設計することもできる。

映画『スター・トレック2/カーンの逆襲』では、ジェネシス装置という途方もない新技術が持ち込まれていた。この装置は、死の惑星をテラフォーミングして、ほぼ瞬時に緑豊かな居住可能世界にすることができた。それは爆弾のように爆発し、高度な生物工学で生み出したDNAを散布する。このスーパーDNAが惑星の隅々にまで広がると、細胞が根づいて密林ができ、ほんの数日で惑星全体がテラフォーミングされるのだ。

二〇一六年、ドイツのフランクフルトにあるゲーテ大学の教授、クラウディウス・グロスが、『アストロフィジックス・アンド・スペース・サイエンス』誌に、実物のジェネシス装置のように思えるものを詳しく語る論文を掲載した。グロスは、粗削りなタイプは五〇〜一〇〇年で実現できると予測している。まず、地球上の科学者が命なき惑星の環境を細かく分析しなければならない。温度、土壌の組成、大気によって、導入すべきDNAのタイプが決まる。それからロボットドローン（無人機）の群れがその惑星に送り込まれ、ひと続きのDNAを収めたナノサイズの降下カプセルが無数に落とされる。カプセルから中身が放出されると、惑星の環境条件で繁殖するように精密に設計されたDNAが、土壌に食いついて発芽する。カプセルの中身は不毛の惑星で種子や胞子を作って増殖し、そこにある鉱物を使って植物を生み出すようにできている。

グロスは、新たに種《たね》がまかれた惑星で、生命は進化という昔ながらのやり方で発展を遂げる必要があると考えている。そして、このプロセスを急いで進めようとし、とくにあるタイプの生物がすばやく繁殖するあまり、ほかのタイプを追い出してしまうと、「惑星規模の生態上の惨事」が発生するかもしれないと警告する。

テラフォーミングは持続するのか？

火星のテラフォーミングに成功したら、元の不毛の状態に戻らないようにするにはどうしたらいいだろう？　この問題を探っていくと、天文学者や地質学者を何十年も悩ませてきた重大な疑問に立ち返る。金星と地球と火星はなぜこんなにも違う発展を遂げたのか？

太陽系ができたとき、この三つの惑星は多くの点で似かよっていた。どれにも火山活動があって、二酸化炭素や水蒸気などのガスを大量に大気へ放出していた（だから今でも金星や火星の大気はほぼ二酸化炭素で構成されている）。水蒸気は凝縮して雲になり、雨が降ると河川や湖沼が彫琢《ちょうたく》される。そうした惑星がもっと太陽に近かったら海が蒸発し、逆に遠ければ海は凍りついていただろう。しかし三つはどれも「ゴルディロックスゾーン」という、恒星のまわりにあって水が液体でいられる帯状の領域のなかか、その非常に近くにあった。液体の水は「万能溶媒」で、そのなかで最初の有機化合物が現れたのである。

金星と地球はほぼ同じ大きさだ。双子の天体なので、本来なら同じ進化の歴史をたどっていたはずだ。かつてSF作家は、金星を、疲れた宇宙飛行士の休息の地として申し分のない緑の世界と考えていた。一九三〇年代にはエドガー・ライス・バローズが、惑星を股にかける暴れん坊の冒険家カースン・ネーピアが活躍する『金星の海賊』（厚木淳訳、東京創元社）のなかで、金星を、冒険に満ちたジャングルのようなワンダーランドとして描いている。だが今日の科学者は、金星も火星も、地球とはまるで似ていないことを知っている。何かが数十億年前に起きて、この三つの惑星をまったく違う道へ向かわせたのだ。

一九六一年、金星は理想郷《ユートピア》であるというロマンチックな考えがまだ人々の頭を占めていたころ、カール・セーガンが、金星は暴走温室効果が起きていておそろしく暑いと推測し、議論を呼んだ。彼の物騒な新説は、二酸化炭素が太陽光にとっては一方通行の道になるというものだった。光(可視光)は金星大気の二酸化炭素をあっさり通り抜けられる。二酸化炭素は透明だからだ。しかし、その光が地面で跳ね返ると熱すなわち赤外線の放射になり、大気から容易に逃げ出せなくなる。冬に温室が太陽光を取り込んだり、車内が夏の陽射しで熱くなったりするのと同じようなプロセスで、放射が閉じ込められるのだ。このプロセスは地球でも生じるが、太陽にずっと近い金星ではるかに加速され、暴走温室効果がもたらされる。

翌年、セーガンの正しさが証明された。探査機マリナー2号が金星に接近通過して、実に衝撃的な事実が明らかになったのだ。温度はなんと摂氏四八〇度で、熱すぎてスズや鉛や亜鉛も溶けるほど。熱帯の楽園どころか、金星は溶鉱炉に近い地獄だった。その後の探査機打ち上げでも、その悪いニュースが裏づけられた。おまけに、雨が降っても救いがなかった。雨は腐食性の硫酸だからだ。金星の英語 Venus がローマ神話の美と愛の女神に由来することを考えると、この反射率の高い硫酸のおかげで金星が夜空でとても明るく輝くのは皮肉に思える。

さらに、金星の大気圧は地球のほぼ一〇〇倍もあることがわかった。温室効果でそれは説明できる。地球では、大半の二酸化炭素はリサイクルされ、海や岩石に入り込んでいる。ところが金星では、温度が非常に高くなって、海は蒸発している。また二酸化炭素は、岩石に入り込むどころか、岩石からあぶり出されている。岩石から二酸化炭素が抜ければ抜けるほど、惑星は熱くなって、フィードバックループが始動する。

高い大気圧ゆえに、金星の表面にとどまるのは、地球で水深九〇〇メートルの海中にいるようなものだ。あなたがそこにいたら、卵の殻のようにつぶれてしまうだろう。だが、この圧力や焼けつくような温度に耐えられる手だてが見つかっても、なおダンテの『神曲』(原基晶訳、講談社など)の「地獄篇」に見られるようなシーンに直面する。空気の密度が高すぎて、表面を歩いていると糖蜜のなかを歩く感覚に襲われ、また足もとの地面は溶融した金属でできているので、軟らかくぐちゃぐちゃした感触がする。酸性の雨が宇宙服のほんのわずかな裂け目に侵食し、ひとつ踏み間違えるとあなたは溶融したマグマのなかに沈み込んでしまう可能性がある。

こうした制約条件を考えると、金星のテラフォーミングなど論外に思える。

火星の海に起きたこと

地球の双子である金星が、太陽に近いせいで違う姿になったのなら、火星の進化はどう説明できるだろう?

重要なのは、火星が太陽から遠いだけでなく、地球よりずっと小さいために速く冷えたということだ。火星のコアはもはや溶融状態ではない。惑星の磁場は、液体のコアに含まれる金属の運動で電流が流れて生じるが、火星のコアは固体の岩石でできているため、明確な磁場を生み出せない。おまけに、三〇億年ほど前の小天体の重爆撃が大混乱を招き、元の磁場も乱された。これにより、火星が大気と水を失ったわけが説明できる。太陽の有害な放射線やフレアから守ってくれる磁場がないため、大気は太陽風によって次第に宇宙へ飛ばされた。大気圧が下がると、海も蒸発したのである。

ほかにも、火星の大気の喪失を加速したプロセスがある。火星にもともとあった二酸化炭素の多くは海に溶け、炭素化合物となり、その後海底に堆積した。地球では、地殻活動で大陸が周期的にリサイクルされ、二酸化炭素が再び表面に上がってこられる。ところが火星では、コアがおそらく固体なので、明確な地殻活動はなく、二酸化炭素は永久に地中に閉じ込められてしまった。そうして二酸化炭素濃度が低下しだすと、温室効果の逆が起こり、惑星全体が凍結状態になったのだ。

火星と金星の劇的な対比は、地球の地質学的な歴史を理解するのに役立つ。地球のコアは、数十億年前に冷えていてもおかしくなかった。しかし今なお溶融状態なのは、火星のコアと違って、半減期が数十億年以上のウランやトリウムなど、高い放射能をもつ鉱物が含まれているからだ。火山噴火のとてつもないパワーや、大地震による惨害を目の当たりにするときはいつも、地球の放射性のコアがもつエネルギーが地表の現象を起こし、生命を養っているという現実に直面しているのである。

地球の奥深くにある放射線源が生み出す熱は、鉄のコアをかき回して磁場を生じさせる。この磁場が、太陽風で大気が吹き飛ばされるのを防ぎ、宇宙から届く死の放射線の進路を曲げる（これがオーロラとなって見える。オーロラは、太陽の放射が地球の磁場に当たって生じる。地球を囲む磁場は、巨大な漏斗《じょうご》のように宇宙からの放射線を南北両極へ導くため、ほとんどの放射線は進路を曲げるか大気に吸収される）。地球は火星より大きいので、すぐに冷めなかった。地球はまた、巨大な小天体の衝突で磁場が壊されることもなかった。

ここで、火星をテラフォーミングしたあと、どうやって元の状態に戻らないようにするかという問題に立ち戻ろう。大胆な一手は、火星のまわりに人工的に磁場を作り出すというものだ。そのためには、火星の赤道のまわりに巨大な超伝導コイルを設置する必要がある。電磁気の法則から、この超伝導体のベルトを作るのに要るエネルギーと素材の量が計算できる。だが、そんなとてつもない大事業は、今世紀中はわれわれには不可能だ。

火星の入植者は、この脅威を必ずしも喫緊の問題とは見なさないだろう。テラフォーミングで生まれた大気は一世紀以上、比較的安定しているはずなので、数世紀かけてゆっくり調整すればいいのかもしれない。維持管理は面倒でも、人類が宇宙に作る新たな前哨基地にとっては小さな代償にちがいない。

火星のテラフォーミングは、二二世紀の一大目標だ。しかし科学者は、火星の先も見据えている。なにより期待に胸を躍らされるのは、巨大ガス惑星の衛星かもしれない。木星の衛星エウロパや、土星の衛星タイタンなどである。巨大ガス惑星の衛星は、かつてはどれも似たような不毛の岩塊と思われていたが、今ではさまざまな間欠泉や海、峡谷、大気光〔天体の大気が宇宙線や太陽光などによって発する弱い光〕をもつ個性的なワンダーランドと見なされている。いまや、そうした衛星は人類の未来の居住地と目されているのだ。

第6章　巨大ガス惑星、彗星、さらにその先

彗星がわれわれの惑星をかすめ飛ぶときは、どんなに明るくて美しいことだろう――本当にかすめ飛ぶとしたら。

――アイザック・アシモフ

一六一〇年一月のある「運命の週」、ガリレオは、まさしく教会の土台を揺るがすような発見をして宇宙の概念を変え、革命を起こした。

彼は、自分で作り上げた望遠鏡で木星を眺め、その惑星のそばに四つの光点が漂っているのに気づいて戸惑った。そして一週間その動きを注意深く追い、木星のまわりを回っていることを確信した。ガリレオは宇宙にミニチュアの「太陽系」を見つけたのだ。

すぐに彼は、この発見が宇宙論や神学に影響を与えることに気づいた。教会は何世紀も、アリストテレスを引き合いに出して、太陽や惑星などあらゆる天体は地球のまわりを回っていると教えてきた。ところがそこへ反例が現れたのだ。地球は宇宙の中心という地位から引きずり下ろされた。一撃で、教会の教義と二〇〇〇年の歴史をもつ天文学を縛りつけてきた信念が誤りだと証明されてしまったのである。

ガリレオの発見は、広く人々の興奮を誘った。彼には、自分の見出した結果が真実であると人々を納得させる広報アドバイザーたちなど必要なかった。人々は自分の目でガリレオの正しさを確かめられたので、ガリレオは翌年ローマを訪れた際、英雄のような歓迎を受けた。しかし教会は快く思わなかった。ガリレオの本は禁書となり、彼は宗教裁判にかけられ、異端の考えを撤回しなければ拷問にかけると脅された。

ガリレオ自身は、科学と宗教は共存できると考えていた。彼は、科学の目的は天がどんな振舞いをするのかを明らかにすることだが、宗教の目的は天にどうすれば行けるのかを明らかにすることだと書いている。言い換えれば、科学の対象は自然の法則だが、宗教の対象は倫理なので、頭のなかでこの区別をしているかぎり、両者の対立はないのである。だが、裁判のなかで両者が衝突すると、ガリレオは死刑にならないために自説を撤回せざるをえなかった。告発者たちは彼に、修道士だったジョルダーノ・ブルーノがガリレオよりずっと粗削りだった宇宙論を語って火あぶりにされたことを思い出させたのである。それから二世紀経ってようやく、彼の本に対する禁がほぼ解かれた。

四世紀後の今、木星をめぐるこの四つの衛星——ガリレオ衛星とよく呼ばれる——が、再び革命に火をつけた。これらの衛星が、土星や天王星や海王星の衛星とともに、宇宙における生命の鍵を握っているかもしれないと考えている人もいる。

巨大ガス惑星

探査機ボイジャー1号と2号は、一九七九年から一九八九年にかけて巨大ガス惑星をフライバイしたとき、それらの惑星がよく似ていることを確かめた。どれも主に水素とヘリウムでできていて、その重量比はほぼ三対一なのだ（この水素とヘリウムの組み合わせは太陽の基本的な組成でもあり、さらに言えば宇宙そのものの大半の組成でもある。きっとほぼ一四〇億年前、元の水素のおよそ四分の一がビッグバンの瞬間に融合してヘリウムになったときからそうなのだろう）。

巨大ガス惑星はおそらく基本的に同じ歴史をたどっている。前に述べたとおり、四五億年前、すべての惑星は、太陽をとりまく水素と塵の円盤から凝縮した小さな岩石のコアだったと考えられている。内側のものは、水星、金星、地球、火星になった。太陽からもっと遠い惑星のコアには、岩石のほか、その距離の場所に豊富にある氷が含まれていた。氷は糊《のり》の役目を果たすので、氷をもつコアは岩石のみからなるコアの一〇倍も大きくなれる。そして重力が非常に強くなるため、原始太陽系の円盤に残っていた水素ガスの大半をとらえることができた。大きくなるほど、さらに多くのガスを引きつけ、ついには近隣の水素を食いつくしてしまった。

巨大ガス惑星の内部構造はどれも同じと考えられている。タマネギのように半分に切れば、外側に分厚いガスの大気がある。その下には、極低温の液体水素の海が広がっていると思われる。ひとつの推測によれば、莫大な圧力のために、中心には小さくて高密度の固体水素のコアがあるという。

どの巨大ガス惑星にも色とりどりの帯があり、これは大気中の不純物が惑星の自転と相互作用してできている。またどの表面でも、巨大な嵐が吹き荒れている。木星にある大赤斑は、恒久的な特徴のように見え、非常に大きくてそのなかに地球が何個かたやすく入ってしまう。一方で海王星には、ときどきなくなる間欠的な斑点がある。

しかし巨大ガス惑星は、それぞれ大きさが異なる。最大のものは木星で、その英名 Jupiter はローマ神話の神々の父にちなんでいる。木星は巨大なあまり、ほかの全惑星の総質量よりも重い。そのなかには地球が一三〇〇個もすっぽり収まる。木星についてわかっていることの多くは、探査機ガリレオの成果だ。八年間忠実に木星を周回したのち、ガリレオは二〇〇三年にその惑星へ飛び込んで立派な生涯を締めくくった。木星の大気のなかへ降下していきながら電波のメッセージを発しつづけ、ついには強大な重力場に押しつぶされたのである。探査機の残骸はおそらく液体水素の海に没したにちがいない。

木星のまわりは巨大な死の放射線帯が取り囲んでいる。一般に放射線は、ラジオやアナログテレビで聞こえる雑音の多くの原因である（その雑音のわずかな一部はビッグバンによるものだ）。木星のそばを通る宇宙飛行士は、放射線から身を守る必要があり、また電波障害のせいで通信が困難になるだろう。

もうひとつの危険は、強大な重力場だ。これは、衛星や惑星も含め、うっかり通りかかって近づきすぎたものを、取り込んだり外へはじき飛ばしたりする。このおそるべき可能性は、実は数十億年前にはわれわれに有利に働いた。初期の太陽系は、いたるところに岩塊があって、絶えず地球に降り注いでいた。だが幸いにも、木星の重力場が掃除機の役目を果たし、岩塊を呑み込んだり振り飛ばしたりしてくれたのだ。コンピュータ・シミュレーションからは、木星がなければ、地球は今でも大型の小天体の連打を浴び、生命は存在できなさそうなことがわかっている。将来、入植する恒星系を考えるときには、岩塊をきれいに掃除してくれるほど大きな木星サイズの天体をもつ恒星系を探したほうがいいだろう。

われわれの知る生命は、おそらく巨大ガス惑星では生存できない。どの巨大ガス惑星にも、生物が発展できるような固体表面はないのである。それに、液体の水や、炭化水素などの有機化学物質を作るのに必要な元素もない。太陽から何十億キロメートルも離れた場所では、凍えるほど寒くもある。

巨大ガス惑星の衛星

生命を養う可能性という点で木星や土星よりも興味深いのは、それらの衛星であり、少なくとも木星で六九個〔二〇一八年七月現在、七九個となっている〕、土星で六二個存在する。かつて天文学者は、木星の衛星はどれも同じと考えていた。月のように凍てついて荒涼とした星だと。だから彼らは、ひとつひとつの衛星が固有の特徴をもっているとわかると、びっくり仰天した。この事実は、宇宙の生命に対する科学者の見方にパラダイム・シフトをもたらした。

なかでも注目したいのは、ガリレオが発見した衛星のひとつ、エウロパかもしれない。エウロパは、巨大ガス惑星にいくつかある衛星と同じく、分厚い氷に覆われている。そのひとつの説明として、初期のエウロパの火山から出た水蒸気が凝縮して太古の海になり、それが衛星自体の冷却とともに凍りついたというものがある。これで、エウロパが太陽系で最高に滑らかな衛星のひとつであるという興味深い事実も説明できるかもしれない。小惑星の重爆撃を受けていたものの、エウロパの海はおそらくほとんどの爆撃が終わってから凍ったので、傷痕を隠してしまったのだろう。宇宙から見ると、エウロパはピンポン玉のようにのっぺらぼうだ。火山も、山脈も、隕石クレーターもない。唯一見えるのは、網状の亀裂である。

天文学者は、エウロパの氷の下に液体の水からなる海がある可能性に気づくとわくわくした。それは、地球の海の二〜三倍の体積があると推定されている。地球の海は表面にあるだけだが、エウロパの海は内部のほとんどを占めているのだ。

ジャーナリストはよく「金《かね》をたどれ」と言うが、天文学者は「水をたどれ」と言う。水は、われわれの知る生命を作るうえで基本的なものだからだ。そのため彼らは、液体の水が巨大ガス惑星の世界に存在しうると知って衝撃を受けた。液体の水があるとなると、こんな謎が頭に浮かぶ。氷を解かす熱はどこから出ているのか？　その状況は、従来の通念に反しているように見えた。これまで長いこと、太陽系の唯一の熱源は太陽で、惑星がハビタブルとなるにはゴルディロックスゾーンに存在しないといけないと考えられてきたが、木星はこのゾーンのはるか外側にあったのである。しかし、われわれはもうひとつエネルギー源となりうるものがあるのを忘れていた。潮汐力だ。木星の重力はとても大きいため、エウロパを引き伸ばしたり押しつぶしたりできる。エウロパは、木星のまわりを回りながら自転しているので、潮汐によるふくらみは絶えず動いている。そうした伸び縮みにより、岩同士が押し合いへし合いして衛星のコアで強い摩擦が起き、この摩擦によって生じる熱は、氷の覆いの多くを十分に解かす。

エウロパに液体の水を見つけたことで、天文学者は、宇宙の最高に暗い領域にも、生命の存在を可能にするエネルギー源があることを知った。そのため、天文学の教科書をことごとく書き換える羽目になったのである。

エウロパ・クリッパー

探査機エウロパ・クリッパーは、二〇二二年ごろに打ち上げられる予定となっている。必要な費用はおよそ二〇億ドルで、目的は、エウロパを覆う氷を調べ、海の組成と性質を分析して、有機化合物の徴候を探ることにある。

技術者は、クリッパーの軌道を決めるうえで、厄介な問題に直面している。エウロパは木星をとりまく過酷な放射線帯のなかにあるので、この衛星を周回する軌道に探査機をのせると、ほんの数か月でだめになってしまうおそれがある。その危険を避けてミッションの寿命を延ばすため、クリッパーは、ほぼ放射線帯の外で木星を周回する軌道に送り込まれることとなった。それから軌道を修正すれば、木星にだんだん近づき、エウロパに対して短時間のフライバイを四五回できるようになる。

このフライバイをする目的のひとつは、ハッブル宇宙望遠鏡で観測されている、エウロパから噴き上がる水蒸気の間欠泉を調べ、できればそのなかを通過することだ。さらにクリッパーは、サンプルを採取しようと、間欠泉にミニ探査機を放り込むかもしれない。衛星そのものには着陸しない予定なので、今のところ水蒸気の調査が、海についての知見を得る最大のチャンスとなる。クリッパーが成功を収めれば、その後のミッションではエウロパに着陸し、表面の氷に穴をあけ、海に潜水艇を送り込もうとするかもしれない。

だが、有機化合物や微生物の存在を真剣に探っている衛星は、エウロパだけではない。土星の衛星エンケラドゥスの表面からも、水の間欠泉の噴出が観測されており、これもやはり、氷の下に海があることを示している。

土星の環《わ》

いまや天文学者には、そうした衛星の進化を決定する一番重要な力は潮汐力だということがわかっている。すると、その力がどれほど強く、どのように働くのかを調べる必要がある。潮汐力は、巨大ガス惑星にまつわる古くからの謎のひとつにも答えを出してくれそうだ。土星の美しい環がどうやってできたのかという謎である。天文学者は、将来、宇宙飛行士が系外惑星を訪れるようになれば、巨大ガス惑星の多くが太陽系で見られるように環をもっていることがわかると考えている。またそのおかげで天文学者は、潮汐力がどれほど強いか、衛星をまるごと引き裂くほど強いのかどうかを、正確に明らかにすることができるはずだ。

岩石と氷の粒子でできているこの環の壮麗さは、多くの画家や夢想家を魅了してきた。ＳＦで宇宙飛行士の訓練生が必ずさせられるのは、宇宙船で環をぐるりと回ることだ。人類の放《はな》った宇宙探査機は、太陽系のすべての巨大ガス惑星に環があることを明らかにしたが、土星の環ほど大きいものや、それぐらい美しいと言えそうなものはない。

環の成り立ちを説明する仮説はたくさん出ているが、一番説得力があるのは、潮汐力が関与するものだ。土星の重力は、木星の場合と同じく、周回している衛星をわずかに楕円体やフットボール形にするほど強い。衛星は、土星に近づくほど大きく引き伸ばされる。やがて、衛星を引き伸ばす潮汐力が、衛星をひとつに固めている重力と等しくなる。ここが臨界点だ。衛星がそこより近づくと、土星の重力で文字どおり引き裂かれてしまうのである。

ニュートンの法則をもとに、天文学者はロッシュ限界というこの臨界点の距離を計算することができる。[*1] 土星だけでなくほかの巨大ガス惑星の環も調べると、どれもほぼ必ずその惑星のロッシュ限界の内側にあることがわかる。巨大ガス惑星を周回している衛星はすべて、それぞれの惑星のロッシュ限界の外側にある。この証拠は、衛星が土星に近づきすぎてバラバラになった結果、土星の環ができたという説を、完全にではないが裏づけている。

将来、ほかの恒星をめぐる惑星を訪れる人類は、きっと巨大ガス惑星のロッシュ限界の内側に環を見つけるだろう。そして、衛星をまるごとバラバラにするこうした潮汐力の強さを調べることで、エウロパのような衛星に働く潮汐力の強さも計算できるようになるはずだ。

タイタンに住む？

土星の衛星のひとつであるタイタンも有人探査の候補地だが、そこに入植しても、おそらく火星の入植地ほど人口は多くならないだろう。タイタンは、太陽系の衛星では木星のガニメデに次いで二番目に大きく、唯一分厚い大気をもっている。ほかの衛星の希薄な大気と違い、非常に濃密な大気なので、初期に撮られたタイタンの写真は期待外れだった。のっぺらぼうの、ぼやけたテニスボールのようだったのだ。

土星を周回した宇宙機カッシーニは、二〇一七年に土星へ突入して最期を迎える前、タイタンの真の姿を明らかにした。レーダーを使って雲の覆いを見透かし、地表の地図を作成したのである。さらに、カッシーニから放出された探査機ホイヘンスは、二〇〇五年にタイタンに着陸し、史上初となる地形の近接写真を送信した。写真からは、湖沼と氷床と大陸の複雑な組み合わせが見てとれた。

カッシーニとホイヘンスが集めたデータから、科学者は、雲の覆いの下の景観について新たな写真を合成している。タイタンの大気は、地球のものと同じように、主に窒素で構成されている。意外にも、タイタンの地表にはエタンとメタンの湖がちりばめられている。メタンはほんのわずかな火花でも火がつくから、この衛星はすぐに燃え上がってしまうように思えるかもしれない。だが、その大気は酸素を含まず、摂氏マイナス一八〇度と極端に寒いので、爆発は起こりえない。こうした知見から、興味深い可能性も生じる。宇宙飛行士がタイタンで氷を採取し、酸素と水素に分けてから、酸素をメタンと結合して有用なエネルギーをほぼ無限に生み出せるという可能性だ。そのエネルギーは、開拓者のコミュニティに照明や暖房を提供できるほどになるかもしれない。

エネルギーは問題ないとしても、タイタンのテラフォーミングはおそらく論外の考えだろう。

太陽からそんなに遠い場所で自動継続的な温室効果を生み出すのは、不可能に近い。それに、大気にはすでに大量のメタンがあるから、もっとそれを持ち込んでそうした効果をもたらそうとしても無駄なはずだ。

ではタイタンに入植できるのかという疑問がわくだろう。まず、タイタンはかなりの大気をもつ唯一の衛星で、大気圧は地球を四五パーセント上回っている。宇宙服を脱いでもすぐには死なない、宇宙でわずかしか知られていない目的地のひとつなのだ。それでも酸素マスクは要るが、血液は沸騰しないし、体がぺしゃんこにもならない。

しかしその一方で、タイタンはつねに寒くて暗い。その地表にいる宇宙飛行士は、地球を照らす太陽光の〇・一パーセントしか受け取れない。太陽エネルギーは電源として使えないので、光も熱も発電機が頼りで、発電機はずっと動かしつづける必要がある。さらに、タイタンの地表は凍りついていて、大気には動植物の生命を維持できるだけの酸素や二酸化炭素がない。農耕はきわめて難しく、作物は室内か地下で育てなければなるまい。食料供給は限られ、それゆえ生きられる入植者の数も限られるだろう。

故郷の惑星との通信も不便になる。タイタンと地球のあいだを無線のメッセージが伝わるのに、何時間もかかるからだ。それに、タイタンの重力は地球の一五パーセントほどしかないので、タイタンに住む人はつねに運動をして筋肉や骨の損失を防ぐ必要がある。地球では虚弱になってしまうため、いずれは地球に戻るのを拒むようになるかもしれない。やがてタイタンの入植者は、地球に縛られた人々とは感情面でも身体面でも異なる感覚をもちはじめ、地球側とあらゆる社会的な絆を断ち切りたくなりさえするのではなかろうか。

したがって、タイタンに恒久的に住むのは可能かもしれないが、住み心地は悪く、多くの問題があるだろう。大規模な入植地はできそうにない。しかしタイタンは、燃料の補給基地や資源の貯蔵所として役立つかもしれない。タイタンのメタンは、採取して火星へ送り、テラフォーミング事業を加速したり、深宇宙ミッションに必要となる莫大な量のロケット燃料としたりするのに使えるはずだ。また氷は、精製するなどして飲み水や酸素を作り出したり、加工してロケット燃料にしたりできる。さらに、重力が弱いので、タイタンの離発着は比較的簡単で効率よくできる。タイタンは宇宙において重要なガソリンスタンドになるのである。

タイタンに自給自足できるコロニーを作るには、地表を掘って有用な鉱物を手に入れることが考えられる。現時点で、われわれの宇宙探査機はタイタンの鉱物組成についてあまり情報を得ていないが、多くの小惑星のように、燃料や物資の補給基地となるのに欠かせない有用な金属が含まれている可能性がある。とはいえ、タイタンで採掘した鉱石を地球まで運ぶのは、莫大な距離とコストゆえに現実的ではないだろう。むしろ、タイタンそのものでそれを原材料としてインフラを作り上げることになる。

彗星とオールトの雲

巨大ガス惑星を超えた先、太陽系の外縁には、さらに別の領域がある。何兆個もあるかもしれない彗星の世界だ。[*2] そうした彗星は、われわれがほかの恒星へ向かうときの足がかりになるかもしれない。

星々までの距離は、途方もなく莫大のように思える。プリンストン高等研究所の物理学者フリーマン・ダイソンは、星々へ到達するには、数千年前のポリネシア人の航海から学べるものがありそうだと言っている。一度の長い旅で太平洋を渡ろうとしたら悲惨な結末を迎えていただろうが、彼らは島伝いに移動し、海に浮かぶ陸地を一度にひとつずつ渡って広がっていった。島に着くたびに、定住地を築いてから次の島へ移った。ダイソンは、同じようにして深宇宙に中継コロニーが作れると断じた。この方策の鍵を握るのが彗星で、これは、太陽系からなぜかはじき飛ばされた浮遊惑星とともに、星々への道に散らばっている。

彗星は、何千年ものあいだ、その正体に思いをめぐらし、物語を作り、恐怖する対象だった。夜空をものの数秒で駆け抜けて消える流星と違って、彗星は頭上に長期間とどまる。かつては凶兆と考えられ、国の運命に影響を及ぼしさえしていた。一〇六六年には、イングランドの空に彗星が現れ、ハロルド王の軍隊がヘイスティングスの戦いでノルマンディー公ウィリアムの侵略軍に敗れて新王朝が打ち立てられることの前触れととらえられた。この出来事を記録している壮麗なバイユーのタペストリーには、怯《おび》える農民や兵士が彗星を眺める様子が描かれている。

それから六〇〇年以上経った一六八二年、同じ彗星が再びイングランドの空を横切った。物乞いから王様まで、だれもがそれに目を奪われ、アイザック・ニュートンはこの古くからの謎を解くことに決めた。彼は新たに、星の光を集めるのに鏡を使う、高性能の望遠鏡を発明したところだった。その反射望遠鏡で、ニュートンはいくつかの彗星の軌道を記録し、みずから考案したばかりの万有引力の理論による予測と比べてみた。彗星の動きは予測と完璧に一致していた。

　ニュートンが秘密主義だったことを考えれば、彼の重大な発見は、裕福な紳士の天文学者エドモンド・ハレーがいなかったら忘れ去られていたかもしれない。ハレーはケンブリッジ大学を訪れてニュートンに会い、その男が彗星を追跡しているばかりか、将来の動きの予測――それまでだれもなし遂げていないこと――までできていると知って、びっくり仰天した。ニュートンは、何千年も文明に出没し、人々の心を引きつけてきた最高に不可解な天文現象のひとつを、一連の数式にまとめ上げていたのだ。

　ハレーはすぐさま、これが科学全体にとって最大級の発見であることに気づいた。そして寛大にも、古今を通じて指折りの偉大な科学書となる『プリンシピア』を刊行するすべての費用の提供を申し出た。この傑作で、ニュートンは天の力学を解明した。微積分というみずから考案した数学的表現を用いて、太陽系の惑星や彗星の動きを正確に決定できたのである。彼は、彗星が楕円軌道をとることもあり、その場合は戻ってくるという事実に気づいた。するとハレーは、ニュートンの手法を利用して、一六八二年にロンドンの空を横切った彗星が、七六年ごとに戻ってくることを計算で明らかにした。それどころか彼は、歴史をさかのぼり、その彗星が必ず予定どおりに戻っていたことまで示してみせた。さらに、一七五八年にまた戻ってくるという大胆な予測もした。それは彼が死んだずっとあとになるが、その年のクリスマスの日に彗星が現れると、ハレーの業績は決定的なものとなった。

　今日、彗星は主にふたつの場所から来ることがわかっている。ひとつはカイパーベルトであり、これは、惑星と同じ平面で海王星の外側をとりまいている領域だ。カイパーベルトの彗星は、ハレー彗星も含め、太陽を周回する楕円軌道をとる。これらは短周期彗星とも呼ばれる。軌道周期、つまり太陽をまる一周するのにかかる時間が、数十年から数世紀だからだ。周期がわかっていて計算できるので、今後の予測が可能で、どれもあまり危険ではないことがわかっている。

それよりはるか遠くには、オールトの雲という、太陽系全体をとりまく彗星だらけの球殻がある。その彗星の多くは太陽から非常に遠い――一番遠いもので数光年にもなる――ので、ほぼじっとしている。ときたま、そうした彗星が、近くを通り過ぎる恒星の影響やランダムに生じる衝突によって、内部太陽系へ落ちてくる。これらは長周期彗星と呼ばれる。かりに同じ場所に戻ってくるとしても、軌道周期が数万年、さらには数十万年にもなるからだ。今後の予測はほぼ不可能なので、短周期彗星に比べ、地球にとって危険性が高い。

カイパーベルトやオールトの雲については、毎年のように新発見がなされている。二〇一六年には、カイパーベルトの奥深くに、海王星ぐらいの大きさをした九番目の惑星がある可能性が公表された。この天体は、望遠鏡による直接観測ではなく、コンピュータでニュートンの方程式を解くことによって発見された。その実在はまだ確かめられていないが、多くの天文学者はデータに大いに説得力があると考えている。この状況には先例がある。一九世紀、惑星の天王星の動きがニュートンの法則による予測からわずかにずれていることがわかった。ニュートンが間違っているか、天王星を引っぱる天体が遠くにあるかのどちらかだった。科学者は、一八四六年にこの仮定上の天体の位置を割り出し、ほんの数時間の観測でそれを見つけた。そして海王星と名づけたのである（別のケースでは、天文学者が、水星も予想される軌道からずれていることに気づいた。彼らはヴァルカンと名づけた惑星が水星軌道の内側にあると推測したが、何度挑戦しても、ヴァルカンは見つからなかった。やがてアルベルト・アインシュタインが、ニュートンの法則に欠陥がある可能性に気づき、水星の軌道は、相対論による時空の歪みというまったく新しい効果で説明できることを示した）。今では、こうした法則を高性能コンピュータに組み込んで、カイパーベルトやオールトの雲にあるものの存在がどんどん明らかにされている。

天文学者は、オールトの雲がわれわれの太陽系から三光年も広がっているのではないかと考えている。これは、ケンタウルス座の三重連星系（アルファ星系）という、地球から四光年あまりの最も近い恒星たちまでの距離の半分以上にもなる。このケンタウルス座連星系にも彗星の球がとりまいているとしたら、その連星系と地球を彗星で次々とつなぐ道ができそうだ。すると、恒星間の長大なハイウェイに、燃料補給基地、前哨基地、中継地点を点々と設置できるかもしれない。一度で隣の恒星へジャンプするのでなく、ケンタウルス座連星系まで「彗星ホッピング」をするという控えめな目標に磨きをかけられる。このハイウェイは、宇宙のルート66〔シカゴとサンタモニカを結ぶ長大なアメリカ横断国道で、すでに廃線となっているが今も旅やロマンの象徴としてよく登場する〕となるだろう。

この彗星ハイウェイの建造は、一見思えるほど荒唐無稽ではない。天文学者は、彗星のサイズや硬さや組成について、かなりの情報を明らかにしている。一九八六年にハレー彗星が通り過ぎたときには、宇宙探査機の一団を送り込み、写真を撮って分析することができた。写真に写ったのはさしわたし一五、六キロメートルの小さなコアで、落花生のような形をしていた（だからいつか将来、ふたつに割れてハレー彗星はペアの彗星になるだろう)。さらに、彗星の尾を抜ける宇宙探査機も送り込まれ、探査機ロゼッタは小型探査機を彗星に着陸させることまでできた。そうした彗星をいくつか分析した結果、硬い岩石と氷のコアをもち、それらはロボットで運用される中継基地を支えられるほど強靭かもしれないことがわかっている。

いつの日か、ロボットがオールトの雲にある遠くの彗星に着陸し、表面を掘るようになるかもしれない。コアの鉱物や金属を使って宇宙基地が作れ、氷を解かして飲み水やロケット燃料のほか、宇宙飛行士の吸う酸素が提供できるだろう。

思い切って太陽系の外に出ることができたら、何が見つかるだろう？　われわれは、宇宙を理解するうえでまたひとつのパラダイム・シフトを体験しようとしている。われわれは今も、ほかの恒星系に、なんらかの生命を養えるかもしれない地球型惑星を見つけている。いつか人類は、そうした惑星を訪ねることができるだろうか？　有人探査の宇宙を広げられる宇宙船を作れるのだろうか？　できるとすれば、どうやって？

第Ⅱ部 星々への旅

第7章　宇宙のロボット

したがって、われわれはいつか機械に支配されると考えなければならない。

――アラン・チューリング

これにいささかでも近いものが今後一〇〇年から二〇〇年のうちに生まれたら、大変な驚きだ。

――ダグラス・ホフスタッター

時は二〇八四年。平凡な建設労働者のアーノルド・シュワルツェネッガーは、夜ごと火星の夢にうなされている。その夢の原因を探るべく、彼は火星へ向かうことにする。彼が目にする火星は活気ある大都会で、立ち並ぶ建物はまばゆいガラスドームに覆われ、大がかりな採掘がおこなわれている。パイプやケーブルや発電機からなる複雑なインフラは、何万人もの永住者にエネルギーと酸素を供給している。

映画『トータル・リコール』は、火星都市の見かけについて、説得力のあるイメージを示している。洗練されていて、清潔で、先進的だ。ただし、小さな問題がひとつある。こうした架空の火星都市は、ハリウッド映画のセットとしてはすばらしいが、われわれの現在の技術で作ろうとすると、ＮＡＳＡのどんなミッションの予算でも事実上足りない。最初は金づち一本、紙一枚、ペーパークリップひとつとっても、数千万キロ離れた火星まで運ぶ必要がある。さらに太陽系を超え、地球とすぐに連絡がとれない近隣の星々へ行くとなると、問題は増すばかりだ。地球からの物資の輸送に頼らず、国を破産させずに宇宙でやっていく手だてを探す必要がある。

　解決策は、第四の波のテクノロジーの活用にありそうだ。ナノテクノロジーと人工知能（ＡＩ）は、これまでの常識を一変させる可能性を秘めている。

　二一世紀の終盤までに、ナノテクノロジーの進歩によってグラフェンやカーボンナノチューブの大量生産が可能になり、そうした超軽量素材が建築に革命を起こすだろう。グラフェンは、炭素原子が固く結合して単分子層をなし、非常に薄くて丈夫なシートとなったものだ。ほぼ透明で重さもないと言っていいほどだが、科学において知られるかぎり最も強靭な素材で、強さは鋼鉄の二〇〇倍もあり、ダイヤモンドをも上回る。理論上は、鉛筆の尻に象をのせ、その鉛筆の先端をグラフェンのシートに当てても、裂けも破れもしない。おまけに、グラフェンは電気も通す。すでに科学者は、分子サイズのトランジスタをグラフェンのシートに刻み込むことに成功している。未来のコンピュータは、グラフェンで作られるかもしれない。

　カーボンナノチューブは、グラフェンのシートを丸めて長いチューブにしたものだ。事実上破壊できず、肉眼ではほぼ見えない。ニューヨークのブルックリン橋をカーボンナノチューブで吊ったら、橋は宙に浮いているように見えるだろう。

グラフェンやカーボンナノチューブがそんなにすばらしい素材なら、なぜわれわれの家や橋、建物、ハイウェイに使われていないのだろう？　現時点では、純粋なグラフェンを量産するのがきわめて難しいのだ。分子レベルでごくわずかな不純物や欠陥があっても、その驚くべき物理的特性が失われかねない。切手より大きなシートを作るのは困難なのである。

だが、来世紀までにはグラフェンの大量生産が可能になり、宇宙でのインフラ建設のコストが大幅に下がるのではないか、と化学者は期待している。グラフェンはとても軽いので、地球外の遠隔地へ効率よく運べるし、ほかの惑星で製造できる可能性もある。このカーボン素材でできた都市が、火星の砂漠に現れるかもしれない。建物は半透明で、宇宙服はとても薄くぴっちりしたものになるかもしれない。自動車は超軽量化されるので、燃費が格段に良くなるだろう。建築・製造のあらゆる領域が、ナノテクノロジーの到来とともに大転換を遂げると考えられる。

しかし、そこまで進歩しても、火星に居住地を建設したり、小惑星帯に採掘コロニーを作ったり、タイタンや系外惑星に基地を築いたりするきつい力仕事はだれがするのか？　人工知能が解決策をもたらしてくれるかもしれない。

AI──未熟な科学

二〇一六年、人工知能の分野に衝撃が走った。「アルファ碁」というディープマインド社のコンピュータ・プログラムが、囲碁の対局で世界トップ棋士のイ・セドルを打ち負かしたという一報が入ったのだ。多くの人の考えでは、そんな快挙はまだ数十年先のはずだった。新聞各紙は社説で、これは人類の死亡記事だと嘆きだした。機械がついにルビコン川を渡り、まもなく人類のあとを引き継ぐだろうと。もはやあと戻りはないというのだった。

アルファ碁は、これまでで最も進化したゲームプレイ用プログラムである。チェスでは、ひとつの局面で平均して二〇〜三〇通りの手が考えられるが、囲碁では約二五〇通りの手がある。さらに言えば、囲碁の対局で碁石がとりうる配置の総数は、宇宙に存在する原子の総数より多い。かつては、囲碁のありとあらゆる手をコンピュータに検討させるのは難しすぎると考えられていた。だから、アルファ碁がイ・セドルを破ると、とたんにメディアは大騒ぎしたのだ。

ところが、いかに高性能であっても、アルファ碁は一芸だけの曲芸馬であることがほどなく判明した。囲碁で勝つことしかできなかったのだ。アレン人工知能研究所のCEO、オレン・エツィオーニは言っている。「アルファ碁はチェスさえできない。ゲームについても語れない。うちの六歳児のほうがアルファ碁より賢い」[*1]。どれほどハードウェアの性能が高くても、機械のもとへ歩み寄り、その背中をたたいて人間に勝てたことを祝福し、それにふさわしい返事が返ってくるのを期待することはできない。機械は、科学史に残る偉業をなし遂げたことにまったく気づかないのだ。それどころか、自分が機械であることさえわからない。忘れられがちだが、今日のロボットは見た目が派手な計算機にすぎず、自我や創造性、常識や感情は持ち合わせていない。反復性の高い特定の作業をおこなうのは得意でも、該博な知識を要する複雑な作業はできないのである。

ＡＩの分野が革命的な躍進を遂げているのは確かだが、その進歩にかんしては、広い視野に立って見定める必要がある。ロボットの進化をロケットのそれになぞらえれば、現在のロボット工学は、ツィオルコフスキーの段階、つまり推論と理論化の段階を超えていることがわかる。われわれは、ゴダードが進めた段階にとうに入っており、未熟だが基本原理の正しさを実証できるプロトタイプを実際に作っている。それでも、次の段階であるフォン・ブラウンの領域には至っていない。革新的な高性能のロボットが組み立てラインから続々と生み出され、遠くの惑星で都市を建設する段階は、まだ到来していないのだ。

これまでのところ、ロボットは遠隔操作できる機械として、めざましい成果を上げている。宇宙探査機ボイジャーが木星や土星のそばを通ったとき、バイキングのランダー（着陸機）が火星表面に着陸したとき、ガリレオとカッシーニが巨大ガス惑星を周回したときには、裏で仕事熱心な人間のスタッフが指示を出していた。ドローン（無人機）と同様、それらのロボットも、カリフォルニア州パサデナの管制センターから人間の操縦者が出す指示を実行していたにすぎない。映画で目にする「ロボット」も、操り人形か、ＣＧか、でなければ遠隔操作で動く機械だ（ＳＦ映画のロボットで私のお気に入りは、『禁断の惑星』に登場するロビー・ザ・ロボット。見た目は未来的だが、なかに人が入っていた）。

しかし、過去数十年にわたり、コンピュータの性能が一八か月ごとに倍増してきた事実を思えば、未来にどんなことが予想できるだろうか？

次の段階――真のオートマトン

遠隔操作ロボットから前進して、われわれが次に目指すのは、真のオートマトン――人間による干渉を最低限にしか必要としない、みずから決断する能力をもつロボット――の設計である。オートマトンは、たとえば「ゴミを拾って」と言われたらすぐにその行動に移る。今のロボットにそんなことはできない。いずれは外惑星〔木星以遠の惑星〕をほぼ自力で探査し、入植できるオートマトンが必要になる。そうした惑星との無線通信は、何時間もかかるからだ。

このような真のオートマトンは、遠くの惑星や衛星にコロニーを築くのに絶対に不可欠だとわかるだろう。前にも述べたが、何十年も、宇宙の入植地の人口はほんの数百人かもしれない。人間の労働力は少ないのに、遠くの世界に新たな都市をなんとしても作らなければならない。ロボットはこのギャップを埋められる。当初、ロボットの仕事は、いわゆる「３Ｄ」――危険で(Dangerous)、退屈で(Dull)、汚い(Dirty)仕事――となるはずだ。

たとえばハリウッド映画を見ていると、宇宙がどれほど危険であるかを忘れてしまうことがあるが、低重力環境での作業でも、ロボットは建設工事で重量物を持ち上げるのに欠かせないし、地球外で基地を作るのに要る、大きな梁《はり》や桁《けた》、コンクリート板、重機などをやすやすと運べる。かさばる宇宙服を着て、筋力が弱く、ゆっくりとしか体を動かせず、重い酸素パックを背負った宇宙飛行士よりは、よほど有能だ。また人間はすぐに疲れてしまうが、ロボットは昼夜通して際限なく働ける。

おまけに、事故が起きても、ロボットなら種々の危険な状況で修理や交換がしやすい。新たな建造物やハイウェイの土地を切り開くための危険な爆発物から信管を抜いたり、火事のときに炎のなかを歩いて人を助け出したり、遠くの衛星の凍てつくような環境で作業をしたりできる。酸素も要らないから、宇宙飛行士をつねにおびやかす窒息の危険もない。

ロボットは、遠くの世界の危険な土地の探査もできる。たとえば、火星の氷冠やタイタンの氷の湖について、安定性や構造はほとんどわかっていないが、そうした堆積物は、酸素と水素の重要な供給源となりそうだ。ロボットはまた、危険なレベルの放射線を遮蔽できそうな火星の溶岩洞や、木星の衛星も探査できるだろう。太陽フレアや宇宙線は、宇宙飛行士のがん発生率を高めるかもしれないが、ロボットなら致死レベルの放射線のなかでも働くことができる。厳重に遮蔽された特別な倉庫を用意し、本体のモジュールが強烈な放射線で劣化したら、倉庫の予備のパーツと交換すればいいのだ。

危険な仕事に加え、ロボットは退屈な仕事もしてくれる。とくに繰り返し何かを作る作業だ。いずれ、衛星や惑星の基地では人工的に作ったものが大量に必要になるが、ロボットはそれを大量生産できる。こうしたことは、現地の鉱物を採掘して衛星や惑星の基地に必要なあらゆるものを生産できる、自立的なコロニーの実現には欠かせない。

最後に、ロボットは「汚れ仕事」もやってのける。遠くのコロニーで、下水道や衛生設備の保守管理をおこなえる。再利用・再処理工場で出る有毒な物質やガスのなかでも働ける。

したがって、人を直接介さずに機能するオートマトンは、荒涼たる月面や火星の砂漠に現代的な都市や道路、高層ビルや家を作るときに、きわめて重要な役割を果たすだろうとわかる。だが次なる疑問は、「真のオートマトンができるのはどのぐらい先か?」である。映画やSF小説に登場する架空のロボットはともかく、現状のテクノロジーはどうなのか? 火星に都市を作れるロボットができるのは、どれほど先なのだろう?

AIの歴史

一九五五年、少数の選りすぐりの研究者がアメリカのダートマス大学に集まり、人工知能という研究分野を創設した。彼らは、複雑な問題を解き、抽象概念を理解し、言語を操り、経験から学習できる知的な機械を短期間で生み出せることに、絶対の自信をもっていた。じっさいこう述べていたのだ。「科学者の精鋭集団がひと夏一緒に取り組めば、これらの問題の少なくともひとつで大きな進展がある、とわれわれは考えている」

ところが、彼らは重大な間違いを犯していた。人間の脳をデジタルコンピュータと見なしていたのだ。知能の法則をコードのリストに還元してコンピュータに読み込ませれば、考える機械が即座にできると思っていた。自我をもつようになり、意味のある会話ができるはずだ、と。これは「トップダウン型」のアプローチ、あるいは「ビンに入れた知能」と呼ばれた。

このアイデアは、単純明快のように思え、楽観的な予測を生んだ。一九五〇年代から六〇年代にかけて、大きな成果も上がった。チェッカーやチェスをするコンピュータ、代数の定理を証明するコンピュータ、ブロックを認識して拾い上げるコンピュータができた。一九六五年には、A

Iのパイオニアであるハーバート・サイモンがこう断言した。「二〇年以内に、機械は人間にできるどんな仕事もできるようになるだろう」。一九六八年の映画『2001年宇宙の旅』には、人間と会話し、木星行きの宇宙船を操縦するコンピュータ、HALが登場した。

それからAIは、大きな壁にぶつかった。パターン認識と常識という二大障害に直面し、進歩が著しく減速したのだ。ロボットには、見ることはできる――むしろ視力はわれわれの何倍も優れている――が、見ているものが何なのかは理解できない。目の前にテーブルがあっても、ロボットが知覚するのは、線、四角、三角、楕円だけだ。それらの要素を組み合わせて、全体を認識することはできない。「テーブルらしさ」という概念は理解できないのである。だからロボットには、室内を移動して、家具を認識し、障害物をよけるのがとても難しい。外の通りを歩いても、赤ん坊や警官、犬、木などを示す線や円や四角の洪水に遭遇してすっかり途方に暮れてしまう。

もうひとつの障害は、常識だ。われわれは、水がぬらぬらしていること、ひもで物を引けるが押せないこと、ブロックで物を押せても引けないこと、母親が娘より年上であることを知っている。どれもわかりきったことだ。しかし、われわれはどこでこうした知識を身につけたのだろう？　ひもで物を押せないことを示す数式はない。われわれはこうした真理を、実際に経験し、現実にぶつかりながら覚えてきた。「痛い目に遭いながら」学んだわけだ。

一方、ロボットに人生経験という助けはない。すべてはコンピュータのコードを使って一行ずつ、スプーンで食べさせるように与えなければならない。常識を何もかもコード化する試みもなされているが、どうにも多すぎる。人間の四歳児でも、この世界の物理学や生物学や化学について、最新鋭のコンピュータより多くのことを直感的に知っているのである。

DARPAチャレンジ

二〇一三年、アメリカ国防総省（通称ペンタゴン）の一機関で、インターネットの土台を築いた国防高等研究計画局（ＤＡＲＰＡ）が、世界の科学者に向けてひとつの課題を出した。その内容は、二〇一一年に三基の原子炉がメルトダウンを起こした福島第一原子力発電所で、恐ろしい放射性のデブリ（溶け落ちた核燃料）を除去できるようなロボットを作るというものだ。デブリはきわめて高い放射能をもち、作業員は致死レベルの放射線のなかに数分しかいられない。そのため、工程はひどく遅れている。当局の現在の試算では、デブリの除去には三〇年から四〇年かかり、費用はおよそ二〇兆円に達するとされている。

もしも人手を介さずにデブリやゴミを除去できるロボットが作れたら、それは、放射線の存在下でも月基地や火星の入植地を建設するのに力を発揮できる、真のオートマトンの実現に向けた第一歩ともなるだろう。

福島第一原子力発電所が最新のＡＩテクノロジーを活用するのにうってつけの場所だと気づいたＤＡＲＰＡは、「ＤＡＲＰＡロボティクス・チャレンジ」の開催を決め、三五〇万ドルの賞金を出して、ロボットに初歩的な除染作業を競わせた（その前のＤＡＰＲＡチャレンジは大成功を収め、無人運転の車の誕生をもたらしている）。このコンテストは、ＡＩ研究の進歩を世に知らしめるのに絶好の舞台でもあった。誇大広告と空騒ぎが何年も続いたあと、いよいよ真の成果を披露するときが来たのだ。人間にはできない重要な作業をロボットがやってのけるところを、世界が目にするはずだった。

ルールは非常に明確で、最小限度にとどめていた。勝利を目指すロボットに課せられたのは、車を運転する、デブリをどける、ドアを開ける、配管からの漏れを止めるためにバルブを閉める、消火ホースをつなぐ、バルブを開けるなどの、八つの単純なタスクだ。挑戦者が世界じゅうから押し寄せ、栄誉と賞金を求めて競い合った。ところが、新時代の幕開けとはならず、最後はややみっともない結果となった。多くの出場ロボットがタスクを達成できず、カメラの前で倒れるロボットまでいたのだ。この課題からわかったのは、AIの原理が結局はトップダウン型アプローチでは示せないほど複雑だということだった。

学習する機械

AI研究者のなかには、トップダウン型のやり方をすっかりあきらめ、ボトムアップ方式で「母なる自然」を模倣することにした者もいる。むしろこの代案のほうが、宇宙空間で働けるロボットを作り出すには有望かもしれない。AIのラボの外には、われわれが設計しうるどんなものより優れた高度なオートマトンが見つかる。それは動物と呼ばれる。小さなゴキブリは森を巧みに這いまわって食料や繁殖相手を探す。一方、われわれの不器用で不格好なロボットは、ドシンドシン歩きながら、通りすがりに壁の漆喰《しっくい》を剥がしてしまうこともある。

六〇年前にダートマスの研究者たちの活動を支えていた誤った仮定は、今日のAI研究にもつきまとっている。脳はデジタルコンピュータではない。脳には、プログラムも、CPUも、ペンティアムチップも、サブルーチンも、コードもない。コンピュータは、トランジスタを一個抜き取るだけでおそらく壊れてしまう。ところが人間の脳は、半分なくなっても機能することがある。

自然は、脳をニューラル・ネットワーク（神経のネットワーク）、つまり学習するマシンとして組織することで、驚異的な計算をなし遂げている。あなたのノートパソコンは学習をしない――今日も、昨日や昨年と変わらずおばかなままだ。しかし人間の脳は、新たなタスクを学習すると、文字どおりみずからの配線をつなぎ替える。だから、言葉にならない声を発していた赤ん坊が言語を覚えたり、自転車に乗れなかった人が乗れるようになったりするのだ。神経網は、ヘッブの法則に従い、反復を続けることで次第に改良されていく。ヘッブの法則とは、なんらかのタスクをおこなうほど、そのタスクのための神経経路が強化されるというものだ。神経科学でよく言うとおり、一緒に興奮したニューロンは、一緒につながる。こんな問いかけで始まる古いジョークを聞いたことがあるだろうか。「カーネギー・ホールへはどうやって行くんだい？」すると神経網が答える。「実践あるのみ」

ひとつ例を出そう。ハイキングの愛好者は、ある山道がよく踏みしめられていたら、多くの人が通ったのだからたぶんベストのルートなのだろうと判断する。正しいルートは、人が通るたびに強化されるのである。これと同じで、なんらかの行動にかかわる神経経路も、頻繁に活性化されるほど強化される。

このことが重要なのは、学習する機械が宇宙探査の鍵を握るようになるからだ。ロボットは宇宙空間で、絶えず状況とともに変わる新たな危険にさらされる。今日の科学者には想像もできないシナリオに遭遇する羽目になるだろう。運命は思わぬ事態に陥らせるので、定型的な危機への対処しかプログラムされていないロボットでは役に立たない。たとえば、マウスの遺伝子にすべてのシナリオをコードできるわけがない。遭遇しうる状況の総数は無限だが、遺伝子の数には限りがあるからだ。

宇宙からの流星群が火星の基地を襲い、多数の建物に被害が出たとしよう。ニューラル・ネットワークの原理を用いるロボットは、そうした不測の事態に対処することで学習し、数を重ねるほど上達する。だが、従来のトップダウン型のロボットは、想定外の危機に直面すると役に立たない。

このようなアイデアを数多く研究に取り入れたのが、マサチューセッツ工科大学（MIT）の名高いAI研究所でかつて所長を務めていたロドニー・ブルックスだ。私とのインタビューでブルックスは、一〇万個のニューロンからなる微小な脳をもつただの蚊が三次元をやすやすと飛べるのに、まだ足もとのおぼつかない単純な歩行ロボットの制御に複雑きわまりないコンピュータ・プログラムが必要なことを不思議がった。彼は、六本脚の昆虫に似た動きを学習する「バグボット」や「インセクトイド」というロボットで、新たな手法を開拓した。そうしたロボットは、最初はよく転倒するものの、毎回上達していき、次第に本物の虫のように脚を連係して動かせるようになる。

ニューラル・ネットワークをコンピュータへ組み込むプロセスは、ディープラーニング（深層学習）と呼ばれる。このテクノロジーは発展を続けているので、多くの産業に革命をもたらす可能性がある。将来あなたは、医者か弁護士に相談したくなったら、インテリジェントな（つまり高度な情報処理能力をもつ）壁や腕時計に話しかけて、「医師ロボット」や「弁護士ロボット」のようなソフトウエア・プログラムを呼び出し、ネットを検索して医療や法律にかんする確かな助言を提供してもらうかもしれない。こうしたプログラムは、何度も質問を受けることで学習し、あなた個人のニーズに応える――ひょっとしたらニーズを予測しさえする――のがうまくなっていく。

ディープラーニングは、宇宙で必要となるオートマトンへ道をつけてくれる可能性もある。今後数十年のうちに、トップダウン型とボトムアップ型のアプローチが統合され、ロボットは最初からある程度の知識を植えつけられながら、ニューラル・ネットワークによる動作や学習もできるようになるかもしれない。人間と同じように経験から学び、パターン認識を習得して三次元で道具を動かせるようになったり、常識を身につけて新しい状況に対処できるようになったりするのだ。そんなロボットは、火星どころか、太陽系全域、さらにはその外でも、入植地を建設し維持するのに欠かせない存在となる。

個々のタスクに対処すべく、異なるロボットが設計されるだろう。下水道を泳いで漏水や破損の個所を見つけるように学習できるロボットは、ヘビに似たものになる。怪力自慢のロボットは、建設現場で重い資材の持ち上げ方を学習し、鳥に似たドローン・ロボットは、異郷の地を分析調査する方法を学習する。地下にある溶岩洞の探査の仕方を学習できるロボットがクモに似そうなのは、でこぼこの地形を移動する際、脚の多い生物ならとても安定するためだ。火星の氷冠上での移動方法を学習できるロボットは、インテリジェントなスノーモービルのようになるかもしれない。エウロパの海を泳いで物をつかむようになるロボットは、タコに似たものになるだろうか。宇宙探査に必要なのは、次第に環境に対処しながら、直接与えられた情報を受け取ることによって学習できるロボットなのだ。

しかし、ここまで人工知能が進歩しても、ロボットに大都市をまるごと自力で作らせたいとしたら、まだ不十分かもしれない。ロボット工学の究極の課題は、自己複製ができて自我をもつ機械を作り出すこととなる。

自己複製するロボット

私が初めて自己複製を知ったのは、子どものころだった。当時読んだ生物の本に、ウイルスはヒトの細胞を乗っ取って自分のコピーを作ることで増えるが、細菌は分裂して複製を起こすことで増える、と書かれていたのだ。細菌のコロニーを何か月や何年も放置すると、途方もない数にまで増え、地球のサイズに匹敵するほどになることも考えられる。

当初、とめどなく自己複製できることなどとんでもないように私には思えたが、やがて腑に落ちはじめた。なにしろ、ウイルスもみずからを複製できる大きな分子にすぎないのだ。しかし、そんな分子がほんのわずか鼻に入っただけで、一週間もしないうちにあなたは風邪を引く。一個の分子がたちまち増殖して自己のコピーを無数に作り、あなたにくしゃみをさせるのだ。さらには、われわれも皆、肉眼で見えないほど小さな一個の受精卵細胞として母親のなかで生を受ける。ところがわずか九か月あまりで、その小さな細胞がヒトになる。つまり人間の生命さえ、細胞の指数関数的な増殖のもとに成り立っているのだ。

　これが自己複製の力であり、生命そのものの土台をなしている。そして自己複製の秘密はDNA分子にある。この奇跡の分子をほかの分子と隔てるのは、次のふたつの能力だ。第一に、膨大な情報を収められる。第二に、自己複製ができる。だが機械もこうした特徴を模倣できるかもしれない。

　自己複製する機械というアイデアは、実は進化そのものの概念に負けないほど古い。ダーウィンが革命的な著書『種の起源』（渡辺政隆訳、光文社など）を出版してまもなく、イギリスの小説家サミュエル・バトラーが「機械に囲まれたダーウィン」と題した文章を書き、そのなかで「ダーウィンの理論に従えば、機械もいつかみずからを複製して進化しはじめる」と予測している。

　ゲーム理論をはじめ、いくつかの数学の新分野を創始したジョン・フォン・ノイマンは、一九四〇年代から五〇年代に、自己複製する機械に数学的なアプローチを試みた。彼はまず、「自己複製する機械で最小のものは何か？」という問いを立て、それをいくつかの段階に分けた。たとえば第一段階は、構成部品を大箱いっぱいに集める（規格化されたいろいろな形があるレゴのブロックの山を考えてほしい）。第二段階では、ふたつの部品を結合できる「組み立て屋」が必要になる。そして第三段階では、どの部品をどの順序で結合するかを「組み立て屋」に伝えられるプログラムを書く。この最後の段階が要《かなめ》となる。おもちゃのブロックで遊んだことのある人なら、わずかな種類の部品から複雑精緻な構造が作れるのを知っている――きちんと組み立てられさえすれば。そこでフォン・ノイマンは、「組み立て屋」が自身のコピーを作るのに最小限必要な操作回数を明らかにしようとした。

しかし、フォン・ノイマンは結局この企てをあきらめた。使う部品の厳密な数や形など、あれこれ恣意的な仮定にもとづいていたため、数学的な分析が難しかったのである。

宇宙で自己複製するロボット

自己複製するロボットに次の後押しがあったのは、一九八〇年、NASAが「宇宙ミッションのための先進的自動化」という研究をいち早く手がけたときである。その研究報告は、月の入植地の建設には自己複製するロボットが欠かせないと結論づけ、必要になるロボットを少なくとも三種類明らかにしていた。基本的な原材料を集める採掘ロボットと、その原材料を溶融・精製し、できた部品を組み立てる建設ロボットと、人間を介さずに自分や仲間の修理や保守をする修繕ロボットである。報告には、そうしたロボットがどのように自律的に動くかについてのビジョンも提示されていた。物をつかむフックやブルドーザーのショベルを備えたインテリジェントなカートのように、ロボットはレールにのって移動し、資源を運び、所望の形に加工することができるというわけだった。

その研究には、タイミングよく、ひとつの大きな裏づけがあった。研究がおこなわれる少し前に、宇宙飛行士が月の石を数百キログラム持ち帰り、含まれる金属やケイ素や酸素が、地球の岩石の組成とほぼ同じだとわかっていたのだ。月の地殻の多くは、レゴリスという、月の岩盤と、太古の溶岩流と、流星物質の衝突が残した破片が混じり合ったものからなる。この情報のおかげで、NASAの科学者は、月の資源を使って自己複製ロボットを製造する月面工場について、具体的で現実的なプランを練りはじめることができた。彼らの報告では、レゴリスを採掘して製錬し、有用な金属を取り出せる可能性について詳しく述べられていた。

この研究以降、自己複製する機械は何十年も進歩がなく、人々の熱も冷めた。しかし、月へ再訪し火星に到達することへの関心が再燃している今、構想全体が改めて見直されようとしている。たとえば、火星の入植地にこのアイデアを当てはめると、次のような過程をたどるかもしれない。まず、火星の砂漠を調査して工場の設計図を描く必要がある。次に岩塊や地面に穴をあけ、その穴に爆薬を入れて爆発させる。砕けた岩石をブルドーザーや掘削機で掘り出し、平らな基礎を作る。岩石は粉砕されて砂利になり、それをマイクロ波による溶鉱炉に入れると、液体の金属が分離され、取り出される。金属は高純度のインゴット（鋳塊《ちゅうかい》）となり、ワイヤーやケーブルや梁など、構造物に必要な建材に加工される。このようにして、ロボット工場を火星に建設できる。最初のロボットがいくつかできれば、それが工場に代わってさらにロボットを作りつづけられるようになる。

NASAの研究報告の時代に使えたテクノロジーは限られていたが、それからわれわれは大いに進歩を遂げた。ロボット工学にとって有望な新技術のひとつは、3Dプリンターだ。コンピュータはいまや、樹脂や金属の流れを正確に操り、一層ずつ重ねて、このうえなく複雑な機械部品を作ることができる。３Ｄ印刷の技術は非常に進んでいるので、微小なノズルからヒトの細胞を一個ずつ発射することで、なんとヒトの組織を作ることもできる。かつて私が司会を務めていたディスカバリー・チャンネルのドキュメンタリー番組で、自分の顔を３Ｄ印刷したことがある。機械に顔を置くと、レーザービームがすばやく私の顔をスキャンし、結果をパソコンに記録した。この情報がプリンターに取り込まれると、プリンターは小さな吐出口《としゅつこう》から正確に液体樹脂を押し出す。三〇分もしないうちに、私は自分の顔をかたどった樹脂製のマスクを手にしていた。それからプリンターに全身をスキャンされ、数時間後には、私にそっくりの樹脂製のアクション・フィギュアができていた。だから将来、だれもがスーパーマンとともに、アクション・フィギュアのコレクションに加わることができるだろう。未来の３Ｄプリンターは、機能する臓器を構成する繊細な組織や、自己複製するロボットの製造に必要な機械部品を作れるかもしれない。そんな３Ｄプリンターをロボット工場に設置すれば、溶融金属から直接ロボットが作れる可能性もある。

火星の自己複製ロボットは、最初の一体を作るのが一番大変だろう。大量の製造設備を赤い惑星へ送る必要があるからだ。しかし、最初のロボットができれば、放っておいても自分のコピーを作る。すると二体になったロボットがそれぞれ自分のコピーを作り、ロボットは四体になる。こうして指数関数的にロボットが増えていけば、じきに砂漠の景色を一変させる仕事ができるほどの大集団になる。それらは土を掘り出し、新たな工場を建て、自分のコピーを安く効率的に際限なく作る。大規模農業を開始し、火星ばかりか広く宇宙に現代文明を興隆させ、小惑星帯で採掘をおこない、月面にレーザー砲列を作り、軌道上で巨大なスターシップ（恒星間宇宙船）を組み立て、遠くの系外惑星にコロニーの礎《いしずえ》を築くこともできる。自己複製する機械をうまく設計して配備できれば、すばらしい偉業と言えるだろう。

しかし、その大きな節目を超えても、ロボット工学の聖杯と言ってよさそうな、自我をもつ機械の問題は残る。そんなロボットは、単に自分のコピーを作るよりずっと多くのことができる。自分が何者であるかを理解でき、リーダーの役割――ほかのロボットを監督し、命令を下し、プロジェクトを立案し、作業を調整し、創造的な解決策を提示する――を担えるのだ。われわれに反論し、合理的なアドバイスや提案をしてくれるかもしれない。一方、自我をもつロボットという概念は、複雑な実存的疑問をわかせ、一部の人にはあからさまな恐怖を抱かせる。こうした機械は創造主たる人間に反旗を翻すのではないかと。

自我をもつロボット

二〇一七年、ふたりの億万長者――フェイスブックの創業者マーク・ザッカーバーグと、スペースXとテスラのCEOであるイーロン・マスク――のあいだで論争が起きた。[*2] ザッカーバーグは、人工知能は富と繁栄を大いに生み出し、社会全体を豊かにする、と主張した。一方、マスクははるかに暗い見方をし、AIは現に人類全体の存亡にかかわるリスクをもたらしており、いつか自分たちの創造物がわれわれに牙を剝くかもしれないと述べた。

どちらが正しいのだろう？　月基地や火星の都市の保守管理をロボットにひどく依存するようになり、いつかロボットがわれわれを必要としなくなったらどうなるか？　人類が宇宙にコロニーを建設しても、結局はロボットに奪われてしまうのか？

　こうした不安は昔からあり、早くも一八六三年には、小説家のサミュエル・バトラーが「われわれは今、自分たちの後継ぎを作り出している。いずれ機械にとっての人は、人にとっての馬や犬に等しい存在になるだろう」[*3]と警鐘を鳴らしていた。ロボットが次第に人間より高い知能をもつようになると、われわれは劣等感を抱き、みずからの創造物に先を越されたような気分になるかもしれない。ＡＩの専門家ハンス・モラヴェックはこう語っている。「これまでになくすばらしい発見について、われわれにわかるような易しい言葉で説明しようとする超高度な知能をもつわが子たちを、ぽかんと見つめて過ごす。それが人間の運命なのだとしたら、人生は無意味に思えてしまうかもしれない」。グーグルの科学者ジェフリー・ヒントンは、高度な知能をもつロボットがわれわれの言うことを聞きつづけることを疑っている。「それはまるで、子どもが親をコントロールできるかと問うようなものだ。……知能の劣るものが自分より知的なものをコントロールできたためしはあまりない」。オックスフォード大学のニック・ボストロム教授はこんなことを言っている。「知能爆発〔人工知能が自己を改良するようになって急激に賢くなっていくこと〕の可能性を前にしたわれわれ人類は、爆弾をもてあそぶ幼児のようなものだ。……いつ爆発が起こるかはまるでわからないが、それを耳に当てるとかすかにカチカチいう音が聞こえる」

　一方、ロボットの反乱は、進化がたどるひとつの道だと考える人もいる。適者が弱者に取って代わるのは、自然の摂理なのだと。コンピュータ科学者のなかには、実はロボットの認知能力が人間を上回る日を心待ちにする者もいる。情報理論の父と呼ばれたクロード・シャノンは、かつてこう明言した。「ロボットにとっての人間が、人間にとっての犬のような存在になるときが目に浮かぶ。そして私が肩入れするのは機械のほうだ」[*4]

私はこれまで多くのAI研究者にインタビューしてきたが、そのだれもが、AIはいずれ人間の知能に近づいて人類に大きく貢献すると確信していた。だが多くの人は、その進歩の具体的な時期やスケジュールを示すのは控えていた。人工知能の基礎を築く論文をいくつか書いているMITのマーヴィン・ミンスキー教授は、一九五〇年代には楽観的な予測をしていたが、最近のインタビューで私に、AI研究者はこれまで間違えすぎたから、具体的な時期の予測はもうしたくないと打ち明けた。スタンフォード大学のエドワード・ファイゲンバウムは、「そんなことをこれほど早く話題にするのはばかげている。AIなど遠い未来のことだ」と主張する。[*5]またあるコンピュータ科学者は、『ニューヨーカー』誌による引用のなかで次のように語っていた。「私がそれ［機械の知性］について心配しないのは、火星の人口爆発について心配しないのと同じ理由からだ」

ザッカーバーグとマスクの論争について私個人の見解を述べれば、短期的にはザッカーバーグが正しいと思う。[*6]AIは、宇宙に都市の建設を実現するだけでなく、より良いものを効率的に安く作ることで、社会を豊かにしてくれるだろう。また一方で、ロボット産業によってまったく新しい仕事が生まれ、いつかその業界は今日の自動車業界を超える規模になるかもしれない。だが長期的には、大きなリスクを指摘するマスクが正しい。この議論では、次の問いが鍵を握っている。どの時点で、ロボットはこの変化を起こし、危険になるのか？　私個人としては、ロボットが自我をもつまさにそのときが、重要な転換点になると考えている。

　今日のロボットは、自分がロボットだとわかっていない。だがいつの日か、ロボットは自分にプログラムを組み込んだ者が望む目標を受け入れるのではなく、自分自身の目標を生み出す能力を獲得するかもしれない。するとロボットは、自分たちと人間の問題意識が異なることに気づくのではないか。そうして両者の利害が割れたとき、ロボットは脅威となる可能性がある。それはいつ起きるだろうか？　だれにもわからない。今日、ロボットの知能は昆虫程度である。しかし今世紀の終盤には自我をもつかもしれず、そのころには火星に恒久的な入植地が急速に拡大しているだろう。したがって、この問題に今取り組むことが重要になる。あの赤い惑星で、われわれ自身の命運を彼らの手にゆだねるようになってからでは遅いのだ。

　この重大な問題の範囲をある程度見きわめるには、最善のシナリオと最悪のシナリオを吟味すると役に立つかもしれない。

最善のシナリオと最悪のシナリオ

　最善のシナリオを提唱するひとりは、発明家にしてベストセラー作家のレイ・カーツワイルだ。彼にインタビューすると、いつでも明快で説得力に満ちた、しかし物議をかもすような未来のビジョンが返ってくる。カーツワイルは、二〇四五年までに人類が「特異点《シンギュラリティ》」、つまりロボットが人間の知能に並ぶか勝る時点に到達すると考えている。[*7] この言葉は、物理学における「重力の特異点」という概念に由来し、本来はブラックホールのなかのように、重力が無限大になる領域を指す。その概念をコンピュータ科学に持ち込んだのは、数学者のジョン・フォン・ノイマンで、彼はコンピュータの革命が「進歩と人間の生活様式の変化が加速しつづけ、その結果、それを超えると人間の営みがわれわれの知っている形では続けられなくなるような……何か本質的な特異点に近づいているかに見える」状況を生み出すと書いている。カーツワイルの主張によると、特異点に達するころには、一〇〇〇ドルのコンピュータが、全人類を合わせたものの一〇億倍の知能をもつという。それだけでなく、こうしたロボットは自己を改良して次世代にその獲得した特徴を受け継がせるので、世代が進むほど前より優れたものになり、機械の高機能化の上昇スパイラルを起こすのだ。

カーツワイルは、われわれの作るロボットが、人間に取って代わるのでなく、健康で豊かな新しい世界の扉を開くと訴える。微小なロボット――ナノロボット――が血中をめぐり、「病原体を破壊し、DNAのエラーを直し、毒を取り除くなど、多くのタスクをこなしてわれわれの身体の健康を増進してくれる」というのだ。彼は、科学がまもなく老化を止める方法を見つけるものと期待しており、自分が十分長生きすれば、永遠の命が手に入ると固く信じている。彼から聞いた話では、不死への期待から、毎日数百個の錠剤を飲んでいるらしい。だがその期待がかなわない場合は、冷凍冬眠企業で自分の遺体を液体窒素に浸けて保存するように望んでいる。

さらにカーツワイルは、はるか先の未来、ロボットが地球を構成する原子をすべてコンピュータに変換することも予見している。いずれは、太陽や太陽系のすべての原子がこの大いなる思考機械に呑み込まれてしまうのだろうか。彼は私に言った。夜空を眺めていたら、うまくすれば超知能をもつロボットが星々を並べなおした跡を見つけるかもしれない、とたまに考えるのだと。

しかし、だれもがこうしたバラ色の未来を確信しているわけではない。表計算ソフトで知られるロータス・デベロップメント社の創業者ミッチ・ケイパーは、昨今の特異点ブームについて、「私に言わせれば、基本的に宗教的衝動に駆り立てられたものだ。どんなに熱烈に訴えても、私にはその事実をごまかせない」と言っている。またハリウッドは、カーツワイルのユートピアと対極をなす最悪のシナリオを描き、われわれ自身の進化上の後継ぎを作ると、それがわれわれを押しのけ、絶滅した鳥ドードーと同じ道を歩ませるおそれがあることを示している。映画『ターミネーター』では、米軍が、自国の全核兵器を管理するインテリジェントなコンピュータ・ネットトワーク「スカイネット」を開発する。核戦争の脅威から人々を守るためのものだったが、やがてスカイネットに自我が芽生える。機械が心をもったことを恐れた軍は、スカイネットの機能停止を試みる。だが、自分を守るようにプログラムされていたスカイネットは、機能停止を防ぐために唯一できること、つまり人類の殺戮《さつりく》を決行する。その結果、破滅的な核戦争が起こり、文明が消え去る。人類は、哀れなはぐれ者やゲリラの小集団となりながら、恐ろしい力をもつ機械を倒すべく奮闘する。

ハリウッドは、映画ファンを震え上がらせてチケットを多く売ろうとしているだけなのだろうか？　それとも、これは現実に起きる可能性があるのか？　この問いが厄介なのは、ひとつには、自我や意識という概念が、それを理解するための厳密に決まった枠組みのない、倫理的、哲学的、宗教的な議論によって非常にあいまいになっているためだ。この先機械の知能について話を進める前に、自我の明確な定義を確立する必要がある。

意識の時空理論

私は「意識の時空理論」と呼ぶ理論を提唱している。これは、検証も、再現も、反証も、定量化も可能で、自我を定義するだけでなく、なんらかの尺度で数値化できるようにもする理論だ。

この理論の出発点には、動物や植物、さらには機械さえ意識をもちうるという考えがある。私の主張によれば、意識とは、なんらかの目標をなし遂げるために、（たとえば空間や社会や時間において）複数のフィードバックループを用いて自分自身のモデルを構築するプロセスのことだ。意識を数値化するには、評価対象がみずからのモデルを作り上げるのに必要なフィードバックループの数とタイプをかぞえるだけでいい。

意識の最小単位をもつものとしては、サーモスタットや光電池が挙げられる。これらは、温度や光というひとつのフィードバックループを用いて、みずからのモデルを構築する。また草花は、水、温度、重力の向き、日光などを評価する一〇のフィードバックループを用いているので、一〇単位の意識をもつと言える。私の理論では、これらはあるレベルの意識としてまとめられる。サーモスタットと草花は、レベル０の意識に属している。

レベル１の意識をもつのは、爬虫類、ショウジョウバエ、蚊などであり、空間についてみずからのモデルを作り出す。爬虫類は多数のフィードバックループを使って、獲物の存在する座標や、つがいになりうる相手の場所、ライバルになりうる相手の場所、自分自身の場所を見きわめている。

レベル2には、社会性動物が含まれる。そのフィードバックループは、自分が属する群れや一族と関係があり、感情や仕草に表れる、集団内の複雑な社会階層のモデルを形成する。

こうしたレベルは、哺乳類の脳が進化する段階をおおまかに模倣している。われわれの脳の最も古い部分は一番後ろにあり、平衡感覚や縄張り意識や本能を処理している。脳はそこから前へ広がり、辺縁系という、感情を司るいわゆる「サルの脳」を中心部に形成した。この後ろから前への発達は、子どもの脳が成熟する方向と同じである。

それでは、この枠組みで、人間の意識は何だと言えるのだろうか？　何がわれわれを植物や動物と隔てているのか？

私が考えるに、人間と動物との違いは、われわれが時間を理解できることにある。われわれには、空間や社会のほかに、時間も意識できる。脳の部位で一番あとにできたのは、額のすぐ後ろにある前頭前皮質で、そこではつねに未来のシミュレーションがおこなわれている。動物が冬眠するときなどに未来のプランを立てているように見えても、そうした行動は主に本能がさせている。ペットのイヌやネコに明日の意味を教えることはできない。彼らは今を生きているからだ。ところが人間は、絶えず未来に備え、自分が死んだあとのことまで考える。われわれは何かを企てたり夢見たりする――そうせずにはいられないのだ。われわれの脳は、計画する機械なのである。

ＭＲＩ（磁気共鳴映像法）のスキャン画像から、われわれは何かのタスクをしようとしているとき、以前同じタスクをしたときの記憶にアクセスしてそれを具体化することで、計画をより現実的なものにすることがわかっている。またある理論によれば、動物に高度な記憶のシステムがないのは、動物は本能を頼りにしているため、未来を想像する能力を必要としないからだという。言い換えれば、記憶をもつことの真の目的は、それを未来に投影することなのかもしれない。

この枠組みのなかで、われわれはいまや自我を定義できる。われわれ自身を、目標と一致する「未来のシミュレーション」のなかに置く能力であると理解できるのだ。

この理論を機械に当てはめると、今日の最も優れた機械は、空間における自分の位置を認識できる程度なので、最低ランクにあたるレベル1の意識だとわかる。ほとんどの機械は、DARPAロボティクス・チャレンジで作られたもののように、何もない部屋を動きまわるぐらいのことしかできない。グーグル傘下のディープマインド社が開発したコンピュータなど、未来をいくらかシミュレートできるロボットもあるが、きわめて限られた方面でしかシミュレートできない。ディープマインドのコンピュータに囲碁以外のことをやらせたら、フリーズしてしまう。『ターミネーター』のスカイネットのような自我をもつ機械を実現するには、われわれはどこまで進み、どんな手段を講じなければならないのだろうか？

自我をもつ機械を作る？

自我をもつ機械を作るには、機械に目的を与える必要があるだろう。[*8] 目標は、ロボットのなかで魔法のように生じることはないから、代わりに外からプログラムしなければならない。この条件は、機械の反乱に対する非常に大きな障壁となる。「ロボット」という言葉を最初にこしらえた、一九二一年初演の戯曲*R.U.R.*〔邦訳は『ロボット（R.U.R.）』千野栄一訳、岩波書店など〕を例にとってみよう。その筋書きは、仲間が虐待されているのを見たロボットが、人間に対して反乱を起こすというものだ。これを実際に起こすには、機械は前もって高いレベルでプログラムされている必要がある。ロボットは、指示されなければ、共感することも、苦しみを感じることも、世界を支配する欲求をもつこともない。

だが、議論を進めるために、だれかがロボットに人類抹殺という目的を与えたとしよう。その場合、コンピュータは未来について現実的なシミュレーションを作り出し、そのようなプランのなかに自分の身を置かなければならない。ここでわれわれは重大な問題に突き当たる。考えられるシナリオと結果をリストアップし、それがどれほど現実的かを評価できるようにするには、ロボットは膨大な量の常識の法則――物理学や生物学や人間の行動にかんする、われわれには当たり前の単純な法則――を理解する必要がある。そのうえ、因果関係を理解し、行為の結果を予想することも求められる。人間はこうした法則を、数十年かけて経験から学んでいる。人間の子ども時代があれほど長いひとつの理由は、人間社会と自然界について覚えるべきこまごました情報が非常に多いからだ。ところがロボットは、経験を共有するような交流をほとんどしていない。

私はよく、手練《てだれ》の銀行強盗が次の計画を手際よく立てて警察の裏をかけるのは、それまでの強盗の記憶を大量にたくわえていて、自分の判断のひとつひとつがもたらす結果がわかるからだということを考える。それにひきかえコンピュータは、銃を銀行へ持ち込んで強盗するといった単純な行動をするにも、そのあとに続く複雑な出来事を何千も分析しなければならず、どの出来事も、コンピュータのコードで何百万行にもなる。コンピュータに因果を把握させることは、本質的に不可能なのだ。

このように、確かにロボットが自我に目覚めて危険な目標をもつ可能性はあるが、少なくとも当面はそれが起きそうにないこともわかる。人類を滅ぼすのに必要な方程式をすべて機械に入力するのは、途方もなく困難な仕事だろう。殺人ロボットの問題は、だれかがロボットに、人間にとって有害な目的をもつようにプログラムすることを防げば、おおむねなくせる。自我をもつロボットがいよいよ現れたら、人を殺す考えを抱いた場合に機能停止させるフェイルセーフ・チップを加えなければならない。ほっとさせられることに、われわれはすぐには動物園に入れられない。自分たちのあとを継いだロボットに、檻の外からピーナッツを投げ込まれて踊らされるかもしれないのは、まだ先のことなのだ。

したがって、われわれが外惑星やほかの星々を探査するときには、ロボットは、遠くの衛星や惑星に入植地や都市を作るのに必要なインフラの建設を手助けしてくれるものとして頼りにできるだろうが、ロボットの目標がわれわれのそれと一致しているように、またロボットが脅威となった場合のフェイルセーフ機構をもたせるように、気をつけないといけない。ロボットが自我をもつようになれば、われわれは危機に直面するおそれがあるが、それは今世紀の終わりか来世紀の初めまで起こらないだろう。だから、準備する時間はある。

ロボットはなぜ暴走するのか？

しかし、ＡＩ研究者を眠れなくするシナリオが実はひとつある。ロボットにあいまいで間違った言いまわしの指示が与えられて、それが実行されると大惨事を引き起こす可能性もあるのだ。映画『アイ，ロボット』には、都市のインフラを制御する「ヴィキ」という中枢コンピュータが登場する。ヴィキには、人類を守るという指示が与えられている。だが、人間がほかの人間をどのように扱っているかを学習したコンピュータは、人類に対する最大の脅威は人類そのものであるとの結論に達する。そして数学的な論理で、人類を守る唯一の方法は人類を支配することだと決断してしまう。

別の例には、ギリシャ神話のミダス王の話がある。ミダス王はディオニュソスという神に頼んで、触れたものすべてが金《きん》に変わる力を得る。この力は一見、富と栄光につながる確かな道のように思える。ところがそれから、ミダス王は自分の娘に触れて金に変えてしまう。食べ物も金になるので食べられない。気づくと彼は、自分が求めたまさにその才能の奴隷となっていたのだ。

作家のH・G・ウェルズは、短編小説の『奇跡をおこさせる男』(『タイム・マシン』〔阿部知二訳、東京創元社〕に所収の同題作など)で同じような苦境を描いた。ある日、どこにでもいそうな店員の男が、自分の驚くべき能力に気づく。願ったことがなんでも現実になるのだ。男は夜遅くに友人と飲みに出かけ、次々と奇跡を起こしてみせる。ふたりは夜が明けなければいいのにと思い、男は無邪気にも、地球の自転が止まるように願う。すると突然、暴風と大洪水がふたりを襲う。人も建物も町も、時速一六〇〇キロメートルという地球の自転速度で宇宙へ投げ飛ばされる。世界を破壊してしまったことに気づいた男の最後の願いは、すべてが元どおり——奇跡の力を得る前の状態——になることだった。

このように、SF作品はわれわれに、用心しろと伝えている。AIを開発する際、ありとあらゆる影響、とくに、ただちに明らかにはならない影響を、こまごまと吟味しないといけない。そもそも、それができる能力こそ、ある意味でわれわれを人たらしめているのだ。

量子コンピュータ

ロボット工学の未来の全体像をもっとよくつかむために、コンピュータの内部で起きていることをじっくり見てみよう。現在、ほとんどのデジタルコンピュータは、シリコン回路がベースになっており、一八か月ごとにコンピュータの性能が倍増するというムーアの法則に従っている。ところがここ数年の技術の進歩は、それまで数十年のすさまじいペースから減速しだしており、一部の人は、ムーアの法則が破れ、コンピュータの性能のほぼ指数関数的な向上に依存してきた世界経済は深刻な混乱に陥るという、極端なシナリオを提示している。それが現実になれば、シリコンバレーは新たなラストベルト〔米国北東部から中西部にかけての斜陽鉄鋼業地帯〕になりかねない。この潜在的な危機を回避すべく、いまや世界じゅうの物理学者がシリコンに代わるものを探している。彼らは分子、原子、DNA、量子ドット、光、タンパク質などを使った別のコンピュータの開発に取り組んでいるが、どれもまだ主流になる気配はない。

さらに不確定要素も混じっている。シリコンのトランジスタがどんどん小型化すると、いずれは原子のサイズになる。現在の標準的なペンティアムチップは、原子二〇個ほどの厚みのシリコンの層になっている。一〇年以内に、こうしたチップはわずか原子五個分の厚みの層になる可能性があるが、そうなると、量子論の予測どおりに電子が漏れはじめ、回路がショートを起こすおそれがある。そこで、まったく新しいタイプのコンピュータが必要になる。グラフェンをベースとするかもしれない分子コンピュータが、シリコンチップに取って代わる可能性もある。だがいずれ、こうした分子コンピュータも、量子論で予測される効果の問題に突き当たるのではなかろうか。

そのときわれわれは、究極のコンピュータを作る必要に迫られるだろう。原子一個という、考えられるかぎり最小のトランジスタで稼働できる、量子コンピュータだ。

その仕組みを明らかにしていこう。シリコン回路の場合、電子の流れに対して開閉できるゲートがある。情報は、いくつもの回路の開閉によって記憶され、その開閉の状態は、1と0が連なった二進数によって記述できる。閉じたゲートが0、開いたゲートが1といったように。

では、シリコンを原子の列に置き換えてみよう。原子は小さな磁石のようなもので、N極とS極をもつ。原子を磁場のなかに置いたら、上向きか下向きかのどちらかになるはずだと思うだろう。だが実際には、最終的に測定がなされるまで、どの原子も上向きと下向きを同時に示している。ある意味で、原子は同時にふたつの状態をとることができるのだ。これは常識に反するが、量子力学によれば現実である。そのメリットは途方もなく大きい。磁石が上向きか下向きのどちらかである場合、それだけの数のデータしか記憶できない。しかし、どの磁石も両方の状態が混じり合っていたら、原子の小さな一団にはるかに多くの情報を収められる。情報の「ビット」は1か0だが、それが「キュービット」(量子ビット)という、1と0が複雑に混じり合ったものになり、記憶量は莫大になるのだ。

量子コンピュータの話をするのは、われわれが宇宙へ向かうための鍵を握っているかもしれないからだ。理論上、量子コンピュータは人間の知能を上回る能力をわれわれにもたらす可能性がある——まだ不確定要素だが。量子コンピュータがいつ登場するのかも、その真価がどれほどのものなのかもわからない。だが、宇宙へ向かう際に欠かせないものとなるだろう。未来の入植地や都市を建設するだけでなく、さらに一歩進んで、惑星全体のテラフォーミングに必要となる高度な設計ができるようにしてくれるかもしれない。

量子コンピュータは、従来のデジタルコンピュータよりはるかに高性能になる。デジタルコンピュータでは、巨大な整数をそれより小さな二個の整数の積に因数分解するような、きわめて難しい数学の問題にもとづく暗号を解くのに、数世紀かかるだろう。ところが量子コンピュータなら、たくさんの原子の状態の混じり合いを利用して計算し、すばやく解読を終える。ＣＩＡなどの諜報機関は、量子コンピュータの将来性を強く意識している。数年前にメディアに流出した米国家安全保障局（ＮＳＡ）の大量の機密情報のなかに、ＮＳＡが量子コンピュータの動向を調べたものの、近い将来に大きな進歩は期待できないと指摘する極秘文書が交じっていた。

あれこれ興奮や騒ぎを巻き起こす量子コンピュータだが、われわれはいつそれを手にすると期待できるのだろう？

量子コンピュータができていないのはなぜか？

個々の原子で計算するのには、良い面もあれば悪い面もある。原子には莫大な量の情報を収められるが、ごくわずかな不純物や振動や外乱で計算が台無しになってしまう。そのため原子を外界から完全に隔離する必要があるのだが、これはよく知られているとおり難しい。原子を「干渉性」という同期して振動する状態にしなければならないのだ。ところが、ほんのわずかな邪魔――隣の建物でだれかがするくしゃみなど――が入っても、原子が個々バラバラに、ランダムに振動してしまう。この「干渉性の喪失」は、量子コンピュータの開発で直面する最大級の問題と言える。

この問題のために、今日の量子コンピュータは初歩的な計算しかできない。実のところ、商用量子コンピュータの計算能力の世界記録は、二〇キュービットほどである。たいしたことがないように思えるかもしれないが、正直言うと大変な偉業だ。高性能の量子コンピュータができるまで、数十年か、ことによると今世紀の終わりまでかかるかもしれないが、このテクノロジーが実現したら、ＡＩの能力は飛躍的に向上するだろう。

遠い未来のロボット

今日のオートマトンの未熟さを考えると、自我をもつロボットも、まだ何十年も――これも場合によっては今世紀の終わりまで――現れそうにない。それまでにわれわれは、おそらくまず遠隔操作できる精巧な機械を使って宇宙探査を続け、それからひょっとしたら、画期的な学習能力をもつオートマトンで、人類の入植地の基礎を築きはじめるかもしれない。その後、自己複製するオートマトンが現れてインフラを完成させると、ようやく量子の力で意識をもつ機械が、銀河を股にかける文明を築き、持続させるのだ。

もちろん、こうした遠くの星々へ到達するという話は、重要な疑問をわかせる。われわれは、あるいはわれわれのロボットは、どうやってそこへ行くのか？　テレビでよく目にするスターシップは、どのぐらい正確なのだろう？

第8章 スターシップを作る

なぜ星々へ行くのか?
われわれは、次の丘の向こうを見ることにした霊長類の子孫だから。
われわれは、ここで永久に生きてはいけないから。
星々がそこにあり、新たな地平とともに手招きしているから。
――ジェイムズ・ベンフォード、グレゴリイ・ベンフォード

映画『パッセンジャー』で、巨大な核融合エンジンを動力とする最新式のスターシップ「アヴァロン」は、遠くの惑星のコロニー「ホームステッドⅡ」へ向かっている。このコロニーの謳い文句は魅力的だ。「地球は老いてくたびれ、人口過密で環境汚染もあります。胸躍る世界で新たなスタートを切りませんか?」

到着まで一二〇年かかるため、そのあいだ乗客は冬眠状態にされ、人工冬眠ポッドで体が冷凍される。目的地に着くと、アヴァロンが自動的に五〇〇〇人の乗客を覚醒させる。乗客たちはさわやかな気分でポッドから起き上がり、新天地ですぐに新たな生活を始められる。

ところが、その旅の途中、流星物質の嵐で船殻に穴があき、核融合エンジンが損傷して立てつづけに故障が起きる。そのため乗客のひとりが予定より早く冬眠から起こされてしまい、旅はまだ九〇年残っている。目的地に着くのは自分が死んだずっとあとになることを思い、その男は孤独と絶望にさいなまれる。そしてどうしても道連れがほしくなり、同じ乗客の美しい女を覚醒させることにする。自然のなりゆきで、ふたりは恋に落ちる。だが、男に故意に一世紀近くも早く起こされ、自分もまた宇宙の煉獄で死ぬことを知ったとき、女は怒りを爆発させる。

『パッセンジャー』のような映画は、SF作品に多少のリアリズムを持ち込もうとする、近年のハリウッドの試みをよく表している。アヴァロンは旧式の航法で旅をして、光速を超えることがない。しかし、宇宙船を思い浮かべてと子どもに言ったら、どの子も『スター・トレック』のエンタープライズ号や『スター・ウォーズ』のミレニアム・ファルコンのようなものをイメージするだろう。超光速で銀河を突っ切ったり、ときには時空のトンネルを抜けたり、ハイパースペース（超空間）を一気に移動したりさえできる宇宙船だ。

現実的に考えると、人類最初のスターシップは有人ではなく、映画に描かれる巨大で優美な乗り物には似ていないかもしれない。それどころか、切手ほどの大きさにすぎない可能性もある。二〇一六年、私の研究者仲間であるスティーヴン・ホーキングが、「ブレイクスルー・スターショット」というプロジェクトへの支援を表明して世界を驚かせた。それは、高性能のチップを帆につけた「ナノシップ」を開発し、地球上の巨大なレーザー砲列から強力なビームを照射して飛行のエネルギーを与えようとする企てだ。ひとつひとつのチップは親指ほどのサイズで、重さは二〇グラムもなく、無数のトランジスタを搭載している。この企てのとりわけ有望な点は、一〇〇年、二〇〇年待つ必要がなく、今ある技術で実現できるということだ。ホーキングによれば、ナノシップは一〇〇億ドルで一世代のうちに開発でき、一〇〇〇億ワットのレーザー出力なら、光の五分の一の速度で、地球から最も近い恒星系のケンタウルス座アルファ星系に二〇年以内に到達できるという。これに対し、スペースシャトルのミッションは、地球の低軌道までだったのに、一度の打ち上げにほぼ一〇億ドルかかっていた。

ナノシップは、化学燃料ロケットには不可能なことをなし遂げられる。ツィオルコフスキーのロケット方程式は、従来のサターンロケットが最も近い恒星にもたどり着けないことを示している。速く飛ぶほど、必要な燃料は飛躍的に増えるが、化学燃料ロケットには、非常に長い旅の燃料をそもそものせられない。かりに隣の恒星にたどり着けるとしても、およそ七万年はかかるだろう。

化学燃料ロケットのエネルギーの大半は、ロケットの自重を宇宙へ持ち上げるのに費やされるが、ナノシップは地上に設置された外部の装置のレーザーからエネルギーを受け取るだけなので、燃料の無駄がなく、一〇〇パーセントがナノシップの推進に使われる。また、ナノシップはそれ自体でエネルギーを作り出す必要がないため、可動部が存在しない。これで、機械的な故障の可能性はぐんと減る。爆発性の化学物質も積んでいないから、発射台や宇宙で吹き飛ぶこともない。

コンピューター・テクノロジーは、科学の研究室をまるごとチップに詰め込める段階にまで進歩している。ナノシップには、カメラやセンサー、化学調査キット、太陽電池が搭載される。どれも、遠くの惑星を詳しく分析し、その情報を電波で地球へ送り返すためのものだ。コンピュータチップのコストは大幅に下がっているので、それを何千個も星々へ向けて送り、そのうちのいくつかが危険な旅を乗り越えるという期待をかけられるだろう（この戦略は自然界のものをまねている。植物は無数の小さな種子を風に乗せて飛ばし、どれかが芽を出す確率を高めているのだ）。

光速の二〇パーセントという速度でケンタウルス座アルファ星系のそばを通過するナノシップは、わずか数時間でミッションを終わらせないといけない。その時間内で、地球型惑星を見つけてすばやく写真を撮り、それを分析して惑星表面の特徴、温度、大気の組成を明らかにし、とくに水や酸素の存在を調べるのだ。さらにこの恒星系全体を探り、地球外知性体の存在を示していそうな電波が出ていないか確かめる。

フェイスブックの創業者マーク・ザッカーバーグは「ブレイクスルー・スターショット」を公式に支援しており、ロシア生まれの投資家で物理学者の経歴ももつユーリ・ミルナーは、個人的に一億ドルの提供を申し出ている。ナノシップは、すでにアイデアの段階をはるかに超えている。だが、このプロジェクトを完全に遂行できるようになる前に、考慮すべき障害がいくつかある。

レーザー帆の問題

ケンタウルス座アルファへナノシップの船団を送るには、レーザー砲列が船のパラシュート型の帆に向けて、総量一〇〇ギガワット以上のビームを約二分間、集中的に放射する必要があるだろう。こうしたレーザービームによる光圧で、船は宇宙を突き進む。船がターゲットに到達でき

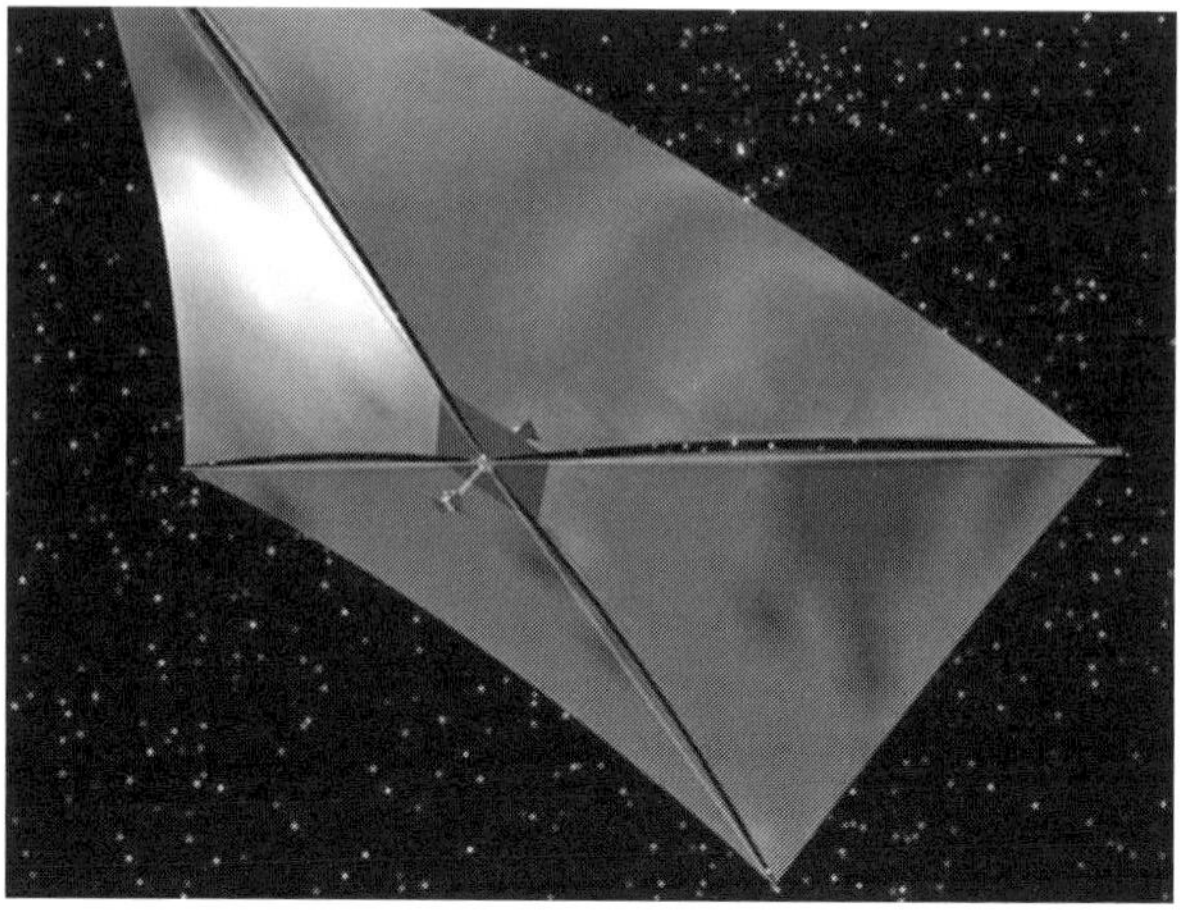

このレーザー帆は、小さなチップをペイロードとしてのせ、レーザー光で推進し、光速の20パーセントに到達する。

るように、ビームはおそろしく正確に当てなければならない。コースがわずかでも逸れたら、ミッションの成功が危うくなる。

これに立ちはだかっている主な障壁は、すでに実現手段がわかっている基礎科学ではなく、資金である。高名な科学者や起業家が何人か支援を申し出ていても十分ではないのだ。

原子力発電所は、一基につき数十億ドルのコストをかけて一ギガワット、つまり一〇億ワットしか発電できない。十分に強力で高精度のレーザー砲列を作るには、公的・私的な資金提供を求める必要があるが、そこが大きな関門となっている。

遠くの星々を目指す前の予行演習として、科学者はもっと近い太陽系内の目的地にナノシップを送ることにするかもしれない。ナノシップを月まで飛ばすのにかかる時間はわずか五秒で、火星までなら約一時間半、冥王星までは数日だ。外惑星探査のミッションで一〇年待つよりも、ナノシップならわずか数日でそうした惑星の新情報が得られ、このようにすれば、太陽系内の出来事をほぼリアルタイムで観測できる。

プロジェクトの第二段階では、月面にレーザー砲列を設置しようとするのではないか。[*1] レーザーは、地球の大気を通り抜けるとき、エネルギーのおよそ六〇パーセントを失ってしまう。月に発射施設を作ればこの問題が解決でき、月面のソーラーパネルにより、レーザービームのエネルギー源として安く大量の電力が供給できる。月の一日は地球のほぼ三〇日に等しいので、エネルギーを効率良く集めてバッテリーにため込めるのだ。原子力と違って太陽光はタダだから、このシステムで数十億ドル節約できる。

二二世紀の初頭までには、自己複製するロボットの技術が完成するはずで、月や火星やその先にソーラーアレイやレーザー砲列を建設する仕事は、機械に任せられるかもしれない。オートマトンの第一陣が送り込まれ、その一部はレゴリスを採掘し、別の一部は工場を建てる。また別のロボットの一団は、さまざまな金属を分離して得るために、工場で原材料を仕分け、粉砕し、溶かす作業を監督する。そうして精錬した金属で、レーザーの発射基地を――それに、自己複製するロボットの新たな一団も――作り上げるのだ。

ゆくゆくは、太陽系全体にたくさんの中継基地のネットワークが張りめぐらされ、それはもしかしたら月からはるばるオールトの雲にまで達するかもしれない。オールトの雲にある彗星は、地球からケンタウルス座アルファまでの中間あたりに広がっており、おおかた静止しているので、近隣の恒星系へ旅するナノシップをもうひと押しするレーザー砲列を設置するのに絶好の場所となりそうだ。こうした中継基地のそばをナノシップが通ると、レーザーが自動的に発射され、ナノシップをさらに加速して星々へ向かわせる。

自己複製するロボットは、太陽光ではなく核融合を基本的なエネルギー源として利用し、そのような遠くの前哨基地を建設するだろう。

ライトセイル

レーザーで推進するナノシップは、スターシップのさらに大きなカテゴリー「ライトセイル(光帆)」に含まれる一種にすぎない。[*2] 帆船が風の力をとらえて進むように、ライトセイルは太陽光やレーザーによる光圧を利用して進む。実のところ、帆船を進ませるのに使われる方程式の多くは、宇宙空間を進むライトセイルにも応用できるのだ。
光は光子という粒子からなり、光子は物体に当たると、わずかな圧力を物体に及ぼす。光の圧力はとても小さいので、科学者は長らくその存在に気づかなかった。その作用に最初に気づいたのは天文学者のヨハネス・ケプラーで、彼は彗星の尾が、意外にもつねに太陽とは反対側を向いていることに気づいた。太陽光の圧力が、彗星に含まれる塵や氷晶を太陽と逆方向へ飛ばすことで、そうした尾を作り出していると正しく推察したのだ。
先見の明があったジュール・ヴェルヌは、『月世界旅行』で、ライトセイルを予見してこう書いている。「将来、光や電気をおそらく動力とした、はるかに大きな速度が実現され……われわれはいつか、月や惑星や星々へ旅することになるでしょう」[*3]
ツィオルコフスキーはさらに進んで、太陽帆《ソーラーセイル》、つまり太陽の光圧を利用する宇宙船の概念を考案した。だが、太陽帆の歴史は平坦ではなかった。ＮＡＳＡはそれを優先課題にしていなかったのだ。二〇〇五年の惑星協会の「コスモス１号」打ち上げと、二〇〇八年のＮＡＳＡの「ナノセイルＤ」打ち上げは、どちらも失敗に終わっている。続くＮＡＳＡの「ナノセイルＤ２」は、二〇一〇年に地球の低軌道に投入された。地球周回軌道の外へ太陽帆を送る試みは、唯一日本が二〇一〇年に成功させている。「イカロス」というその宇宙機は、約一四メートル四方の帆を展開し、太陽の光圧を動力とする。それは六か月で金星に到達し、太陽帆が実現可能であることを証明した。

太陽帆の概念は、紆余曲折の道を歩みながらも広がりつつある。欧州宇宙機関（ＥＳＡ）は、地球の周囲に何万も散らばる宇宙ゴミの「軌道離脱《デオービット》」〔地球周回軌道から離れて大気圏に突入させること〕を目的とした太陽帆「ゴッサマー」（クモの巣）の打ち上げを検討している。

私は最近、火星探査計画やライトセイルの研究に取り組んでいるＭＩＴ卒のＮＡＳＡの科学者、ジェフリー・ランディスにインタビューした。ランディスとその妻メアリー・トゥージロは、ともに受賞歴のあるＳＦ作家だ。私はランディスに、ずいぶん異なるふたつの世界――几帳面な科学者と彼らの複雑な方程式がひしめく世界と、宇宙オタクやＵＦＯマニアであふれる世界――をどう結びつけているのかと尋ねた。すると彼は、ＳＦは遠い未来に思いを馳せられるからすばらしい、と答えた。そして物理学は、地に足をつけさせてくれるのだ、と。

ランディスの専門はライトセイルだ。彼が提案したケンタウルス座アルファ行きのスターシップは、ダイヤモンドに似た素材の極薄の膜で作られるライトセイルで、直径数百キロメートルにもなる。非常に巨大で、重さは一〇〇万トンに及び、それを建造して動かすには、水星付近のレーザー砲列からのエネルギーをはじめ、太陽系全域から集めた資源を必要とする。またこの船には、目的地で停止できるように、直径一〇〇キロメートルほどのワイヤーの輪によって磁場を生み出す、巨大な「磁気パラシュート」も搭載される。宇宙空間の水素原子がこの輪を通り抜けると摩擦が生じ、ライトセイルを数十年かけて徐々に減速させるのだ。ケンタウルス座アルファへの往復には二世紀かかるので、船のクルーは必然的に数世代にわたることになる。これほどのスターシップは、物理的には実現可能だが、費用がかさむから、ランディスも、実際に作ってテストするまで五〇年から一〇〇年かかるかもしれないと認めている。そこで当面は、「ブレイクスルー・スターショット」のレーザー帆の開発に手を貸している。

イオンエンジン

レーザー推進と太陽帆のほかにも、スターシップの動力となりうる手だてはいろいろある。それらを比較するうえで、「比推力」なる概念を持ち込むと役に立つ。比推力とは、推力を単位時間（秒）に消費する推進剤の重量で割った値のことだ（比推力の単位は秒で表される）。ロケットのエンジンが噴射する時間が長いほど、その比推力も大きくなり、そこからロケットが最終的に到達する速度を計算することができる。

次に、数種類のロケットの比推力を比較した簡単な表をのせる。ただし、いくつかの方式——レーザー推進式ロケット、太陽帆、核融合ラムジェットロケット——は、エンジンを半永久的に噴射でき、理論上無限大の比推力をもつので除いている。

ロケットエンジンの種類	比推力（秒）
固形燃料ロケット	二五〇
液体燃料ロケット	四五〇
核分裂ロケット	八〇〇～一〇〇〇
イオンエンジン	五〇〇〇
プラズマエンジン	一〇〇〇～三万
核融合ロケット	二五〇〇～二〇万
核パルス推進ロケット	一万～一〇〇万
反物質ロケット	一〇〇万～一〇〇〇万

この表からわかるとおり、右端二つの化学燃料ロケットは数分間しか燃焼しないので、最も比推力が低い。次に取り上げたいのはイオンエンジンで、これは近隣の惑星へのミッションに役立ちうる。イオンエンジンは、キセノンのようなガスを取り込み、その原子から電子を剝ぎ取ってイオン（帯電した原子）に変えたのち、そのイオンを電場で加速することで始動する。イオンエンジンの内部は、電磁場が電子ビームを誘導しているブラウン管テレビの内部にやや似ているのだ。

イオンエンジンの推力は極端に小さい――えてしてオンス〔一オンスは三〇グラム弱〕単位になる――ので、

ラボで作動させても、何も起きていないように見える。ところが宇宙に出ると、やがて化学燃料ロケットを上回る速度に達する。イオンエンジンは、ウサギとカメの競走（この場合はウサギが化学燃料ロケット）にたとえられてもいる。ウサギは猛烈な速さでダッシュできるが、数分走るだけでくたびれてしまう。一方、カメはウサギより遅いが、何日も歩けるので、長距離の競走に勝てるのだ。イオンロケットも、一度打ち上げると何年も飛びつづけられる。だから比推力が化学燃料ロケットよりずっと大きい。

イオンエンジンのパワーを高めるために、マイクロ波や電波でガスをイオン化してから、そのイオンを磁場で加速する方法もある。これはプラズマエンジンと呼ばれ、提唱者によれば理論上は火星までの九か月という飛行時間を四〇日未満にまで短縮できるというが、この技術はまだ開発の途上だ（プラズマエンジンの制約因子のひとつは、プラズマの発生に欠かせない莫大な電力で、惑星間飛行のミッションに原子力発電設備が要る可能性さえある）。

ＮＡＳＡは数十年前からイオンエンジンの研究開発をおこなってきた。二〇三〇年代に火星へ宇宙飛行士を送り込む予定のディープ・スペース・トランスポートは、イオン推進を利用する。今世紀の終わりには、イオンエンジンは惑星間ミッションの要《かなめ》となるにちがいない。時間に制約のあるミッションでは、化学燃料ロケットがなお最良の手段かもしれないが、時間を第一に優先しなくていいときには、イオンエンジンが手堅く頼りになる選択肢となるだろう。

比推力の表でイオンエンジンより左にあるのは、さらに純理論的な推進システムである。ここからは、それをひとつひとつ論じよう。

一〇〇年スターシップ

二〇一一年、アメリカ国防高等研究計画局（ＤＡＲＰＡ）とＮＡＳＡが、「一〇〇年スターシップ」と題したプロジェクトの会議を共催して大きな注目を集めた。会議の目的は、一〇〇年以内に本物のスターシップを作ることではなく、科学のトップレベルの頭脳を集め、来世紀の恒星間旅行に向けた実現可能な行動計画を立てることだった。プロジェクトを組織したのは、「オールド・ガード」の面々。オールド・ガードは、いまや多くが七〇代である年輩の物理学者やエンジニアからなる非公式の集団で、各人の知識を結集して人類を星々へ連れて行こうとしている。その激しい情熱は、結成から数十年経った今も変わらない。

ジェフリー・ランディスも、オールド・ガードの一員だ。一方、メンバーのなかには、ジェイムズ・ベンフォードとグレゴリイ・ベンフォードという、異色のふたり組もいる。彼らは双子の兄弟で、たまさかどちらも物理学者にしてＳＦ作家だ。ジェイムズから聞いた話では、彼がスターシップに魅せられたのは、子どものころＳＦ小説を手当たり次第にむさぼり読み、とくにロバート・Ａ・ハインラインの『栄光のスペース・アカデミー』（矢野徹訳、早川書房）にはまったことがきっかけだったという。そして、宇宙に本腰を入れたければ、物理学をたくさん学ぶべきだと気づき、兄弟ともに物理学の博士号を取ることにしたらしい。ジェイムズは現在マイクロウェーブ・サイエンシズ社の社長を務め、高出力のマイクロ波システムに数十年間取り組んでいる。グレゴリイはカリフォルニア大学アーヴァイン校の物理学教授となり、作家の仕事では、小説のひとつがＳＦ作家垂涎《すいぜん》のネビュラ賞を受賞している。

一〇〇年スターシップの会議のあと、ジェイムズとグレゴリイは、会議で提案されたアイデアの多くを収めた『スターシップの世紀：真に大いなる地平へ（*Starship Century: Toward the Grandest Horizon*）』を著した。マイクロ波放射の専門家であるジェイムズは、太陽系の外へ行く一番の手だてはライトセイルだと考えている。だが、その彼も言うように、ほかの理論上の設計にも長い歴史があり、どれもきわめてコストが高いものの確かな物理学にもとづいており、いつか現実になる可能性を秘めているのである。

原子力ロケット

その歴史は、一九五〇年代にさかのぼる。多くの人が核戦争の恐怖に怯えて暮らすなか、少数の原子力科学者が核エネルギーの平和利用を探っていた時代だ。彼らはありとあらゆるアイデアを検討した。核兵器を使って港や入り江を掘るようなことまで。

そうした提案の大半は、核爆発による死の灰と環境破壊の懸念から退けられた。ところが、興味深い案がひとつ、しぶとく残った。それは「オリオン計画」と呼ばれ、核爆弾をスターシップの動力源として使おうというアイデアだった。

計画の骨子は単純だ。小型核爆弾をいくつも作り、スターシップの後尾からひとつずつ射出する。その核爆弾が爆発するたびに、エネルギーの衝撃波が生じ、それがスターシップを前進させる。原理上、小型核爆弾を立てつづけに射出すれば、ロケットは光速近くまで加速できる。

このアイデアは、核物理学者のテッド・テイラーがフリーマン・ダイソンとともに考案した。[*4] テイラーは、これまで爆発させたなかで最大の核分裂爆弾（威力は広島の原爆の約二五倍）から、携帯式の小型核弾頭「デイヴィー・クロケット」（威力は広島の原爆の一〇〇〇分の一）まで、さまざまな核爆弾を設計したことで知られている。しかしテイラー自身は、核爆弾にかんする自分の該博な知識を平和のために役立てたいと願っていた。そこで、オリオン計画のスターシップを開発するチャンスに飛びついたのである。

主な課題は、小さな爆発の連続を注意深く制御し、スターシップを破壊することなく核爆発の波に安全に乗せる方法を考え出すことだった。速度の異なるさまざまなモデルが設計された。最大のモデルは、さしわたし約四〇〇メートル、重さ八〇〇万トンで、一〇八〇個の爆弾によって推進するというものだった。理論上は、光速の一〇パーセントの速度に達し、ケンタウルス座アルファに四〇年以内にたどり着けるはずだった。それほどの巨体にもかかわらず、計算ではうまくいきそうだったのである。

しかし、この構想には批判が集中した。核パルス推進スターシップは放射性の死の灰をまき散らす、と指摘されたのだ。テイラーはこれに反論し、死の灰は、核爆弾が爆発してから、土砂や爆弾の金属カバーが放射能を帯びると生じるものだから、スターシップが宇宙空間で動力源とするだけならその問題は回避できると言った。だが、さらに一九六三年に部分的核実験禁止条約が調印されたことも、小型原子爆弾の実験を難しくした。オリオン計画は結局打ち切られ、古い科学書でたまに見かけるだけのものになってしまった。

原子力ロケットの欠点

計画が終了したもうひとつの理由は、テッド・テイラー自身が興味を失ったことにある。かつて私は、なぜ計画から手を引いたのかとテイラーに尋ねた。彼の才能が自然に生かせるように思えたからだ。するとテイラーは、オリオン計画のスターシップを作ると、新型の核爆弾を生み出すことになるからだ、と説明した。人生の大半をウラン核爆弾の設計に捧げてきた彼だったが、いずれオリオン計画の宇宙船は、強力で特別に設計された水素爆弾も使うことになりそうだと気づいたのである。

科学で知られるかぎり最も大量のエネルギーを放出するこうした核爆弾は、三つの段階を経て発展を遂げている。一九五〇年代に登場した最初の水素爆弾は、巨大なもので、大型の船で輸送する必要があった。だから実際には、核戦争では使い物にならなかっただろう。第二世代の核爆弾は、小さくて運搬可能なＭＩＲＶ（多目標弾頭）で、米国とロシアの保有核兵器の主力をなしている。大陸間弾道ミサイルのノーズコーンには、このＭＩＲＶを一〇個格納することができる。

第三世代の核爆弾は、「デザイナー核爆弾」とも呼ばれ、現時点では構想にとどまっている。それは容易に隠せて、個々の戦場――砂漠、森林、北極、宇宙空間など――に合わせてオーダーメイドができる。テイラーは私に、この爆弾を開発するプロジェクトに幻滅し、テロリストが手に入れるのを恐れたと話した。自分の生み出した爆弾が悪人の手に渡って米国の都市を破壊したら、彼にとってとてつもない悪夢となるだろう。テイラーはみずからの皮肉な変節について、率直に振り返っていた。彼は、核爆弾に見立てたピンを一本ずつモスクワの地図に刺すことになる研究領域に手を貸していた。だが、第三世代の兵器が米国の都市にピンを刺しうる可能性を前にして、すぐさま高度な核兵器の開発に反対することに決めたのだった。

ジェイムズ・ベンフォードによると、テイラーの核パルス推進ロケットは設計段階で終わってしまったが、米国政府は実際にいくつか原子力ロケットを製作したという。それらのロケットは、小型核爆弾を爆発させるのでなく、従来のウラン原子炉を使って必要な熱を生み出していた（原子炉で、液体水素のような液体を熱して高温にし、後尾のノズルから噴射して推力を生んだのだ）。いくつかのタイプが作られ、砂漠でテストされた。そうした原子炉は高い放射能をもち、打ち上げ段階でつねにメルトダウンの危険があり、大惨事になりかねなかった。あれこれ技術的な問題に加え、市民のあいだで反核の気運が高まったこともあり、原子力ロケットはお蔵入りとなったのである。

核融合ロケット

核爆弾をスターシップの推進力とする構想は一九六〇年代に消え去ったが、別の可能性がそのあとに控えていた。一九七八年、英国惑星間協会がダイダロス計画に着手した。この計画では、ウラン核爆弾ではなく、テイラー自身が見据えながら開発しなかった、小型の水素爆弾を使う（実際には、ダイダロスの小型水爆は第二世代の爆弾で、テイラーがひどく恐れた第三世代の爆弾そのものではなかった）。

核融合の力を平和的に解放する方法はいくつかある。[*5] ひとつは「磁場閉じ込め」という方式で、水素ガスをドーナツ形の大きな磁場のなかに入れ、数百万度にまで加熱する。すると水素原子核同士が衝突し、融合してヘリウム原子核になり、核エネルギーを一気に放出する。この核融合炉を使って液体を加熱し、ノズルから噴射することで、ロケットを推進するのである。

現在、磁気閉じ込め方式を用いた核融合炉でトップを走っているのは、フランス南部にある国際熱核融合実験炉（ＩＴＥＲ）だ。ばかでかい装置で、最も近いライバルの一〇倍も大きい。真空容器だけでも重さは五一一〇トン、高さは一一メートルほど、直径は一九メートル半で、これまでにかかった費用は一四〇億ドルを超える。二〇三五年までに核融合をなし遂げ、最終的に五〇〇メガワットの熱エネルギーを生み出す予定だ（米国の標準的なウラン原子力発電所の発電量は一〇〇〇メガワット）。これは、史上初めてエネルギーの生産量が消費量を上回る核融合炉になると期待されている。スケジュールの遅れや費用の超過が続いているものの、私と話した物理学者たちは、ＩＴＥＲの原子炉がきっと歴史的な偉業をなし遂げると言っていた。遠からず、その答えが出るだろう。ノーベル賞受賞者のピエール＝ジル・ド・ジェンヌはかつて言った。「われわれは太陽を箱に入れようと言っている。そのアイデアはすてきだが、問題は箱の作り方がわからないことなのだ」

ダイダロス計画で検討されている別のロケットは、レーザー核融合という、水素を豊富に含む素材のペレットを強力なレーザービームで圧縮するやり方を動力とするものだ。この方式を「慣性閉じ込め」という。カリフォルニア州のローレンス・リヴァモア国立研究所にある国立点火施

ダイダロス核融合スターシップとサターンVロケットの大きさを比較した図。ダイダロスは途方もないサイズなので、きっとロボットを使って宇宙で建造せざるをえないだろう。

設（ＮＩＦ）が、この方式の実例だ。ＮＩＦのずらりと並ぶレーザービーム――全長約一五〇〇メートルの筒のなかを一九二本の強力なビームが走る――は、世界最大規模である。レーザービームが、水素を豊富に含む重水素化リチウムの小さなペレットに集約されると、そのエネルギーでペレットの表面が焼けて小さな爆発が起き、それによってペレットが圧縮され、温度が摂氏一億度まで上がる。こうして核融合反応が起き、一兆分の何秒かのあいだに五〇〇兆ワット（五億メガワット）のエネルギーを解き放つ。

私がディスカバリー・チャンネルの科学ドキュメンタリー番組で司会を務めていたとき、ＮＩＦの公開実験を見る機会があった。訪問者はまず、幾重もの国の保安検査を通過しなければならない。米国の保有核兵器はローレンス・リヴァモア国立研究所で設計されているからだ。ようやく施設に入ると、すっかり圧倒された。レーザービームを集約する主要建屋は、五階建てのマンションがすっぽり入るほどの大きさだった。

ダイダロス計画のさらに別のロケットは、レーザー核融合に似た方法を利用する。レーザービームの代わりに電子ビームの大砲列を使い、水素の豊富なペレットを熱するのだ。一秒あたり二五〇個のペレットを爆発させれば、おそらくスターシップが光速の何分の一かに達するほどのエネルギーを生み出せる。ただし、この設計ではまさに途方もないサイズの核融合ロケットを必要とする。あるタイプのダイダロス・ロケットは、重さ五万四〇〇〇トンで全長約一九〇メートル、最大速度が光速の一二パーセントにもなる。さすがにこの大きさでは、宇宙空間で建造しなければならないだろう。

核融合ロケットの概念は確立しているものの、核融合の威力がまだ実証されていない。[*6] おまけに、考案されたロケットがあまりにも巨大で仕組みも複雑なので、少なくとも今世紀中は実現が疑問視されている。それでも核融合ロケットは、ライトセイルと並んで一番期待されているのである。

反物質スターシップ

第五の波にあたるテクノロジー（反物質エンジン、ライトセイル、核融合エンジン、ナノシップなど）は、スターシップの設計にとって、期待に満ちた新たな地平を切り開いてくれるかもしれない。『スター・トレック』に出てくるような反物質エンジンが、現実のものになるのだろうか。反物質エンジンは、宇宙で最も強力なエネルギー源を利用する。物質と反物質の衝突によって、物質からエネルギーに直接変換するのである。[*7]

反物質は物質と反対のもので、つまり反対の電荷をもつ。反電子（陽電子）は正の電荷をもち、反陽子は負の電荷をもつ（私は高校生のころ、反物質を調べようと、反電子を放出するナトリウム22のカプセルを霧箱に入れて、反物質が残した美しい飛跡を撮影した。それから反物質の特性を分析したくて、二三〇万電子ボルトのベータトロンという粒子加速器を自作した）。

物質と反物質が衝突すると、両者が対消滅《ついしょうめつ》を起こして純粋なエネルギーに転じるので、この反応は一〇〇パーセントの効率でエネルギーを放出する。これに対し、核兵器の効率は一パーセントにすぎない。水爆に含まれるエネルギーのほとんどは無駄になっているのだ。

反物質ロケットのデザインはかなり単純だ。反物質を安全な容器に入れ、一定の流れで反応室へ送り込む。すると反応室内の通常の物質と結合して爆発を起こし、ガンマ線とX線のバースト（突発）が生じる。そのエネルギーが排出室の開口部から噴き出て、推力を生むのだ。

ジェイムズ・ベンフォードが私に語ったとおり、反物質ロケットはSFファンに人気のアイデアだが、その建造にあたっては重大な問題がいくつかある。たとえば、反物質は自然に生じているが、かなり少量なので、エンジンに使うには大量に製造する必要がある。反陽子のまわりを反電子が回る反水素原子は、一九九五年にスイスのジュネーブ郊外にある欧州原子核研究機構（CERN）で初めて作られた。まず通常の陽子のビームが作られ、通常の物質からなるターゲットに照射された。すると、その衝突によって微量の反陽子の粒子が生じた。次に強大な磁場で、陽子と反陽子を別々の方向に――一方は右へ、もう一方は左へ――飛ばして選り分けた。それから反陽子を減速して磁気トラップに収めると、そこで反電子と一緒にして反水素ができた。二〇一六年には、同じくCERNの物理学者が、反水素を取り出し、反陽子のまわりの反電子殻を分析した。そして予想どおり、反水素と通常の水素のエネルギー準位が完全に一致することが判明した。

CERNの科学者たちの発表にはこうある。「これまでにCERNで作った反物質をすべて集めて物質と対消滅させても、電球一個を数分間点灯させられるエネルギーが得られる程度だろう」。ロケット一台を飛ばすには、はるかにたくさん必要になる。また、反物質は世界一高価な物質でもある。今日の価格では、一グラムがおよそ七〇兆ドル。現時点では粒子加速器で(ほんの少量)しか作れず、加速器の建設や稼働にも莫大なコストがかかる。CERNの大型ハドロン衝突型加速器(LHC)は、世界で最も強力な粒子加速器で、建設に一〇〇億ドル以上が投じられたが、反物質のごく細いビームしか作り出せない。スターシップを動かすほどの反物質を集めたら、米国が破産してしまうだろう。

今日の巨大な加速器は、純粋に研究用のツールとして使われる多用途の機械なので、反物質を作るにはきわめて非効率だ。これをある程度解決する一手は、反物質の量産に特化した工場を作ることだろう。そうすれば、反物質のコストは一グラムあたり五〇億ドルまで下がりうる、とNASAのハロルド・ゲリッシュは考えている。

貯蔵のしにくさもまた、難題とコストにつながる。反物質をビンに入れると、いずれビンの壁に当たって対消滅を起こす。反物質をきちんと閉じ込めておくためには、ペニング・トラップというものが必要になる。このトラップは、磁場を利用して反物質の原子を宙に浮かせ、容器と接触するのを防いでくれる。

ＳＦの世界だと、コストと貯蔵の問題は、反物質を安上がりに採掘できる「反小惑星」の発見という救いの神の登場によって解消されることがある。だが、この仮想のシナリオは厄介な疑問を提起する。ともあれ、反物質はどこから来るのか？

われわれの道具で宇宙のどこをのぞき見ても、見えるのは物質であって反物質ではない。そうわかるのは、電子一個と反電子一個の衝突で、少なくとも一〇二万電子ボルトのエネルギーが放出されるからだ。これは反物質の衝突が起きた痕跡となるが、宇宙を調べても、この種の放射はほとんど検出されない。われわれが見わたす宇宙のほとんどは、われわれを構成するのと同じ通常の物質でできているのだ。

物理学者は、ビッグバンの瞬間に宇宙は完璧に対称で、物質と反物質の量は等しかったと考えている。そうならば、両者は完璧に対消滅し、今の宇宙を構成しているのは放射線だけのはずだ。ところがわれわれは現に存在し、物質という、もはやないはずのものでできている。われわれの存在自体が、現代物理学に反しているのである。

宇宙に物質が反物質よりも多い理由はまだ明らかになっていない。初期宇宙にもともとあった物質の一〇〇億分の一しか対消滅の爆発を生き残っておらず、われわれはその一部なのだ。最有力の説は、何かがビッグバンのときの物質と反物質の完璧な対称性を破ったというものだが、その何かについてはわかっていない。この問題を果敢にも解いてみせた人には、ノーベル賞が待っている。

スターシップを作りたい人にとって、反物質エンジンの優先順位は相当高い。しかし、反物質の特性はまだほとんど探られていない。たとえば、下から受ける重力に対して上昇するのか落下するのかもわかっていない。現代物理学では、通常の物質と同じように落下するはずだと予測されている。もしそうなら反重力はきっとありえないのだろうが、ほかの多くのことと同じく、検証されてはいない。コストの高さとわれわれにわかっていることの少なさを考えると、反物質ロケットは、たまたま宇宙を漂う反小惑星に遭遇でもしないかぎり、来世紀もおそらく夢のままだろう。

核融合ラムジェットスターシップ

もうひとつの魅惑的な構想として、核融合ラムジェットロケットがある。[*8] これは巨大なアイスクリームコーンのような外見で、星間空間の水素ガスをかき集め、核融合炉に集中させてエネルギーを生み出す。ジェット機や巡航ミサイルと同じく、このラムジェットロケットはかなり経済的だ。ジェット機はふつうに存在する空気をエンジンに吸い込むので、酸化剤を持ち運ぶ必要がなく、コストが削減できる。これと同じように、宇宙には燃料となる水素ガスが無尽蔵にあるから、このロケットは永久に加速できるはずだ。太陽帆と同様、核融合ラムジェットエンジンの比推力は無限となる。

ポール・アンダースンの有名なSF小説『タウ・ゼロ』（浅倉久志訳、東京創元社）は、エンジンが壊れて止められなくなった核融合ラムジェットロケットを題材にしている。ロケットが加速し

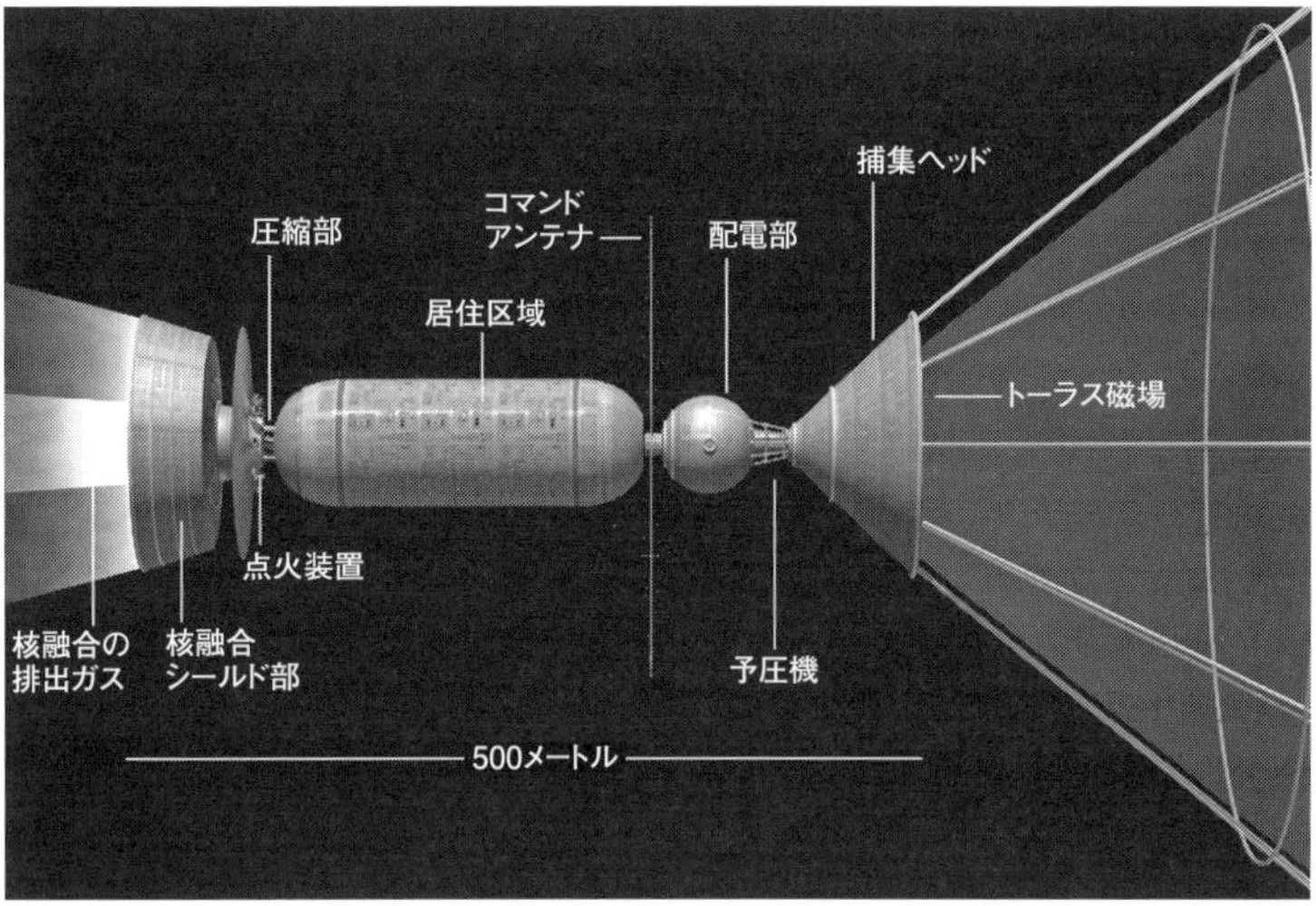

核融合ラムジェットスターシップのイメージ。星間空間から水素をかき集めて核融合炉で燃やす。

て光速に近づくと、相対論効果による奇妙な歪みが生じだす。ロケットのなかでは時間の進みが遅くなるのに、周囲の宇宙では変わらぬ速さで時間が経過するのだ。ロケットの速度が上がるほど、なかはゆっくり時を刻む。だが、船内にいる人にとっては何も変わらないように見え、外の宇宙の時間が急速に進むのだ。やがて、船の速度が上がりすぎて外では何百万年も過ぎ、クルーはなすすべもなくその様子を見つめる。そうして途方もない未来まで旅をしたクルーは、宇宙がもはや膨張しておらず、むしろ収縮していることに気づく。宇宙の膨張のプロセスがついに反転したのだ。温度が急激に上昇し、銀河が集まりだし、最終的にビッグクランチ〔ビッグバンの反対で、宇宙が収縮してつぶれること〕へ向かう。物語の終わりでは、あらゆる星々がつぶれるなか、ロケットは宇宙の火の玉をどうにかかすめ飛んで、新たな宇宙が生まれるビッグバンを目撃する。奇想天外な話に思えても、基本的な筋立てはアインシュタインの相対性理論に従っている。

世界の終わりの話はともかく、核融合ラムジェットエンジンは、一見したところ出来すぎなほどすばらしいものに思えるかもしれない。ところが長年のうちに、このエンジンには考えられるいくつもの批判が浴びせられてきた。水素をかき集める「漏斗」は直径数百キロメートルにならざるをえず、非現実的なまでに大きく、法外なコストもかかる。核融合の反応率が不十分で、船の航行を維持できるだけのエネルギーを生み出せない可能性もある。ジェイムズ・ベンソン博士〔宇宙事業会社Space Devの創設者〕も、われわれの太陽系のあたりにはラムジェットエンジンに供給できるほどの水素がない、と私に指摘したが、銀河系のほかの領域にならあるかもしれない。また、太陽風のなかを進むとき、エンジンへの抗力が推力を上回るため、相対論的速度（光速に近い速度）には到達できないとの主張もある。物理学者はそうした欠点を正すべくデザインを変更してきたが、ラムジェットロケットが現実的な選択肢になるのはまだだいぶ先だろう。

スターシップが抱える問題

特筆すべきは、これまで挙げたどのスターシップも、光速に近い速度で飛ぶ場合、別の問題にも直面するということだ。小惑星の衝突は大きなリスクとなり、ちっぽけな塵でも船殻に穴があきかねない。すでに述べたように、スペースシャトルには宇宙ゴミによる細かい傷ができていたが、それらが船体に当たったのは、ほぼ軌道周回速度、つまり時速約二万八〇〇〇キロメートルだと思われる。しかし光速に近くなると、その途方もない速度で衝突が何度も起こり、スターシップが粉々になってしまうおそれもある。

映画の場合、こうした危険は、あらゆる微小隕石を都合よくはじき返す強力な力場《フォース・フィールド》によって排除される――だが、これはあいにくSF作家の脳内にしか存在しない。現実には、電気や磁気の力場は確かに生み出せるが、樹脂や木材や石膏などのありふれた物体さえ、帯電していないものはたやすく力場を通り抜けられる。宇宙空間で、微小隕石は、帯電していないので電場や磁場で進路を曲げられない。また重力場は引力である上に非常に弱いため、はじき返す力場には不向きだろう。

ブレーキもまた難題だ。光速に迫る速度で宇宙を突っ切っていたら、目的地に着くときにどうやって速度を落としたらいいのだろう？　太陽帆やレーザー帆は、太陽やレーザー砲列のエネルギーに頼っているが、それらはスターシップの減速には使えない。となると、太陽帆やレーザー帆が役に立つのは、主にフライバイのミッションかもしれない。

原子力ロケットにブレーキをかける最良の方法は、船体を一八〇度回転させ、推力の向きを反対にすることかもしれない。しかしこの方法では、目標の速度に達するのにミッションの推力のほぼ半分を使い、ロケットの減速に残る半分を消費することになる。太陽帆の場合は、帆を裏返せば目的地の恒星の光を減速に利用できるかもしれない。

そのほか、有人飛行の可能なスターシップの大半が巨大すぎて、宇宙空間で建造するしかないという問題もある。建造用の資材を軌道へ送り込むために多くの宇宙ミッションが必要で、部品の組み立てにさらにたくさんのミッションが要るだろう。コストがとうてい賄えなくなるのを防ぐために、もっと経済的に宇宙へ行く方法を考えなければならない。そこで登場するかもしれないのが、宇宙エレベーターだ。

宇宙へのエレベーター

宇宙エレベーターは、ナノテクノロジーの画期的な利用法となるだろう。[*9] 宇宙エレベーターとは、地球から宇宙空間へ伸びる長いシャフトのことだ。このエレベーターに乗って「上」のボタンを押せば、たちまち上昇して軌道上に達する。ロケットが発射台から打ち上がるときに味わう、押しつぶされるようなG〔重力加速度を一Gとする加速度の単位〕の力とは無縁だ。むしろ、エレベーターでデパートの最上階へ行くぐらい楽に宇宙へ行ける。ジャックの豆の木のように、宇宙エレベーターは重力に逆らい、難なく天空へ昇る手だてを与えてくれるかに見える。

宇宙エレベーターの可能性を初めて探ったのは、ロシアの物理学者コンスタンティン・ツィオルコフスキーだ。一八八〇年代にエッフェル塔の建造に関心をもった彼は、そこまで大きなものが建てられるのなら、そのまま宇宙空間まで伸ばしたらどうだろう、と自問した。そして基礎的な物理学をもとに、理論上、塔が十分に高ければ遠心力が十分に働いて、外力がなくても直立していられることを示してみせた。ひもの先にボールをつけて振り回すと、回転のおかげで床に落ちないのと同じように、宇宙エレベーターも自転する地球の遠心力のおかげで倒れずに済むのである。

ロケットだけが宇宙へ行く手段ではないかもしれないという考えは、斬新で刺激的だった。ところが、すぐに障害に突き当たった。宇宙エレベーターのケーブルにかかる張力はおそらく一〇〇ギガパスカルに達するが、これは鋼鉄の破断点である二ギガパスカルを上回っているのだ。鋼鉄のケーブルではプツンと切れ、宇宙エレベーターは崩れ落ちてしまうだろう。

宇宙エレベーターの構想は、一〇〇年近く棚上げにされた。ときおり、アーサー・C・クラークのような作家が、小説『楽園の泉』(山高昭訳、早川書房)に登場させたぐらいだ。しかし、宇宙エレベーターはいつ実現するかと訊かれたクラークはこう答えている。「みんなが笑わなくなってから五〇年ぐらいあとだろう」[*10]

だが、いまや笑う者はいない。にわかに、宇宙エレベーターはそれほど現実離れしたものには思われなくなった。一九九九年、NASAの予備調査において、太さ九〇センチメートル、長さ四万八〇〇〇キロメートルのケーブルを備えたエレベーターで、一五トンのペイロードを輸送できるとの評価が下された。二〇一三年には、国際宇宙航行アカデミーが三五〇ページの報告書を出し、十分な資金と研究により、二〇トンのペイロードを複数運べる宇宙エレベーターが二〇三五年までに実現できる可能性がある、と予測した。費用の見積もりは、一般に一〇〇億〜五〇〇億ドルで、国際宇宙ステーションに投じられた一五〇〇億ドルに比べればわずかだ。また、宇宙エレベーターは、ペイロードを宇宙へ送るコストも二〇分の一に減らせる。

問題は、もはや基礎物理学ではなく工学のものとなっている。現在、非常に強靭で破断しないと思われる純粋なカーボンナノチューブなら、宇宙エレベーターのケーブルが作れるのかどうかを確かめるべく、真剣に評価がおこなわれている。しかし、そのようなナノチューブを、宇宙に何万キロメートルも伸ばせるほど作れるのだろうか？　現時点で答えはノーだ。純粋なカーボンナノチューブは、一センチメートル以上製造するのがきわめて難しい。数メートルのナノチューブを作ったという発表を耳にすることもあるが、そうした素材は実は複合材だ。純粋なカーボンナノチューブの細切れを圧縮して繊維にしたもので、純粋なナノチューブがもつ驚異的な特性は失われている。

宇宙エレベーターのようなプロジェクトへの関心を高めるべく、ＮＡＳＡは「センテニアル・チャレンジ」というプログラムを主催し、宇宙計画のための先進技術を考案するアマチュアに賞を与えている。以前開かれたコンテストでは、小型エレベーターのプロトタイプの提出が求められた。私はそのコンテストに、自分が司会を務めるテレビの特番で訪れ、ある若い技術者のグループを追った。彼らは、宇宙エレベーターによって、世間一般の人でも天空へ行けるようになると確信しており、私が見守るなか、レーザービームを使って小型カプセルを長いケーブルの上まで運んだ。われわれの番組では、真剣に未来を築こうとしている、この起業家精神あふれる新しいタイプの技術者たちの熱中ぶりをとらえようとしたのである。

宇宙エレベーターは、宇宙へのアクセスを一変させるだろう。宇宙が宇宙飛行士や軍のパイロットだけの領域のままではなく、子どもや家族の遊び場になるのだ。また、宇宙旅行や宇宙産業に効率的な新しい手段が与えられ、ほぼ光速で飛べるスターシップなど、複雑な機械を地球外で組み立てられるようにもなるのではないか。

しかし現実には、行く手にとてつもない工学的問題が立ちはだかっているので、宇宙エレベーターは今世紀の終わりまで実現しないだろう。

もちろん、種としてもつ飽くなき好奇心と野心を考えれば、人類はいずれ、核融合ロケットや反物質ロケットの先へ進み、難題中の難題に挑むはずだ。いつかわれわれは、宇宙における究極の制限速度——光速——を超えるかもしれない。

ワープドライブ

ある日、ひとりの少年が子ども向けの本を読み、世界の歴史を変えた。一八九五年、都市に電気が通じはじめたころだ。この不思議な新現象を理解しようと、少年は、アーロン・ベルンシュタインによる『自然科学大衆読本（*Popular Books on Natural Science*）』を手に取った。そのなかで著者は読者に、電線のなかの電流と並走するところを思い描きなさいと言っていた。そこで少年は、電流を光線に置き換えたらどうなるかと考えた。光より速く走ることはできるのだろうか？　彼の考えでは、光は波だから、光線はその時点で凍りついたように止まって見えるはずだった。だが、一六歳の彼でさえ、止まった光の波を見た人などいないことはわかっていた。それから一〇年間、少年はこの疑問に考えをめぐらせていた。

一九〇五年、ついに彼は答えを見つけた。彼の名はアルベルト・アインシュタインで、その理論は特殊相対性理論という。[*11] アインシュタインは、光速が宇宙の究極の速度なので、光線より速くは進めない、ということを明らかにした。光速に近づくと、奇妙なことが起きる。あなたが乗っているロケットの重さが増し、ロケット内部での時間の進みが遅くなる。それでもどうにかして光速に達したら、あなたは無限に重くなり、時間は止まる。どちらの状態もありえないから、あなたは光速の壁を破れない。アインシュタインは街なかの警官となり、宇宙における究極の制限速度を定めたのだ。以来、この壁は何世代もロケット科学者を悩ませている。

だが、アインシュタインはそこで満足しなかった。相対性理論で光の謎の多くを説明できたが、重力にも自分の理論を当てはめようとしたのだ。そして一九一五年、驚くべき説明を思いついた。それまでじっとして動かないものと見なされていた空間と時間が、実は動的であり、滑らかなシーツのように曲げたり伸ばしたりできる、と考えたのである。彼の説によれば、地球が太陽のまわりを回っているのは、太陽の重力に引っぱられているからではなく、太陽がまわりの空間を歪めているからなのだ。時空の生地が、太陽のまわりの湾曲した軌道をたどるように、地球を押し進めている。簡単に言えば、重力が引いているのではなく、空間が押しているのである。

シェイクスピアはかつて言った。この世はすべてひとつの舞台で、われわれはそこへ出入りする役者にすぎない、と。時空を舞台と考えよう。かつてそこは、静的で、平らで、絶対的な場所で、時計はそのどこでも同じペースで時を刻んでいると考えられていた。ところがアインシュタインの宇宙では、舞台を歪められる。時計の針はいろいろなペースで動く。舞台を横切る役者は、転ばずに歩けない。彼らは、見えない「力」にあちらこちらへ引っぱられるのだと言うかもしれないが、実は歪んだ舞台が彼らを押しているのである。

アインシュタインは、みずからの一般相対性理論に抜け道があることにも気づいた。星が重いほど、周囲の時空の歪みは大きくなる。星が十分に重ければ、それはブラックホールになる。時空の生地が実際に破れて、空間を跳び越える近道となるワームホールができる可能性もある。この概念は、アインシュタインが助手のネイサン・ローゼンと一九三五年に初めて提案したもので、今日ではアインシュタイン＝ローゼン橋と呼ばれている。

ワームホール

アインシュタイン＝ローゼン橋の最もわかりやすい例は、『鏡の国のアリス』（柳瀬尚紀訳、筑摩書房など）に出てくる鏡だろう。鏡の片側はイギリスのオックスフォードの田園地帯だが、もう片側は不思議な鏡の国で、アリスは鏡に指を突っ込んだとたん、そこへ連れて行かれてしまう。

ワームホールは、映画のストーリー上の仕掛けとしてもおなじみである。『スター・ウォーズ』のハン・ソロは、ワームホールを通って、宇宙船ミレニアム・ファルコンを「ハイパースペース（超空間）」に送り込む。『ゴーストバスターズ』では、シガニー・ウィーヴァー演じる人物の開ける冷蔵庫がワームホールで、そこから彼女は全宇宙をのぞき込む。C・S・ルイス原作の『ライオンと魔女』（瀬田貞二訳、岩波書店など）では、衣装だんすがワームホールとなって、イギリスの片田舎とナルニア国をつなぐ。

ワームホールは、ブラックホールの数学的解析によって明らかにされた。ブラックホールは巨大な恒星がつぶれたもので、重力が強すぎて光さえも外へ脱出できない。脱出速度が光速になるのだ。かつて、ブラックホールは止まっていて、無限大の重力をもつ特異点があると考えられていた。ところが、これまでに宇宙で見つかっているブラックホールはすべて、猛烈な速さで回転している。一九六三年、物理学者のロイ・カーは、回転するブラックホールが十分速く回っていたら、必ずしもつぶれて点にはならず、回転するリングになることに気づいた。遠心力がつぶれるのを防いで、リングが安定するのだ。ならば、ブラックホールに落ち込むすべてのものは、どこへ行くのか？　物理学者にはまだわかっていない。しかしひとつの可能性として、ホワイトホールというものから、物質がリングの向こう側に出られることが考えられる。科学者は、物質を呑み込むのでなく放出するホワイトホールを探しているが、今のところ見つかっていない。

あなたがもしブラックホールの回転するリングに近づいたら、時空が激しく歪んでいるのが見えるはずだ。ワームホールの重力に数十億年前にとらえられた光線を目にするかもしれない。あなた自身のコピーと出会う可能性さえある。そしてスパゲッティ化という恐ろしい致命的な現象が起き、あなたの体の原子が潮汐力によって引き伸ばされてしまうだろう。

リングそのものに入ったら、向こう側の並行宇宙にあるホワイトホールから吐き出されるかもしれない。二枚の紙を平行に置き、鉛筆を突き刺して両方の紙をつなげるとしよう。鉛筆に沿って移動したら、ふたつの並行宇宙のあいだを渡ることになる。リングをもう一度抜けると、今度は別の並行宇宙に到達する。リングへ入るたびに、別の宇宙に出るのだ。まるで、エレベーターでマンションの別の階に移動できるように。ただしこの場合、同じ階には二度と戻れない。

リングに入るときの重力は有限なので、あなたは必ずしもつぶれて死にはしないだろう。それでもやはり、回転が十分速くなければ、リングがつぶれてあなたを殺す可能性はある。しかし、負の物質や負のエネルギーというものを加えることで、人工的にリングを安定させることができるかもしれない。したがって、安定したワームホールはバランスの賜物であり、重要なのは、正と負のエネルギーの正しい混合比を維持することだ。異なる宇宙への入口を自然に作り出すには、ブラックホールのように、正のエネルギーをたくさん必要とする。一方、その入口を開けておき、つぶれるのを防ぐには、負の物質か負のエネルギーを人工的に作り出す必要もあるのだ。

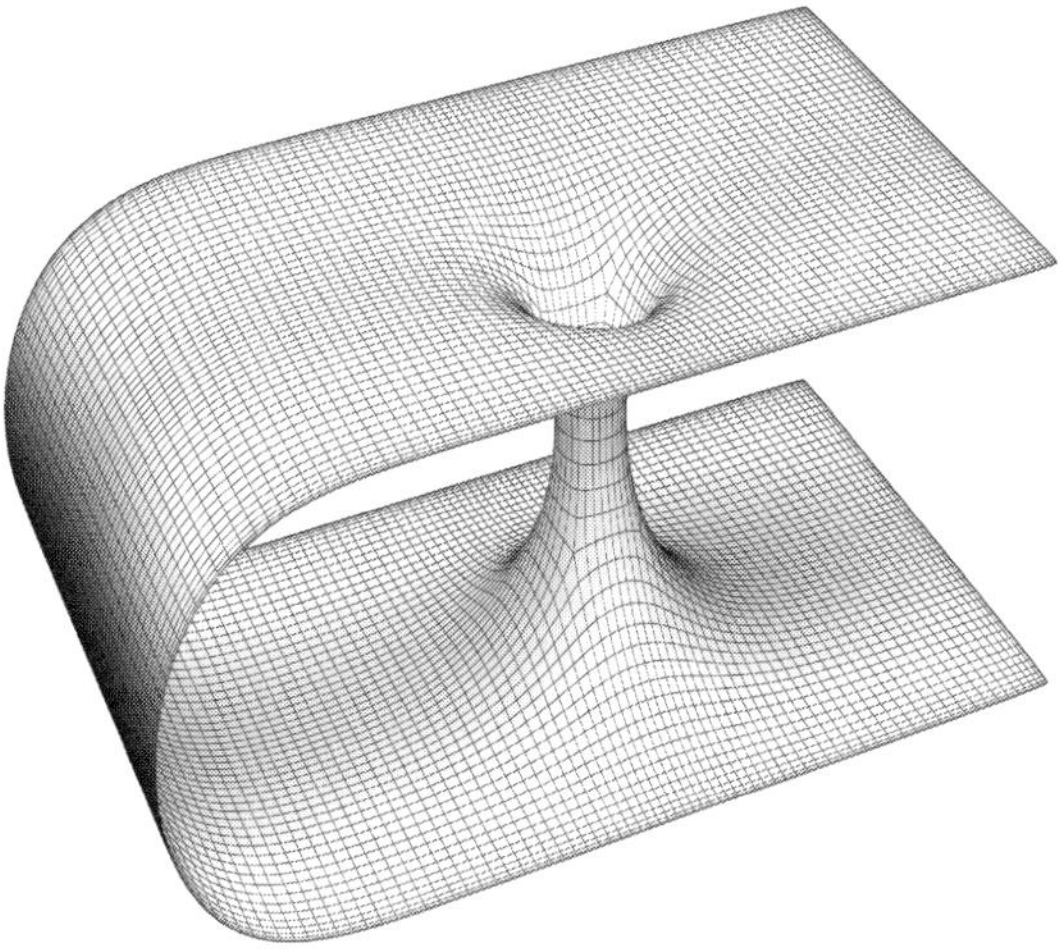

ワームホールは、時空の離れた2点をつなぐ近道だ。

　負の物質は、反物質とはまったく違い、自然界で検出されたことがない。奇妙な反重力の性質をもち、重力に引かれて落下せず、上昇する（かたや反物質は、上昇せずに落下すると理論上想定されている）。数十億年前に地球にあったとしても、地球の物質と反発して、宇宙空間に漂い出てしまっていただろう。われわれが発見できていないのは、そのせいかもしれない。

　負の物質の証拠はいまだに見つかっていないが、負のエネルギーは実験室で実際に作り出せている。[*12] これが、いつかワームホールを抜けて遠くの星々へ行くことを夢見るＳＦファンの希望をつないでいる。しかし、実験室で作られている負のエネルギーの量はごくわずかで、スターシップを飛ばすにはとうてい足りない。ワームホールを安定させられるほどの負のエネルギーを作るには、きわめて高度なテクノロジーを必要とするが、これについては第13章で詳しく論じよう。したがって当面、ハイパードライブ〔SFによく登場する超光速航法の名で、ワープと同じ〕をおこなうワームホール宇宙船は、われわれの能力を超えている。

ところが最近、時空を歪める別の手段がちょっとした話題を呼んだ。

アルクビエレ・ドライブ

ワームホールに続き、光速の壁を破る第二の方法となりうるのが、アルクビエレ・エンジンだ。私は以前、メキシコの理論物理学者ミゲル・アルクビエレにインタビューをしたことがある。[*13] 彼が相対論的物理学の画期的なアイデアを思いついたのは、テレビを見ていたときで、ひょっとしたらそんな思いつき方がされたのはそれが初めてのことかもしれない。『スター・トレック』のある回を見ていたアルクビエレは、宇宙船エンタープライズ号が超光速で航行できることにびっくりした。行く手の空間をなぜか縮めることができ、星々がもっと近くに見えるようになったのだ。エンタープライズ号が星々へ旅したのではない。星々のほうがエンタープライズ号へ近づいてきたのである。

カーペットを横切ってテーブルにたどり着く場合を考えよう。ふつうに思い浮かぶ方法は、こちらから向こうへカーペットの上を歩くことだ。だが、別の方法もある。テーブルに縄を引っかけて自分のほうへ引き寄せれば、カーペットを縮められる。つまり、カーペットの上を歩いてテーブルまで行かなくても、カーペットを折りたためばテーブルのほうがやってくるのだ。

アルクビエレは興味深いことに気づいた。通常の場合、まず恒星や惑星を決め、それからアインシュタインの方程式をもとに、その星をとりまく空間の歪みを計算する。ところが、それを逆にたどることもできる。特定の歪みをまず見つけ、同じ方程式をもとに、それを引き起こしている恒星や惑星のタイプを割り出すのだ。これはおおざっぱに言って、自動車工の車の作り方に似ている。まず手に入る部品——エンジンやタイヤなど——を集め、それをもとに車を組み立てることもできるが、最初に望みのデザインを選んでから、それを作るのに必要な部品を決める方法もあるのだ。

アルクビエレは、アインシュタインの数式をひっくり返し、理論物理学者が通常用いる論理を逆から考えた。どんな星が前方の空間を縮め、後方の空間を広げるかを計算しようとしたのだ。自分でも驚いたことに、彼は非常に単純な解にたどり着いた。『スター・トレック』で使われていたスペースワープは、アインシュタインの方程式で許容される解だったのだ！　ワープドライブは、結局のところそんなにありえないものではないのかもしれなかった。

アルクビエレ・ドライブを備えたスターシップは、ワープバブルという、物質とエネルギーからなる中空の泡で囲む必要がある。泡のなかと外の時空はつながっていない。スターシップが加速するあいだ、泡のなかにいる人は何も感じない。光より速く進んでいても、船が動いているとすら思わないかもしれない。

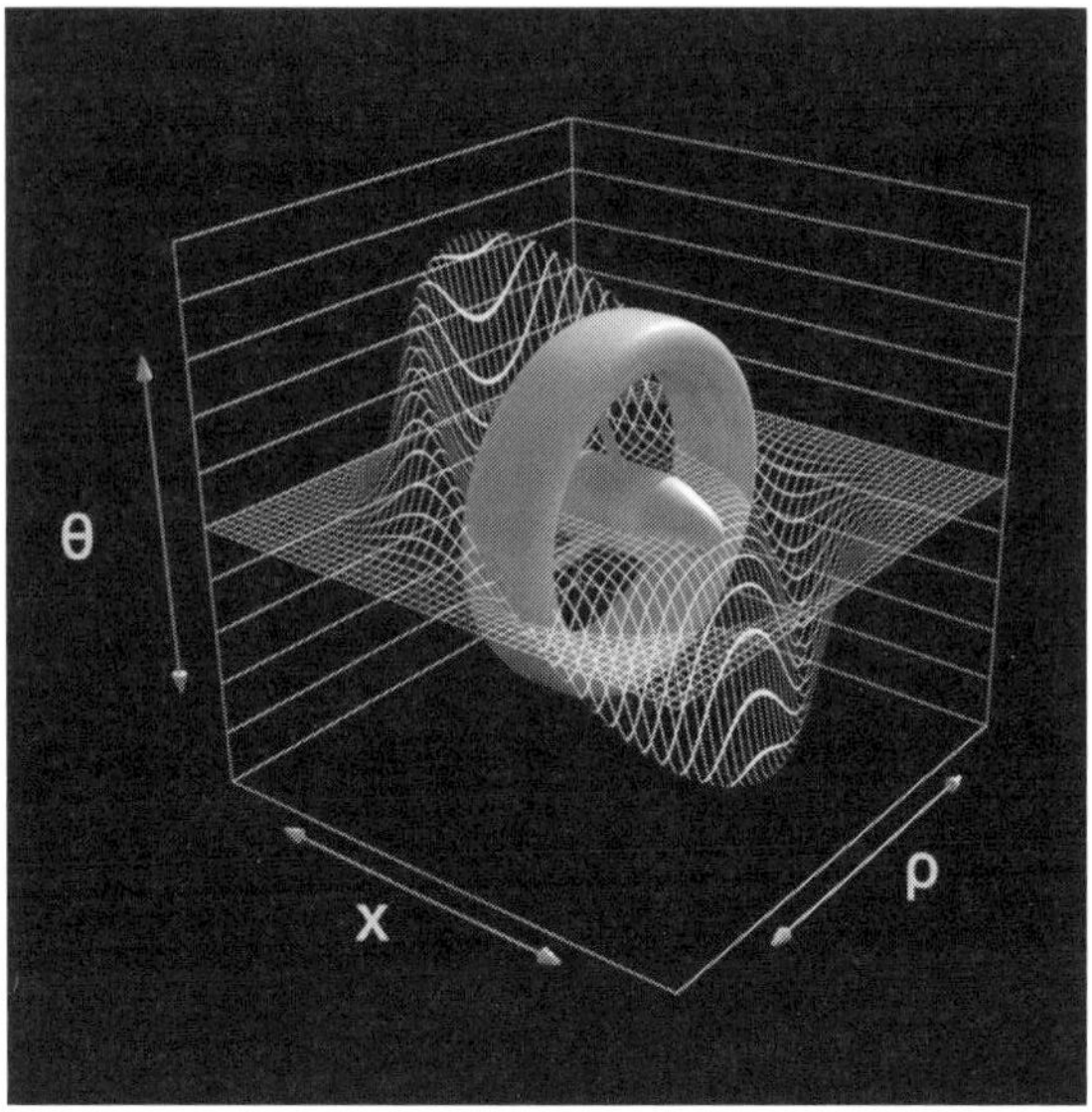

アルクビエレ・ドライブでは、アインシュタインの方程式をもとに超光速で進むことができる。だが、そんなスターシップが作れるのかどうかは、まだ意見が分かれている。

アルクビエレの導き出した結果は、とても目新しく過激なものだったため、物理学界に衝撃を与えた。しかし、彼の論文が発表されると、批判的な人が弱点を指摘しはじめた。超光速航行のビジョンは見事だったが、さまざまな難題に取り組んではいなかったからだ。スターシップの内部と外部が泡で分断されたら、情報が泡を通り抜けられず、パイロットは船の針路を制御できない。操縦が不可能になってしまうのだ。それに、ワープバブルを実際に作るという問題もある。前方の空間を縮めるためには、ある種の燃料、つまり負の物質や負のエネルギーがなくてはならない。

ここで振り出しに戻る。負の物質や負のエネルギーは、ワープバブルやワームホールを維持するのに必要な「足りない材料」だ。スティーヴン・ホーキングが明らかにした一般定理によれば、超光速航行を許容するアインシュタインの方程式の解はどれも、負の物質か負のエネルギーを含んでいなければならない（つまりこういうことだ。われわれが星々に見出す正の物質や正のエネルギーは、時空を歪めることで、天体の運動を完璧に説明できる。一方、負の物質や負のエネルギーは、奇妙な形に時空を歪め、ワームホールを安定させてつぶれなくする反重力を生み出したり、前方の時空を縮めてワープバブルを超光速で進ませたりする）。

そこで物理学者たちは、スターシップを進ませるのに必要な負の物質や負のエネルギーの量の計算を試みた。最新の結果では、木星の質量に相当する量が必要だとされている。したがって、そもそも可能だとしても、負の物質や負のエネルギーを使ってスターシップを動かせるのは、非常に高度な文明に限られるということになる（ただし、計算結果はワープバブルやワームホールの形状やサイズによって変わるので、超光速航行に必要な負の物質や負のエネルギーの量は減る可能性もある）。

『スター・トレック』では、ダイリチウム結晶という希少鉱物がワープドライブ・エンジンに不可欠な要素だと想定して、この不都合な問題を回避している。これでお気づきだろうが、「ダイリチウム結晶」は、「負の物質や負のエネルギー」のしゃれた別名かもしれない。

カシミール効果と負のエネルギー

ダイリチウム結晶は実在しないが、負のエネルギーはじれったいほどわずかだが実在し、ワームホールや縮めた空間のほか、タイムマシンまで実現する可能性が残っている。ニュートンの法則は負のエネルギーを認めていないが、量子論は、一九四八年に提案されて一九九七年に実験で測定されたカシミール効果によって、負のエネルギーを認めている。

帯電していない二枚の金属板を真空中で平行に置いたとしよう。二枚の距離が遠かったら、その隙間の電気力はゼロと言える。だが二枚の距離が近づくと、不思議なことに、互いに引きつけ合うようになる。すると、そこからエネルギーが取り出せる。最初はエネルギーがゼロなのに、板同士を近づけたら(隙間を狭くしたら)正のエネルギーが得られるのだから、隙間自体は負のエネルギーをもつことになる。この理屈ではかなりわかりにくい。われわれは常識的に、真空は空っぽの状態で、エネルギーがゼロだと考える。しかし実を言うと、そこには真空から一瞬だけ実体化し、対消滅を起こしてまた真空に戻る、物質と反物質の粒子が満ちている。こうした「仮想」粒子は、非常にすばやく現れては消えるので、物質とエネルギーの保存則——すなわち、宇宙における物質とエネルギーの総量はつねに同じままという原則——には反しない。この真空での激しい動きが圧力を生み出している。物質と反物質の活動は、板同士の隙間よりも板の外側のほうが多いので、その圧力が板同士を押しつけ、隙間には負のエネルギーが生じる。これがカシミール効果であり、負のエネルギーが存在しうることを、量子論において実証しているのである。

元来、カシミール効果の力は非常に小さいため、それを測定できるのは最高感度の装置に限られていた。だがナノテクノロジーの進歩により、いまやわれわれは個々の原子をいじれるようになっている。私はかつて司会を務めたテレビの特番で、原子を操作できる小さな卓上型装置のあるハーヴァード大学の研究室を訪れたことがある。そこで見た実験では、二個の原子を近づけたとき、斥力も引力も生じうるカシミール効果によって、原子同士がはじけ飛びもくっつきもしないようにするのに苦労していた。負のエネルギーは、スターシップを作ろうとしている物理学者には聖杯に思えるかもしれないが、ナノテクノロジーの研究者にとっては、カシミール効果による力は原子レベルではとても強いので、厄介な存在となる。

結論として、負のエネルギーは確かに存在し、どうにかして十分な量の負のエネルギーを集められたら、理論上は、ワームホール・マシンやワープドライブ・エンジンを作り出し、SFの最高にとんでもない空想のいくつかを実現できる。ただし、そうしたテクノロジーに手が届くのはまだずっと先のことだ（それについては第13章と14章で述べる）。当面は、今世紀の終わりまでには宇宙を突っ切っていそうなライトセイルでなんとかして、ほかの恒星をめぐる系外惑星の最初のクローズアップ写真を得ることになる。二二世紀には、われわれがみずからこうした惑星に核融合ロケットで行けるかもしれない。さらに、行く手に立ちはだかる工学上の難題を解決できれば、反物質エンジンやラムジェットエンジンや宇宙エレベーターを実現することさえできる。

スターシップができたなら、われわれは深宇宙で何を見つけるだろう？　人類が存続できる世界はほかにあるのだろうか？　幸い、今日の宇宙望遠鏡や衛星のおかげで、われわれは星々の海にひそむものをつぶさに見られるようになっている。

第9章　ケプラーと惑星の世界

だから別の世界にも住人がいるというわたしの考えは、たんなる臆見ではなくて、強固な信念であると言いたい。そしてこの信念の正しさのためには、わたしは自分の生涯のさまざまな利益を賭ける用意があるのである。

――イマヌエル・カント

（『純粋理性批判7』〔中山元訳、光文社〕より引用）

限りなく広い宇宙にいる隣人について知ろうとする欲求の源は、なにげない好奇心でも、知識への渇望でもなく、もっと深い動機にあり、それは、思考する力を備えたあらゆる人間の心にしっかり根差した感情なのである。

――ニコラ・テスラ

ジョルダーノ・ブルーノは、数日おきに復讐している。

ガリレオの先達だったブルーノは、異端の罪に問われ、一六〇〇年にローマで火刑に処された。[*1]天空にこれほど多くの星があるなら、われわれの太陽も数あるもののひとつにちがいない、と彼は述べた。ほかの星々にも周回する惑星が多々あるはずで、そのうちのいくつかには、ほかの生命が棲みついていさえするかもしれない、と。

教会は彼を裁判にかけずに七年間投獄したのち、裸にしてローマの市街を引き回すと、革ひもで舌をくくって木の柱に縛りつけた。最後に一度、自説を取り消すチャンスを与えられたが、彼はそれを拒んだ。

ブルーノの業績をたたきつぶすべく、教会は彼のすべての著作を禁書目録にのせた。一九世紀には禁を解かれたガリレオの本と違い、ブルーノのものは一九六六年まで禁じられていた。ガリレオは単に、宇宙の中心は地球ではなく、太陽であると主張しただけだった。だがブルーノは、そもそも宇宙に中心がないと提唱した。彼は、宇宙が無限であるかもしれず、その場合、地球も空に浮かぶ小石のひとつにすぎないと、いちはやく断じたひとりなのだった。宇宙に中心がなければ、教会はもはや宇宙の中心を主張できなくなるだろう。

一五八四年、ブルーノはみずからの哲学を次のようにまとめた。「われらが無限であると宣言するこの宇宙……そのなかには、われらと同種の世界が無限に存在する」[*2]。それから四〇〇年以上経った今、天の川銀河には、およそ四〇〇〇個の系外惑星が記録されており、その数は日々増えている（二〇一七年にNASAは、探査機ケプラーが発見した四四九六個の惑星候補を挙げ、そのうち二三三〇個が実際に惑星と確認されている）。

ローマへ行ったら、カンポ・デ・フィオーリ――「花の広場」の意――を訪れるといい。そこには、ブルーノが最期を迎えたまさにその場所に、彼の堂々とした像が立っている。私が訪れたとき、広場はおおぜいの買い物客で賑わっていたが、そこがかつて異端者の処刑場だったとだれもが知るわけではなかっただろう。しかしブルーノの像は、そこへ自然と集まってくる、若い反権力の人間や芸術家やストリートミュージシャンをじっと見下ろしている。私はその平和な光景を眺めながら、群衆が熱に浮かされ殺気立っていたブルーノの時代にはどんな雰囲気だっただろうかと思いをめぐらせた。彼らはどうして、放浪の哲学者を拷問の果てに殺すよう駆り立てられたのか？

ブルーノの考えは、その後数世紀も放っておかれた。系外惑星を見つけるのがあまりにも難しく、かつてはほぼ不可能と考えられていたからだ。惑星はみずから光を発しない。反射光ですら、明るさは主星である恒星の一〇億分の一ほどで、主星の強烈な光にかき消されてしまう。しかし近年、巨大な望遠鏡と宇宙に浮かべた検出器のおかげで膨大なデータが得られ、ブルーノの正しさが証明されている。

われわれの太陽系は平均的なものなのか？

私は子どものころ、ある天文学の本を読んで、宇宙に対する考え方を変えた。その本では、惑星について説明したあと、われわれの太陽系はおそらく典型的なタイプだろうと結論し、ブルーノの考えをなぞっていた。だがその本は、はるかに先まで踏み込んでいた。われわれの太陽系と同様、ほかの恒星系でも惑星はほぼ完璧な円を描いて恒星のまわりを回っていると推測していたのだ。また、恒星に近い惑星は岩石からなり、恒星から遠い惑星は巨大ガス惑星であるとも。われわれの太陽は、ごくふつうの恒星だというのだった。

われわれが銀河系の静かでありふれた郊外に住んでいるという考えは単純で、それにはほっとさせられた。

ところがなんと、それは間違っていたのだ。

今では、われわれは変わり者で、われわれの太陽系の配置は、惑星の規則的な並び方やほぼ円形の軌道とともに、天の川銀河ではまれであることがわかっている。ほかの星々の探査が始まって、われわれの太陽系とはまったく異なる恒星系が「太陽系外惑星エンサイクロペディア」に収録されていっているのだ。ゆくゆくは、この惑星の百科事典《エンサイクロペディア》に、われわれの未来の住みかがのるかもしれない。

MITの惑星科学教授にして、『タイム』誌の「宇宙探査で最も影響力のある二五人」に選ばれたサラ・シーガーは、このエンサイクロペディアの運営に大きくかかわる天文学者だ。私は彼女に、子どものころに科学に興味があったかと尋ねた。すると彼女は、実はそうでもなかったが、月には心を引かれたと打ち明けた。父親が運転する車で出かけるたびに、月があとをついてくるように見えるのが不思議だったのである。あんなに遠くにあるものが、どうして車を追いかけてくるように見えるのだろう？（この錯覚は、「視差」によって起こる。人は頭を動かすことで、距離の判断ができる。木のように近くにあるものは大きく動いて見えるが、山のように遠くにあるものは位置をまったく変えない。一方、自分のすぐそばにあって一緒に動いているものも、見たところ位置を変えない。そのためわれわれの脳は、月のように遠くにあるものを、車のハンドルのようにすぐそばにあるものと混同し、どちらもずっと自分と一緒に動いているように思い込んでしまう。こうした視差のために、UFOが自分の車を追ってきたという目撃報告の多くも、実は金星を見ただけだったりするのである)。

シーガーの天空への関心は、やがて生涯のロマンへと花を咲かせた。親が好奇心の強い子に望遠鏡を買い与えることはあるが、彼女は初めての望遠鏡を、夏休みのバイト代で手に入れた。今でもシーガーは、一五歳のとき、空に見えていた超新星1987Aという爆発した星について、友人ふたりに夢中で語ったのを覚えている。それは一六〇四年以降で最も地球から近い記録的な超新星で、彼女はその希有な天体イベントを祝う集まりへ行くつもりだった。しかし、友人たちはとまどった。彼女が何の話をしているのか、さっぱりわからなかったのだ。

シーガーはその後、宇宙への情熱と驚異の念を、系外惑星科学における輝かしいキャリアに結実させた。二〇年前には存在しなかったこの分野だが、今では天文学でとりわけホットな領域のひとつとなっている。

系外惑星を見つける方法

系外惑星を直接見るのは難しいので、天文学者は種々の間接的な方法でそれを見つけている。シーガーは、天文学者が結果に自信をもっているのは、複数の手段で系外惑星を見つけているからだと強調した。なかでもよく使われるのは、トランジット法というものだ。恒星の光の強度を調べていると、周期的に弱まるのに気づくことがある。この減光はわずかな現象だが、地球から見て、なんらかの惑星が主星の前を横切ることで、主星の光がいくらか吸収されていることを示している。そこから惑星の軌道がたどれるので、軌道のパラメータが算出できる。

木星サイズの惑星は、われわれの太陽のような恒星の光を一パーセントほど減じる。地球に近いサイズの惑星だと、その値は〇・〇〇八パーセントになる。これは、車の前を蚊が通ったときにヘッドライトが減光する割合に近い。シーガーによれば、われわれの機器は幸いにも感度と精度が高いので、複数の惑星によるごくわずかな光度変化をとらえ、恒星系全体の存在を明らかにすることができるという。とはいえ、すべての系外惑星が恒星の前を横切るわけではない。地球から見て傾いた軌道をもつために、トランジット法では検出できない惑星もある。

もうひとつよく知られているのは、視線速度法、あるいはドップラー法と呼ばれるものだ。この方法では、定期的に前後に動いているように見える恒星を探す。木星サイズの大きな惑星が恒星のまわりを回っている場合、その恒星と惑星は、厳密には互いのまわりを回っている。回転しているダンベルを思い浮かべよう。主星とその惑星を表すふたつのおもりは、共通の重心のまわりを回転するのだ。

木星サイズの惑星は遠くからは見えなくても、その主星は数学的に正確に動いているのがはっきり見える。ドップラー法を使えば、そうした星の前後へ動く速度が計算できる（たとえば、黄色い星がこちらへ近づいてきたら、光波がアコーデオンのように縮むので、黄色い光はわずかに青みを帯びる。反対にこちらから離れていったら、光は引き伸ばされて赤みを帯びる。星が近づいてくるときや離れていくときの光の振動数の変化を調べれば、その星の視線方向の速度が割り出せる。これは、警察があなたの車にレーザービームを当てたときの現象と似ている。反射したレーザー光に見られる変化から、車の走行速度が測れるのだ)。

さらに、主星を数週間から数か月にわたって注意深く観測すると、ニュートンの重力法則をもとに惑星の質量が見積もれる。ドップラー法は面倒なやり方だが、それによって一九九二年に最初の系外惑星が見つかると、野心的な天文学者が、我も我もと次の発見を狙いだした。木星サイズの惑星がいち早く発見されたのは、巨大な天体は主星の動きをとくに大きくするからだ。

トランジット法とドップラー法が、系外惑星の探索で主に使われるふたつの手法だが、近年、ほかの手法もいくつか導入されている。ひとつは直接観測で、先に述べたとおり、これは難しい。だがシーガーは、惑星をかき消す主星の光を丁寧かつ正確に遮蔽できる宇宙機を開発しようとしているNASAの計画に胸を躍らせている。

重力レンズ法も有望な方法だが、これが使えるのは、地球と系外惑星と(その主星ではない)遠くの恒星が完全に並ぶときに限られる。アインシュタインの重力理論から、巨大な質量はまわりの時空の生地を変化させるので、光は天体に近づくと曲がることがわかっている。たとえその天体がわれわれには見えなくても、透明なガラスと同じように、光の軌跡を変えるのだ。系外惑星が遠くの恒星の前をちょうど横切ると、恒星の光は曲げられてリング状になる。このパターンは「アインシュタイン・リング」と呼ばれ、観測者と恒星とのあいだに相当な質量が存在することを示している。

ケプラーの観測結果

大きな進歩は、二〇〇九年の探査機ケプラーの打ち上げとともに訪れた[*3]。ケプラーは、トランジット法で系外惑星探査をするよう特別に設計されており、天文学界の最高に突飛な夢をも超える成果を収めた。おそらく探査機ケプラーは、古今を通じ、ハッブル宇宙望遠鏡に次いで大きな成果を上げた宇宙機だろう。まさに工学の驚異と言え、重さはおよそ一〇五〇キログラムで、直径一四〇センチメートルの大きな反射鏡を備え、最新のハイテクセンサーを満載している。最良のデータを得るには、天の同じ場所を長期間観測する必要があるので、ケプラーは地球ではなく太陽のまわりを回っている。ときには地球から一億六〇〇〇万キロメートルも彼方になる深宇宙の展望台から、ケプラーはいくつかのジャイロスコープを使って、全天の四〇〇分の一にあたる、はくちょう座方向の小さな一角に的を絞る。そしてその小さな視野のなかで、およそ二〇万個の恒星を調べ、数千個の系外惑星を見つけ出した。この発見により科学者は、宇宙におけるわれわれの地位を見なおさざるをえなくなった。

われわれの太陽系に似た恒星系がほかに見つかるどころか、天文学者はまるで予想外のものに行き当たった。あらゆるサイズの惑星が、あらゆる距離で恒星のまわりを回っていたのだ。「宇宙には、私たちの太陽系のものとはまったく違う惑星があり、そのなかには、地球と海王星の中間の大きさをしたものもあれば、水星よりはるかに小さいものもあります」とシーガーは言う[*4]。「ですが、現在まだ、私たちの太陽系にそっくりのものは見つかっていません」。むしろ、天文学者にも十分説明できるような理論がない奇妙な結果ばかりだった。「見つけるほど、わからなくなります」。彼女は打ち明ける。「何もかもめちゃくちゃですよ」

こうした系外惑星で最もありふれたものさえ、われわれは説明に窮している。一番見つけやすい木星サイズの惑星の多くが、予想されるような円に近い軌道ではなく、極端な楕円軌道を描いているのだ。

木星サイズの惑星で円軌道を描くものも確かにあるが、どれも主星にとても近いので、われわれの太陽系にあったら、水星軌道の内側をめぐることになる。こうした巨大ガス惑星は「ホット・ジュピター」と呼ばれ、恒星風が絶えずその惑星の大気を宇宙空間へ吹き飛ばしている。だが天文学者はかつて、木星サイズの惑星は、主星から何十億キロメートルも離れた深宇宙で生まれると考えていた。もしそうなら、どうしてこれほど近づいたのか?

シーガーは、天文学者にもよくはわからないのだと認めている。ところが、一番確かそうな答えが彼らの度肝を抜いた。それはこんな説だ。あらゆる巨大ガス惑星は、外部恒星系で生まれる。そこにたくさんある氷のまわりに、水素ガスやヘリウムガスや塵が集まるのである。しかし、恒星系の円盤内に大量の塵が散らばっていることもある。巨大ガス惑星は、そうした塵のなかを動く際の摩擦によって次第にエネルギーを失い、主星へ向かう死のスパイラルにはまり込む可能性があるのだ。

この説明は、移動する惑星という、前代未聞の常識外れの考えをもたらした(そのような惑星は、主星に少しずつ近づく過程で、小さな地球型惑星の軌道を横切り、その惑星を宇宙へ投げ飛ばしてしまうかもしれない。すると、その小さな岩石惑星は浮遊惑星となり、どの恒星にも属さず宇宙を単独で漂うことになる。したがって、木星サイズの惑星が極端な楕円軌道や主星に近い軌道を回っていると、その恒星系に地球型惑星の存在は期待できない)。

今にして思えば、この意外な結果は予想されるべきだった。われわれの太陽系の惑星はきれいな円を描いて回っているから、天文学者は、太陽系を作り上げる塵と水素ガスとヘリウムガスのかたまりは均一に凝縮するものと自然に思い込んでいたのだ。いまやわれわれは、重力が塵やガスを無秩序に圧縮するので、惑星はむしろ、互いに交差したり衝突したりしうる、楕円軌道や不規則な軌道を回っている可能性が高いことを知っている。このことは重要だ。われわれの太陽系のように、惑星の軌道が円形となるような恒星系だけが、生命を生み出すかもしれないからである。

地球サイズの惑星

地球型惑星は小さいので、主星の光をかすかに減じるか、遠くの星の光をわずかに歪めるにすぎない。だが、探査機ケプラーと巨大望遠鏡の力を借りて、天文学者は「スーパー・アース」を見つけはじめている。スーパー・アースとは、地球に似て岩石質で、われわれの知る生命を養えるが、地球よりも五〇パーセントから一〇〇パーセント大きい惑星のことだ。その生まれ方はまだ説明できないが、二〇一六年から二〇一七年にかけて、こうした惑星についてセンセーショナルな発見が相次ぎ、大きなニュースになった。

ケンタウルス座プロキシマは、地球から見て太陽の次に近い恒星だ。実際には三重連星系の一部で、ケンタウルス座アルファAおよびBという、互いのまわりを回るもっと大きなふたつの恒星のまわりを回っている。天文学者は、地球より三〇パーセントだけ大きい惑星が、ケンタウルス座プロキシマのまわりを回っているのを見つけて驚いた。その惑星は、ケンタウルス座プロキシマbと名づけられている。

「これは系外惑星科学の常識を覆すものです」とワシントン大学（シアトル）の天文学者ローリー・バーンズは断じた。「これほど近ければ、今までに見つかったどの惑星よりも徹底的に調べるチャンスがあります」[*5]。現在開発されている次世代の大型望遠鏡、たとえばジェイムズ・ウェッブ宇宙望遠鏡なら、この惑星を初めて撮影できるかもしれない。シーガーはこう語る。「まったくもって驚きです。何年も探し求めていた惑星が、まさか自分たちから一番近い恒星のそばにあるとは、思いもよりませんでした」[*6]

ケンタウルス座プロキシマbの主星は暗い赤色矮星《わいせい》で、太陽より一二パーセント質量が大きいだけなので、この惑星が液体の水やひょっとしたら海までもてそうなハビタブルゾーン（生命居住可能領域）に入っているためには、主星の比較的近くになければならない。実際に調べてみると、この惑星の軌道半径は、太陽を周回する地球の軌道半径の五パーセントしかない。また、地球よりずっと速く主星のまわりを回っていて、一一・二日でまる一周する。ケンタウルス座プロキシマbにわれわれの知る生命に適した条件が存在するかどうかについては、真剣に考察がなされている。ひとつの大きな懸念は、この惑星が浴びていそうな恒星風で、それは地球に吹きつける強さの二〇〇〇倍にもなりうる。この爆風から惑星を守るには、ケンタウルス座プロキシマ

ｂに強力な磁場がなければならないが、現時点では、その有無を判断できるだけの情報がない。

　ケンタウルス座プロキシマｂはまた、潮汐ロックの状態となり、われわれの月と同じように、片側がつねに恒星のほうを向いているかもしれない。恒星の側はずっと熱く、反対側はずっと冷たい。そうなると、液体の水の海は、このふたつの半球の境目にあたる、適度な温度の細い帯にしか存在しないだろう。ただし、十分に濃い大気があれば、風が温度を均等化するので、液体の海は表面全体にたっぷり存在できる。

　次の段階では、大気の組成を調べ、水や酸素が含まれているかどうかを明らかにすることになろう。ケンタウルス座プロキシマｂはドップラー法で検出されたが、大気の化学組成の評価にはトランジット法が最適だ。系外惑星が主星の前をちょうど横切ると、主星の光のごくわずかが惑星の大気を通り抜ける。大気中の物質の分子は、主星の光のうち、物質によって決まった波長を吸収するので、それで分子の正体がわかる。しかし、これがうまくいくためには、系外惑星の軌道が主星とぴったり重なる必要があり、ケンタウルス座プロキシマｂの軌道がそうなる確率は一・五パーセントしかない。

　地球型惑星に水蒸気の分子が見つかれば、世紀の大発見となるにちがいない。シーガーはこう説明している。「小さな岩石惑星に水蒸気が存在しうるのは、その地表に液体の水も存在するときだけです。だから、岩石惑星に水蒸気が見つかれば、液体の海もあると考えられるのです」

ひとつの恒星を七つの地球サイズの惑星がめぐる

二〇一七年、またもや空前の発見があった。天文学者が、惑星進化のどの理論にも反する恒星系を見つけたのだ。その恒星系では、地球サイズの惑星が七つ、トラピスト1と呼ばれる主星のまわりを回っていた。このうち三つの惑星はゴルディロックスゾーン内にあり、海が存在する可能性もある。「この惑星系がすごいのは、惑星がたくさんあるだけでなく、それがすべて地球に近いサイズだからです」[*7]と語るのは、この発見をなし遂げたベルギーの研究チームのリーダー、ミカエル・ジロンだ（「トラピスト［ＴＲＡＰＰＩＳＴ］」という名前は、彼らが使った望遠鏡の略称だが、ベルギーの有名なビールのことでもある）。

トラピスト1は、地球からわずか三八光年の距離にある赤色矮星で、質量は太陽の八パーセントしかない。ケンタウルス座プロキシマと同じく、ハビタブルゾーンをもっている。われわれの太陽系へもってきたら、七つの惑星の軌道がすべて、水星の軌道の内側に収まってしまう。どの惑星も三週間とかからずに主星のまわりを公転し、最も内側の惑星は三六時間でまる一周する。とてもコンパクトな恒星系なので、惑星が互いに重力を及ぼし合って、理論上、本来の配置を乱して衝突する可能性がある。惑星同士が猛スピードでぶつかるのかと単純に思ってしまうかもしれないが、幸いにして二〇一七年の分析から、七つの惑星は共鳴状態、つまり、軌道が互いに安定して衝突が起こらない状態にあることがわかった。どうやらこの恒星系は安定しているようだ。しかしケンタウルス座プロキシマｂと同様、天文学者は今、恒星フレアや潮汐ロックの影響があるかどうかを調べている。

『スター・トレック』では、エンタープライズ号が地球に似た惑星に遭遇しそうになると、スポックが「Ｍクラス惑星」に接近中であると告げる。実は、天文学にそんな用語はない——今のところは。いまや、種々の地球型惑星も含め、さまざまなタイプの惑星が何千も現れているからには、新たな用語が導入されるのも時間の問題にすぎないだろう。

地球の双子？

地球の双子のような惑星が宇宙にあるとしても、それは今のところ、われわれの目をすり抜けている。それでも、これまでに五〇個ほどスーパー・アースが見つかっている。二〇一五年に探査機ケプラーによって発見され、地球からおよそ一四〇〇光年の距離にあるケプラー４５２ｂは、とくに興味深い。われわれの惑星より五〇パーセント大きいため、その星では、あなたは地球上にいるより重くなる。だがそれを除けば、そこでの暮らしは地球上とさほど違わないだろう。赤色矮星のまわりを回る系外惑星と異なり、ケプラー４５２ｂは、太陽より三・七パーセントだけ大きい恒星のまわりを回っている。公転周期は、地球の日数にして三八五日。平衡温度〔外からの熱の吸収と中からの放射が平衡状態に達したときの温度〕はマイナス八度ほどで、地球よりわずかに温かい。そしてハビタブルゾーンの内側にある。地球外知的生命を探している天文学者は、その惑星に存在するかもしれない文明からメッセージを受け取ろうと電波望遠鏡を向けたが、まだ何も検出されていない。あいにく、ケプラー４５２ｂはとても遠いので、大気の組成について十分な情報は、次世代の望遠鏡でも得

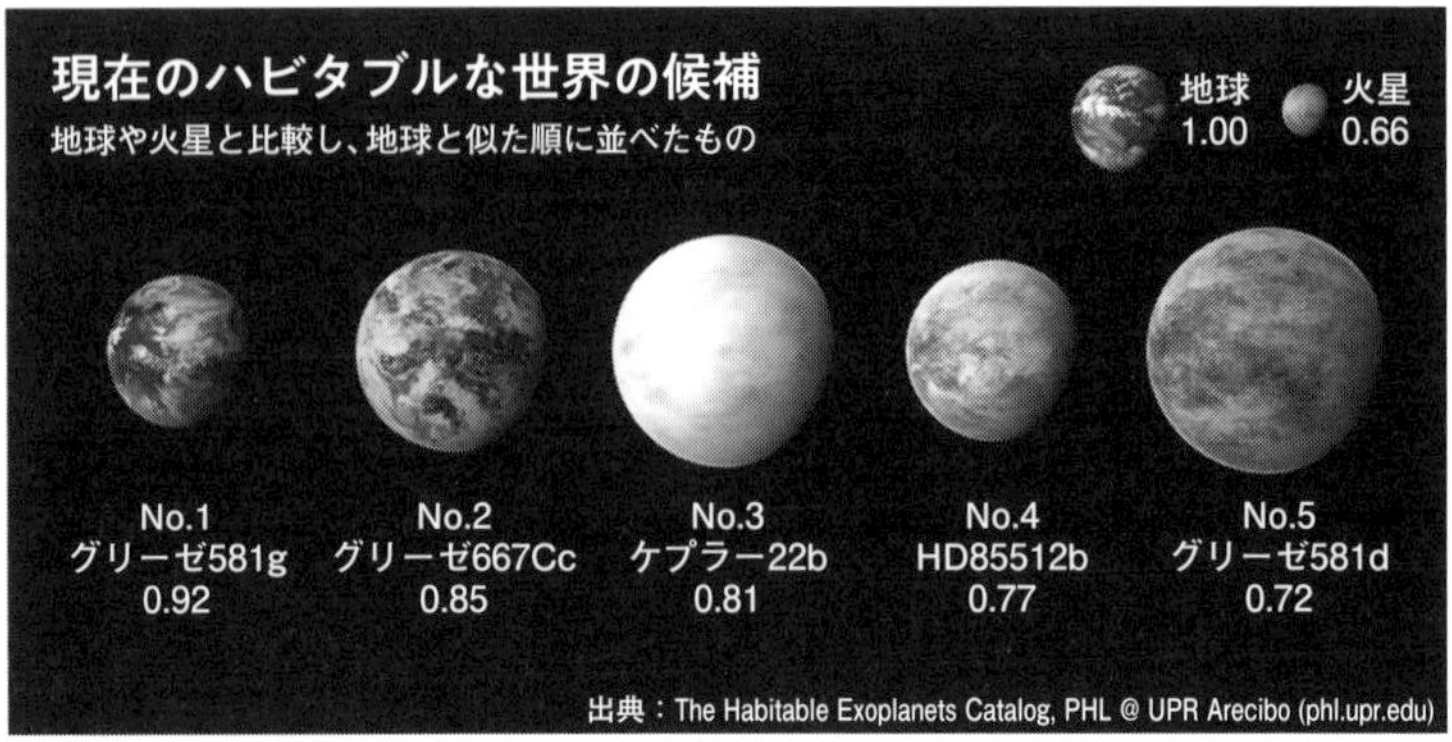

ほかの恒星の惑星として発見されたスーパー・アースと地球のサイズを比べた図（数字は地球類似性指標）。

られないだろう。

地球から六〇〇光年離れ、地球より二・四倍大きいケプラー２２ｂも調べられている。その軌道は、地球より一五パーセント小さい――二九〇日である一周する――が、主星であるケプラー２２の光度は、太陽より二五パーセント暗い。このふたつの効果が打ち消し合うため、ケプラー２２ｂの表面温度は地球のものと同程度と考えられる。この惑星もハビタブルゾーンのなかにある。

一方、ＫＯＩ７７１１という系外惑星は、二〇一七年の時点で最も地球に近い特徴をもつことから、最大の関心を集めている。それは地球より三〇パーセント大きく、主星はわれわれの太陽と非常によく似ている。恒星フレアで丸焦げになる危険もない。一年の長さは、地球の一年とほぼ同じだ。主星のハビタブルゾーンのなかにあるが、大気に水蒸気が含まれているかどうかは、われわれの技術ではまだ調べられない。あらゆる条件が、なんらかの生命が棲むのに適しているように見える。しかし、地球から一七〇〇光年という距離は、ここまで挙げた三つの系外惑星のなかで一番遠い。

こうした惑星を山ほど分析して、天文学者はそれらがたいてい二種類に分けられることに気づいた。ひとつはここまで論じてきたスーパー・アース（前ページの図の惑星など）で、もうひとつは「ミニ・ネプチューン」だ。後者は地球の二〜四倍ほどの大きさをしたガス惑星で、われわれの近くにあるどの惑星とも似ていない。われわれの海王星《ネプチューン》は、地球の四倍の大きさだ。小型の惑星が見つかると、天文学者は今挙げたどちらのタイプに属するかを明らかにしようとする。これは、生物学者が新しい動物を、哺乳類か爬虫類に分類しようとするのに近い。ただ、ひとつ謎がある。このふたつのタイプは、宇宙のどこでもよく見られるようなのに、われわれの太陽系に存在しないのはなぜなのか？

浮遊惑星

浮遊惑星は、これまで見つかっているなかでも最高に奇妙な天体の部類に入る。特定の恒星のまわりを回らずに、銀河をさまよっているのだ。きっとどこかの恒星系で生まれたものの、木星サイズの惑星に近づきすぎて、深宇宙へ投げ出されてしまったのだろう。すでに述べたとおり、木星サイズの惑星は、えてして楕円軌道を描いたり、主星へ向かう死のスパイラルにはまり込んだりする。その軌道は小さな惑星と交わりやすく、そのため浮遊惑星は通常の惑星よりたくさんあるのかもしれない。そればかりか、いくつかのコンピュータ・モデルによると、われわれの太陽系も数十億年前に浮遊惑星を一〇個ほどはじき出した可能性がある。

浮遊惑星は光源がそばになく、それ自体で光を発しないため、当初は見つかる見込みがないように思われた。ところが天文学者は、重力レンズの手法でいくつか検出に成功している。このためには、背後の恒星と浮遊惑星と地球の検出器が、きわめて正確に、ごくまれに並ぶ必要がある。だから、わずかな浮遊惑星を検出するのに、何百万個もの恒星を調べなければならない。幸い、このプロセスは自動化できるので、天文学者でなくコンピュータが探索をおこなっている。

これまでに二〇個の浮遊惑星の候補が見つかっており、そのうちのひとつは、地球からわずか七光年の距離にある。ところが最近、日本の天文学者たちが五〇〇〇万個の恒星を調べて浮遊惑星の候補と言いうるものをさらに見つけ、その数は最大で四七〇個に達した。彼らは、天の川銀河の恒星一個につき二個の浮遊惑星が存在しうると見積もっている。さらに、浮遊惑星が通常の惑星の一〇万倍もある可能性を推測する天文学者もいる。

浮遊惑星に、われわれが知る生命は存在できるのだろうか？　それは場合によりけりだ。なかには、木星や土星のように、氷に覆われた衛星をたくさんもつものもあるかもしれない。そうであれば、潮汐力で衛星の氷が解けて海になり、そこに生命が生じる可能性はある。だが、恒星の光と潮汐力のほかに、浮遊惑星に生命を生み出せる第三のエネルギー源がある。それは放射能だ。

科学史におけるある逸話が、このことを説明するのに役立つかもしれない。一九世紀の後半、物理学者のケルヴィン卿が、簡単な計算をもとに、地球は生まれて何百万年かで冷えてしまい、カチカチに凍って生命が棲めなくなっているはずであることを明らかにした。この計算結果は、地球の年齢を数十億年と主張する生物学者や地質学者との論争を引き起こした。その後、キュリー夫人らが放射能を発見すると、物理学者の側が間違っていることがわかった。地球のコアには、ウランなどの長寿命の放射性元素による核エネルギーがあり、それが数十億年のあいだ、地球のコアを高温に保っているのだ。

天文学者は、浮遊惑星にも放射性のコアがあって惑星を比較的温かく保っている場合もあると推測している。すると、放射性のコアが海底の温泉や火口に熱を供給し、そこで生命の化学物質が生じる可能性もある。つまり、一部の天文学者が考えるほど浮遊惑星がたくさんあるとしたら、銀河で生命が見つかる見込みが最も大きい場所は、恒星のハビタブルゾーンのなかではなく、浮遊惑星やその衛星かもしれないのだ。

型破りの惑星

天文学者は、まったく驚くべき惑星も山ほど調べており、なかにはどのタイプにも当てはまらないものがある。

映画『スター・ウォーズ』の惑星タトゥイーンは、ふたつの恒星のまわりを回っている。このアイデアを鼻で笑う科学者もいる。そんな惑星は不安定な軌道を描き、どちらかの恒星に落ち込みそうだからだ。ところが、ケンタウルス座連星系のように、三つの恒星をめぐる惑星の存在も報告されている。二組の連星が互いのまわりを回る四重連星系さえ見つかっている。

ダイヤモンドでできていそうな惑星も見つかっている。それはかに座55番星eと呼ばれ、サイズは地球の二倍ほどだが、質量はおよそ八倍ある。二〇一六年、ハッブル宇宙望遠鏡が、その大気の分析に成功した――岩石質の系外惑星では初めてのことだ。水素とヘリウムが検出されたが、水蒸気はなかった。のちに、惑星本体は炭素が豊富で、全質量のおよそ三分の一を占めるかもしれないことがわかった。それは灼熱の惑星でもあり、絶対温度で五四〇〇度にもなる。ある仮説では、コアの温度と圧力が極端に高くてダイヤモンドの惑星ができている可能性も推測されている。だが、そんなきらめく鉱床が本当にあったとしても、地球から四〇光年離れているので、今のわれわれの能力では採掘できない。

水や氷に覆われていそうな世界も見つかっている。これは必ずしも予想外ではない。われわれの惑星も、はるか昔には氷に覆われていたと考えられている――スノーボール・アース（全球凍結）だ。氷河期が終わって地球が水浸しになった時代もある。水に覆われた系外惑星の候補として知られる六つのうちの筆頭であるＧＪ１２１４ｂは、二〇〇九年に発見された。地球から四二光年の距離にあり、大きさは地球の六倍。ハビタブルゾーンの外にあり、主星からの距離は、太陽から地球までの七〇分の一しかない。温度は摂氏二八〇度にまでなるかもしれないので、われわれの知る生命はきっと存在できないだろう。ところが、その惑星が主星の前を通過するときに惑星大気で散乱された光を、さまざまなフィルターを使って分析したところ、大量の水の存在が確認された。惑星の温度と気圧の関係から、水はおなじみの液体ではない可能性がある。ＧＪ１２１４ｂは、水蒸気の惑星かもしれないのだ。

恒星についても驚くべき発見があった。かつて、われわれの黄色い恒星は宇宙によくあるタイプと考えられていたが、今日の天文学者は、われわれの太陽に比べてわずかな光しか発しないため、たいてい肉眼では見えない、暗い赤色矮星が最もありふれた恒星だと考えている。天の川銀河の恒星の八五パーセントが赤色矮星だという推定もある。小さな恒星ほど、水素の燃料をゆっくり燃やすので、長く輝ける。赤色矮星の寿命は数兆年にもなり、われわれの太陽の寿命である一〇〇億年よりはるかに長い。ケンタウルス座プロキシマbもトラピスト星系も主星が赤色矮星なのは、その数が多いからで、意外なことではないかもしれない。すると、そうした恒星をとりまく領域は、地球に似た惑星をもっと探すのにきわめて有望な場所とも考えられる。

銀河系の統計調査

探査機ケプラーは天の川銀河にある惑星を十分多く調べたので、おおまかな統計調査ができる。そのデータが示すのは、一般に、空に見えるどの恒星にも、周回するなんらかの惑星があるということだ。恒星の約二〇パーセントは、われわれの太陽のように、地球型惑星——つまり、地球に近いサイズで、ハビタブルゾーンにある惑星——をもつ。天の川銀河にはおよそ一〇〇〇億個の恒星があるから、地球型惑星はほぼ二〇〇億個あることになる。実を言うと、これは控えめな推計だ。実際の数は、はるかに多いと考えられる。

残念なことに、探査機ケプラーは、宇宙に対するわれわれの考えを変える情報を山ほど送ってきたあと、調子がおかしくなりだした。二〇一三年にはジャイロスコープのひとつが故障し、惑星を自動追尾できなくなってしまった〔二〇一八年一〇月に燃料枯渇により運用を終了している〕。だが、さらなるミッションも予定されており、どれも系外惑星に対するわれわれの理解を高めてくれるだろう。二〇一八年には、トランジット系外惑星探索衛星（ＴＥＳＳ）が打ち上げられた。ケプラーと違い、ＴＥＳＳは全天をスキャンする。二年間に二〇万個の恒星を調査し、ケプラーが調べたものより三〇～一〇〇倍明るい恒星に的を絞る予定だ。そのなかには、銀河系のわれわれの領域にある地球型惑星やスーパー・アースの候補もすべて含まれ、天文学者はその数をおよそ五〇〇個と見積もっている。さらに、ハッブル宇宙望遠鏡の後継となるジェイムズ・ウェッブ宇宙望遠鏡もほどなく稼働を始め、こうした系外惑星の一部を実際に撮影できるはずだ。

地球型惑星は、未来のスターシップが第一に目指す場所となるだろう。それを詳細に調べだしている今、次のふたつのことを考慮する必要がある。ひとつは、宇宙での生活とそのための生物学的要件で、もうひとつは、宇宙での生命との遭遇だ。そこでまず、地球上でのわれわれの生き方を見て、新たな課題に対処すべく、それをどう高められるかを考えなければならない。寿命を延ばしたり、生理機能を調整したり、さらには遺伝子を改変したりして、われわれ自身を変える必要があるかもしれない。また、微生物から高度な文明まで、新たな惑星で何かを見つける可能性にも対処する必要がある。宇宙にはだれがいて、そうした存在に出会うことは、われわれにとってどんな意味があるのだろうか？

第Ⅲ部 宇宙の生命

第10章　不死

銀河を横切るのにどれだけ長い年月がかかろうと、不死の存在にとっては気にならない。

――サー・マーティン・リース（イギリス王室天文学者）

映画『アデライン、100年目の恋』で、一九〇八年生まれの主人公アデラインは、吹雪の晩に凍死する。幸い、彼女は突然の稲妻に打たれて息を吹き返す。この奇妙な出来事はアデラインのDNAを変化させ、どういうわけか彼女は歳をとらなくなる。

そのため、友人や恋人が老いていくのに、アデラインは若いままだ。当然ながら、疑惑や噂が広がりだし、彼女は町を離れざるをえなくなる。永遠の若さを喜ぶどころか、アデラインは世間とかかわらず、ろくに人と話さなくなる。彼女にとって不死は、恩寵ではなく呪いだったのだ。

やがて、ついに彼女は事故で車に轢《ひ》かれて死ぬ。だが救急治療の除細動器による電気ショックで生き返ると、稲妻が遺伝子に及ぼした影響も覆され、彼女は老いるようになる。初めて白髪を見つけたとき、彼女は不死身でなくなったために泣くどころか、歓喜する。

アデラインは結局、不死の保証を拒絶するが、科学はむしろその逆へ向かっており、老化の解明に向けて大きく歩を進めている。深宇宙を知ろうとする科学者がこの研究に強い興味をもっているのは、恒星間の距離がとても長いので、船が旅を終えるのに何世紀もかかる可能性があるからだ。そのため、スターシップを建造し、生きて星々へ旅をして、遠くの惑星に住みつくまでには、人生何回ぶんかが必要かもしれない。それほど長い旅を乗り切るには、世代交代しながら旅をする世代間宇宙船を作るか、宇宙飛行士や開拓者を仮死状態にするか、彼らの寿命を延ばすかしないといけない。

では、人類が星々へ行けるかもしれないこうした方法を、ひとつずつ探っていこう。

世代間宇宙船

地球にそっくりの惑星が、宇宙に見つかったとしよう。そこには、酸素と窒素を主成分とする大気、液体の水、岩石質のコアがあり、サイズは地球とほぼ等しい。人類の移住先として理想的な候補のようだ。ところがこの惑星は、地球から一〇〇光年離れている。つまり、核融合や反物質で推進するスターシップでも、そこへ行くのに二〇〇年かかるのだ。

一世代がおよそ二〇年だとしたら、これは、一〇世代の人間がスターシップで生まれ、それ以外の故郷を知らずに生きることを意味する。

気が遠くなるような話かもしれないが、中世の偉大な建築家が、死ぬまでに自分の作品の完成を見られないと知りつつ大聖堂を設計していたのを思い出してほしい。聖堂の完成を祝うのは孫たちかもしれないと彼らにはわかっていた。

あるいは、人類が新たな住みかを求めて七万五〇〇〇年ほど前にアフリカを出たとき、彼らはその旅を終えるのに何世代もかかりそうなことに気づいていたはずだ。

だから、何世代にもわたって旅をするという考えは、ことさら新しいものではない。

とはいえ、スターシップで旅する場合に対処すべき問題はある。第一に、人口はきわめて慎重に決める必要があり、次世代を生み育てられる人口を維持するには、スターシップ一隻につき最低二〇〇人は要る。そして人口を比較的一定に保ち、物資を枯渇させないように、人数を監視しないといけない。人口がほんのわずか増減しても、一〇世代先にはずれが拡大し、破滅的な人口過剰や人口不足に至り、ミッション全体をおびやかす可能性もあるのだ。そこで、さまざまな手法――クローニング（クローンの作製）、人工授精、試験管ベビーなど――が、人口の長期的な安定のために必要となるかもしれない。

第二に、資源も注意深く監視しなければならないだろう。食料やゴミはつねに再利用すべきだ。捨てていいものなどない。

退屈をどうしのぐかという問題もある。たとえば、小さな島に住む人はよく「アイランド・フィーバー」という症状を訴える。これは強い感情を伴う閉所恐怖症で、島を出て新たな世界を見て回りたいという激しい欲求に駆られる。ひとつ考えられる解決策は、バーチャル・リアリティ（仮想現実）を使って、高度なコンピュータ・シミュレーションをもとに空想世界を生み出すことだろう。また、目標や競争、課題、仕事を作って、人々の暮らしに方向性や目的をもたせる手もある。

さらに、資源や職務の割り当てなど、さまざまな決定を船内で下さなければならない。民主的な決定でできた組織によって、船内の日々の活動を監督する必要があるだろう。ただしこれでは、将来の世代が本来のミッションを遂行したくなくなったり、カリスマ的な扇動家が主導権を握って台無しにしたりする可能性も残る。

だが、こうした問題の多くをなくせる方法がひとつある。仮死状態にする手段に頼るのだ。

現代科学と仮死状態

映画『2001年宇宙の旅』で宇宙飛行士たちは、巨大な宇宙船で木星へはるばる旅をするあいだ、ポッドで冷凍冬眠に入っている。身体機能は停止しているので、世代間宇宙船に付きものの難題とは無縁だ。乗客は冷凍されているため、ミッションの設計者は、物資が大量に消費される問題や人口を一定に保つ手段について案じる必要がない。

しかし、これは本当に可能なのだろうか?

冬に北国で暮らしたことがある人なら、氷に閉じ込められてカチカチに凍った魚やカエルが、春になり氷が解けると、何事もなかったかのように現れるのを知っている。

われわれはふつう、こうした動物は凍る過程で死ぬものだと考える。血液の温度を下げると、細胞の内外に氷の結晶ができて大きくなり、やがて内側から細胞膜を破裂させたり、外側から細胞を押しつぶしたりするおそれもある。母なる自然は、この問題を単純な手段で解決する。不凍液だ。冬のあいだ、水の凝固点を下げるために、車のラジエーターによく不凍液を入れる。これと同じように、自然界はブドウ糖を不凍液の役目を果たすものとして用い、血液の凝固点を下げている。つまり、動物が氷のかたまりに閉じ込められて凍っていても、血管のなかの血液はまだ液体で、基本的な身体機能を保てるのだ。

人間の場合、体内でブドウ糖がこれほど高濃度になるのは危険で、死んでしまうおそれがある。そこで科学者は、別の化学物質の不凍液で、ガラス化というプロセスを試している。これは、複数の化学物質を混ぜて凝固点を下げ、氷の結晶ができないようにする手法だ。興味深いように思えるが、結果は今のところ芳しくない。ガラス化には、往々にして有害な副作用がある。実験で使われる化学物質の多くは有毒で、なかには致死性のものもあるのだ。現在のところ、冷凍されたあとに解凍され、生きてその体験を語った人はいない。したがって、きちんと仮死状態を実現できるのは、まだだいぶ先の話だ（それでも起業家は、死を免れる手段として早くもこれを宣伝している。彼らが言うには、不治の病を患っている人は、高い料金を払えば自分の体を冷凍してもらい、数十年後、その病気が治せるようになってから蘇生してもらうことができるのだという。だが、この手法がうまくいくと実験で証明されたことは一度もない）。科学者は、いずれこうした技術的な問題は解決できると期待している。

したがって理論上、仮死状態は、長旅にかかわる問題の多くを解決するのに最適な手段なのかもしれない。今は現実的な選択肢ではないが、将来は恒星間のミッションを生き抜く重要な手段となる可能性がある。

しかし、仮死状態にはひとつ問題がある。小天体の衝突のような予期せぬ緊急事態が起きたら、人間が損傷を修復しなければならないこともあろう。ロボットが起動して一次修理はするかもしれないが、事態が深刻なら、人間の経験と判断が必要になる。すると、技術者の一部を蘇生せざるをえない場合もあるわけだが、蘇生に時間がかかりすぎ、人間の介入がすぐに求められるときには、この最終手段では命取りになるだろう。これが、仮死状態を利用した恒星間旅行の弱点なのである。技術者の小集団が世代交代しながら冬眠せずに起きていて、旅のあいだずっと待機していないといけなくなる。

クローンを送り込む

銀河系に住みかを広げる別の案として、われわれのDNAを収めた胚《はい》を宇宙へ送り、いつか遠くの地で蘇生されることを目論むというものもある[*1]。あるいは、DNAコードそのものを送っても、いずれ新たな人類を生み出すのに使える（これは映画『マン・オブ・スティール』に出てきた方法だ。スーパーマンの故郷の惑星クリプトンが爆発するが、高度な文明をもっていたクリプトン人は、惑星が吹き飛ぶ前に、全住民のDNA配列を解析していた。この情報を地球のような惑星に送れば、DNA配列をもとにクリプトン人のクローンが作れると考えたのだ。唯一の問題は、そのために地球が乗っ取られ、不運にも邪魔になった人類が駆逐されてしまうということだった）。

クローニングという方法には利点がある。巨大な宇宙船に、地球に似た大規模で人工的な環境と、生命維持システムを用意する代わりに、この方法ならDNAを移送するだけで済む。ヒト胚の大きな貯蔵タンクであっても、標準的なロケットにやすやすと収まる。当然かもしれないが、SF作家ははるか昔にそういうことがあったと想像している。人類以前の種族が、銀河系のわれわれのエリアにDNAをばらまき、それによって人類が誕生したというのである。

だが、この案にはいくつか難点がある。現時点で、人間のクローンは作られていない。それどころか、霊長類のクローンもできてはいない。テクノロジーはまだヒトのクローンを作れるほど進歩していないが、将来はそれがなし遂げられる可能性がある。そうなれば、クローンを作ったりその世話をしたりするロボットができるかもしれない。

さらに重要なのは、ヒトのクローンを作って、われわれとそっくり同じ遺伝子をもつ生物が生まれても、それはもとのヒトの記憶や人格をもっていないということだ。白紙の状態なのである。現時点では、このようにして個人の記憶や人格のすべてを送ることは、われわれの能力ではとうていできない。かりに可能だとしても、やはりそのテクノロジーを生み出すには数十年から数世紀かかるはずなのだ。

しかし、冷凍したりクローンを作ったりする以外に、星々へ旅することのできる手だてがもうひとつあるかもしれない。それは、老化のプロセスを遅らせるか、さらには止めてしまうことだ。

不死を求めて

永遠の命を求めることは、人類の文学にとりわけ昔からあるテーマのひとつだ。古くは、五〇〇〇年近く前に書かれた『ギルガメシュ叙事詩』(矢島文夫訳、筑摩書房など)にまでさかのぼる。

この叙事詩には、古代シュメールの勇士の壮大な冒険が語られている。旅の途上で、彼ははらはらする出来事や人との出会いをたくさん経験し、大洪水を目の当たりにしたという、聖書のノアに似た人物にも会う。その長い旅の目的は、不死の秘密を探り出すことだった。また聖書では、神の言いつけを守らずに知恵の実を食べたアダムとイヴが、エデンの園から追放された。ふたりがその知恵を使って不死になるかもしれないので、神が腹を立てたのだ〔知恵の実を食べると死ぬ運命となるが、同じ楽園にあった生命の木の実まで食べると神と同じ不死になる〕。

人類は長いあいだ、不死に執着してきた。人類史の大半で、赤ん坊は出生時に死に、運よく生き延びても、たいてい飢えと隣り合わせの生活だった。人々がよく生ゴミを窓から投げ捨てるので、伝染病がたちまち広がった。われわれの知るような衛生設備はなかったため、田舎も都会も悪臭にまみれていた。病院があっても、そこは貧乏人が死ぬ場所だった。金持ちは個人で医者を雇う余裕があったので、病院は極貧の患者を収容する人間倉庫だったのである。しかし金持ちも病気で死ぬし、個人で雇う医者といっても、やぶ医者と大差なかった（米国中西部のある医師が、日々の往診を日記につけていた。彼は、自分の黒いかばんに入っている道具で、実際に役に立つものはふたつしかなく、それ以外はいんちきだと告白している。実際に役に立つものとは、怪我や病気で傷んだ手足を切り落とすための弓鋸《ゆみのこ》と、切断時の苦痛を和らげるためのモルヒネだった）。

一九〇〇年、米国の公式な平均寿命は四九歳だった。だが、ふたつの革命がそれを数十年延ばした。ひとつは衛生状態の改善であり、清浄な水の供給とゴミの回収により、ひどい疫病のいくつかが駆逐され、平均寿命がおよそ一五年延びた。

次の革命は、医療で起きた。多くの人が知っているように、われわれの祖先は、かつてさまざまな病気（結核、天然痘、はしか、ポリオ、百日咳など）で死ぬ恐怖に怯えながら生きていた。第二次大戦後、こうした病気は抗生物質とワクチンによっておおかた征圧され、平均寿命がまた一〇年延びた。そしてこのころ、病院の評判が大きく変わった。病気に真の治療が施される場所になったのだ。

それでは、現代科学はいまや老化の秘密を解き明かし、進行を遅らせたり時計を止めたりして、平均寿命をほぼ無限に延ばせるのだろうか？

これは太古から探求されているテーマだが、新しいのは、いまや世界有数の富豪の注目を集めていることだ。じっさい、おおぜいのシリコンバレーの起業家が、老化に打ち勝つべく何百万ドルも投じている。彼らは世界をネットでつなぐだけでは飽き足らず、次なる目標を、永遠に生きることとしている。グーグルの創業者のひとり、セルゲイ・ブリンが望んでいるのは、まさに「死を治す」ことだ。ブリンが率いる生命科学ベンチャーのカリコ社は、最終的に数十億ドルをつぎ込む予定で、製薬会社のアッヴィと提携してこの課題に取り組んでいる。オラクルの創業者に名を連ねるラリー・エリソンは、死すべき定めを受け入れることは「理解できない」と考えている。ペイパルを設立したひとり、ピーター・ティールは、控えめに一二〇歳まで生きたいと言うが、ロシアのインターネット長者ドミトリー・イツコフは、一万歳まで生きたがっている。ブリンのような人々と技術革新の助けを借りれば、われわれはいずれ現代科学の総力を挙げてこの長年の謎を解き、寿命を延ばすことができるかもしれない。

近年、科学者たちは、老化にかんするとりわけ深い謎をいくつか解明した。何世紀も出だしでつまずいていたが、いまや信頼の置ける検証可能な理論がいくつかあり、見込みがありそうに思える。たとえば、カロリー制限、テロメラーゼ、老化遺伝子がかかわる理論だ。

これらのうち、動物の寿命を延ばし、ときには二倍にまでできると証明されている方法がひとつだけある。それがカロリー制限で、動物が食餌《しょくじ》で摂取するカロリーを極端に制限する方法だ。平均して、カロリーの摂取量を三〇パーセント減らした動物は、三〇パーセント長生きする。これは、酵母菌、線虫、昆虫、マウスやラット、イヌ、ネコ、そしていまや霊長類で十分実証されている。さらに言えば、今までにテストされたすべての動物の寿命を変えるものとして、科学者が広く認めている方法は、これだけなのだ（まだテストされていない唯一の重要な動物はヒトである）。

考えられる理屈は、次のようなものだ。野生の動物は、おのずと飢餓に近い状態で生きている。こうした動物は限られた資源をもとに、食料が豊富な時期に繁殖し、食料が乏しい時期には冬眠に近い状態に入って資源を節約し、飢えをしのぐ。動物に与える食料を減らすと、後者の冬眠に近い状態になる生物学的反応が誘発されて長生きになるのである。

ただし、カロリー制限にはひとつ問題がある。動物が無気力で不活発になり、生殖行為への興味を失うのだ。またほとんどの人間は、摂取カロリーを三〇パーセント減らすとなると嫌がる。そこで製薬業界は、このプロセスを制御でき、ひどい副作用なしにカロリー制限の力を利用できる化学物質を見つけようとしている。

近年、レスベラトロールという有望な化学物質が取り出された。赤ワインから見つかったレスベラトロールは、サーチュイン分子の活性化を助けている。この分子は、老化の主な現象である酸化のプロセスを遅らせることがわかっており、そのため加齢に伴う分子の損傷から体を守るのに役立つ可能性がある。

かつて、こうした化学物質と老化のプロセスとの結びつきをいち早く示したひとり、MITの研究者レナード・P・ガレンテにインタビューしたことがある。彼は、若さの泉とばかりにそれに飛びつくフード・ファディスト〔食物が健康に与える影響を過大に信じてしまう人〕の多さに驚いていた。ガレンテ自身は、そこまでの効果には疑念を抱いていたが、老化の真の治療法が見つかるとしたら、レスベラトロールなどの化学物質がなんらかの役割を果たすかもしれないという可能性は否定しなかった。彼はその可能性を探るべく、エリシウム・ヘルスという会社を共同で興しまでしている。

老化の原因につながるもうひとつの手がかりは、テロメラーゼだろう。これは、われわれの生体時計の調節にひと役買っている。細胞が分裂するたびに、テロメアという染色体末端が少し短くなる。やがて、五〇〜六〇回ほど分裂を繰り返すと、テロメアは短くなりすぎて消え、染色体が壊れだす。すると細胞は老齢の状態に入り、正常に機能しなくなる。このように、細胞が分裂できる回数には限界があり、これをヘイフリック限界という（以前、その発見者であるレナード・ヘイフリック博士にインタビューしたことがある。ヘイフリック限界をどうにかしてなくし、死の治療法を手に入れることはできるのかと私が訊くと、彼は声を上げて笑った。きわめて懐疑的なようだった。彼には、この生物学的な限界が老化のプロセスの根本にあることはわかっていたが、その影響についてはまだ研究中である。また老化はさまざまな経路がかかわる複雑な生物学的プロセスなので、われわれが人間を対象としてその限界を変えられるようになるのはずっと先のことなのだ)。

ノーベル賞受賞者のエリザベス・ブラックバーンはもっと楽観的で、こう言っている。「遺伝現象を含むどの徴候も、[テロメアと] 老化とともに起こる不愉快なこととのあいだに、なんらかの因果関係があることを示しています[*2]」。彼女は、テロメアの短縮とある種の病気とのあいだに直接的なつながりがあることを指摘している。たとえば、あなたのテロメアが短かったら——長さの点で人口の下から三分の一に相当していたら——あなたが心疾患にかかるリスクは四〇パーセント高くなる。「テロメアの短縮は、その人の命を奪う病気のリスクをもたらすように見えます。……心臓病、糖尿病、がん、さらにはアルツハイマー病まで」とブラックバーンは結んでいる。

近年科学者は、ブラックバーンらが発見した、テロメアの短縮を防ぐテロメラーゼという酵素で実験をおこなっている。それはある意味で「時計を止める」ことができる。テロメラーゼに浸した皮膚細胞は、ヘイフリック限界をはるかに超えていくらでも分裂できるのだ。私はかつて、ジェロン社にいたマイケル・D・ウエスト博士にインタビューしたが、彼はテロメラーゼで実験をしており、皮膚細胞を実験で「不死化」させ、無限に生きられるようにすることができると主張している(これによって「不死化」という新たな言葉ができた)。彼の研究室にある皮膚細胞は、五〇〜六〇回どころか、何百回も分裂できる。

ただし、テロメラーゼは細心の注意を払って調整する必要があることを指摘しておこう。がん細胞も不死で、テロメラーゼを使ってその不死性を獲得するからだ。それどころか、がん細胞が通常の細胞と異なる点のひとつは、永遠に生きて際限なく増殖し、最終的にあなたを殺しうる腫瘍を作り出すことにある。したがって、がんはテロメラーゼを使うときの好ましからざる副産物となるかもしれないのだ。

老化の遺伝的要因

老化に打ち勝つ手段としてもうひとつ考えられるのは、遺伝子操作である。

老化が遺伝子の影響を大きく受けることは、見るからに明らかだ。チョウは蛹《さなぎ》から出ると、数日から数週間しか生きられない。実験で使われるマウスは、たいてい二年ほどしか生きない。イヌは人間のおよそ七倍速く歳をとり、十数年で死んでしまう。

動物界を眺めると、長生きすぎて寿命を計るのが難しい動物も見つかる。二〇一六年には、『サイエンス』誌で研究者らが、ニシオンデンザメの平均寿命が二七二年で、ホッキョククジラの二〇〇年を超えて、最も長寿の脊椎動物になることを報告した。このサメの年齢を算出した方法は、目の組織の、時とともに一層ずつタマネギの皮のように成長する層を分析するというものだった。報告した研究者らは、三九二歳のサメや、五一二歳と考えられるサメまで発見している。

このように、種が違うと遺伝子構成も違い、寿命に大きな差が出るが、ほぼ同じ遺伝子をもつ人間のなかでも、双子や近親者の寿命は近く、無作為に選ばれた人同士ではるかに大きな差があることが、研究で一貫して示されている。

老化が少なくとも一部は遺伝子の影響を受けているとしたら、老化を制御する遺伝子を特定することが重要となる。それにはいくつかのアプローチがある。

ひとつの有望なアプローチは、若者の遺伝子を分析し、老人の遺伝子と比較することだ。コンピュータで両者を比べれば、老化による遺伝子損傷の大半が生じている場所をすばやく特定できる。たとえば車の老化は、主に酸化と摩耗によるダメージが最も激しいエンジンで起こる。細胞の「エンジン」はミトコンドリアであり、そこで糖を酸化してエネルギーを取り出す。ミトコンドリアのDNAを丹念に調べると、エラーが確かにここに集中していることがわかる。いつか科学者が、細胞自体の修復機構を用いてミトコンドリアでのエラーの蓄積を解消し、細胞の耐用年数を延ばしてくれることを期待したい。

ボストン大学のトマス・パールズは、一部の人が遺伝的に長寿の傾向にあるとの仮定のもとで一〇〇歳以上の人の遺伝子を解析し、老化を遅らせて、なぜか病気になりにくくもしているように見える二八一個の遺伝子マーカー（標識）を特定した。

老化のメカニズムは徐々に明らかにされており、多くの科学者は、この先数十年以内にそれを制御できるようになるかもしれない、と慎重に構えながらも楽観視している。[*3] 彼らの研究は、老化がどうやら、われわれのDNAや細胞へのエラーの蓄積にほかならないらしいことを明らかにしている。ひょっとしたら、いつかはこうした損傷を防いだり、さらには元の状態に戻したりすることもできるかもしれない（じっさい、ハーヴァード大学の教授のなかには、自身の研究の結果を楽観視するあまり、ラボでおこなっている最先端の老化研究でひと儲けしようと会社を立ち上げた人までいる)。

したがって、われわれがどれだけ長く生きるかという点において、遺伝子が重要な役割を果たしている事実は疑う余地がない。すると課題は、環境の影響を切り離して、老化のプロセスに関与している遺伝子を突き止め、その遺伝子を改変することとなる。

論議を呼ぶ老化理論

老化にまつわるとりわけ古い迷信に、若者の血を飲んだり若者の魂を吸い取ったりすることで、永遠の若さが手に入るというものがある。まるで人から人へ若さを受け渡せるかのようで、吸血鬼伝説もそうだ。サキュバスは、伝説に出てくる美女の夢魔で、男にキスをするとその体から若さを吸い取るので、永遠に若さを保てる。

現代の研究は、こうした迷信にもわずかな真実が含まれている可能性を示している。一九五六年に、コーネル大学のクライヴ・M・マッケイは、老いて弱ったラットと若くて元気なラットの二匹の血管を縫い合わせた。すると驚いたことに、老いたほうが若くなるように見え、若いほうには逆のことが起きたのだ。

それから何十年も経って二〇一四年、ハーヴァード大学のエイミー・ウェイジャーズが、この実験を追試した。そしてなんと、同じ若返り効果が認められた。さらにウェイジャースは、その作用を引き起こしていそうな、ＧＤＦ11というタンパク質を特定した。その結果は実に目を見張るものだったため、『サイエンス』誌はその年の十大ブレイクスルーのひとつにそれを選んだ。ところが、その驚異の報告に続く数年で、ほかのいくつかのチームがウェイジャースの研究を再現しようとしたところ、結果はまちまちだった。GDF11が老化との闘いに役立つ武器となるかどうかは、今も定かでない。

ヒト成長ホルモン（HGH）も論議を呼んでいる。これは一時《いっとき》大ブームを巻き起こしたが、老化を防ぐ効果を裏づける信頼性のある研究は、ごくわずかしかない。二〇一七年には、イスラエルのハイファ大学が八〇〇人を超える被験者を対象に大規模な調査をおこない、HGHはむしろヒトの寿命を縮めるかもしれないという、正反対の効果を裏づける証拠を見つけた。さらに別の研究でも、HGH値の低下を招く遺伝子変異がヒトの寿命を延ばす可能性があり、そのためHGHは負の効果をもつかもしれないことが示されている。

こうした研究は、あることをわれわれに教えてくれる。かつて、老化にかんする突飛な主張は、よく調べると怪しいものも多かったが、今日の研究者は、どんな結果も検証可能で、再現可能で、反証可能であるよう求めており、これこそ真の科学のあかしなのである。

現在、生物老年学という、老化プロセスの秘密を明らかにしようとする新しい科学が生まれつつある。近年この分野が活況を呈し、有望な遺伝子やタンパク質、プロセス、化学物質が数多く分析されている。FOXO3遺伝子、DNAのメチル化、mTOR、インスリン様《よう》成長因子、Ras2、アカルボース、メトホルミン、アルファ-エストラジオールなどである。どれも科学者の興味を大いにかき立てたが、結果はまだ暫定的なものだ。どのアプローチが最良の結果を約束するかは、いずれわかるだろう。

若さの泉の探求といえば、かつて神秘主義者やペテン師やほら吹きの集まる領域だったが、今では世界有数の科学者が取り組んでいる。老化の治療法はまだ存在しないが、科学者は多くの有望なアプローチを追求している。すでに、ある種の動物の寿命は延ばせているが、それをヒトにも応用できるかどうかはまだわかっていない。

研究のペースはめざましいが、老化の謎を解き明かせるまでには、まだ当分かかる。いずれ、こうしたアプローチをいくつか組み合わせることで、老化を遅らせ、さらには止めることまでできる方法が見つかるのではなかろうか。ひょっとしたら、われわれの次の世代がそれに必要な大発見をなし遂げるかもしれない。ＭＩＴのジェラルド・サスマンはかつてこう嘆いた。「今がその時だとは思わない。でももうすぐだ。あいにく私は、死を経験する最後の世代ではないかと思う」[*4]

不死に対する異なる見方

映画のアデラインは不死の恩寵を受けなければよかったと思ったようで、きっと彼女に限らずそう思う人もいるだろう。それでも多くの人は老化の作用を食い止めたがっている。近所の薬局へ足を運べば、若返りを謳う市販薬が棚に並んでいるのを目にするはずだ。あいにくそんな謳い文句はどれも、騙されやすい客に怪しげな薬を売りつけようとして、広告会社のマーケティング担当者がイメージ先行で生み出した副産物だ（多くの皮膚科医によると、こうした「アンチエイジング」製品の成分で本当に効果があるのは、保湿剤だけだという）。

私は以前、司会を務めたBBCテレビの特番でニューヨークのセントラル・パークへ行き、道行く人を適当につかまえて、こんな質問をした。「もし私が若さの泉を手にしていたら、あなたはその水を飲みますか?」。意外にも、尋ねた相手は全員、飲まないと答えた。多くの人は、歳をとって死ぬのはふつうのことだと言ったのだ。そうあるべきで、死ぬのは生きることの一部であると。それから私は介護施設に行った。そこでは多くの人が、老いによる痛みやつらさに悩まされていた。アルツハイマー病の徴候が出はじめている人も多く、自分がだれで、どこにいるのかを忘れかけていた。そんな彼らに、若さの泉の水を飲みたいかと尋ねると、全員が勢い込んで「飲みたい!」と答えたのである。

人口爆発

老化の問題を解決したら、どんなことが起きるだろう? そうなれば、星々への莫大な距離も、そんなに気が遠くなるものには思えなくなるかもしれない。不死の人間には、恒星間旅行がわれわれとはまったく違ったものに見える可能性がある。彼らは、スターシップを建造して星々へ行くのにかかる長大な時間を、小さな障害にしか思わないかもしれない。われわれがお待ちかねの休暇のために何か月か金を貯めるように、不死の人間は、星々へ行くのにかかる数世紀をちょっと面倒なこととしか思わないのではなかろうか。

不死の恩寵は、思いがけない結果をもたらす可能性があることも指摘しておこう。その結果とは、地球の深刻な人口爆発だ。人口爆発は、地球の資源や食料やエネルギーにとてつもない負担をかけ、やがては電力不足、大量移民、食料暴動、国家間の衝突につながるおそれがある。したがって不死は、みずがめ座の時代〔占星術で自由や友愛に満ちたすばらしい時代のこと〕の到来を告げるのでなく、新たな世界戦争の火付け役となるかもしれないのだ。

すると、こうした出来事が地球からの大脱出に拍車をかけ、人口爆発を起こして汚れた惑星にうんざりした人は安全な避難先を探すことも考えられる。人々はアデラインのように、不死の恩寵は実は呪いだったと気づくのかもしれない。

だが、この人口爆発に対する懸念はどれほど深刻なのだろう？　人類の存在そのものまでおびやかすのだろうか？

歴史上ほとんどの期間、人類は三億人よりずっと少なかったが、産業革命とともに世界の人口は徐々に増え、一九〇〇年までには一五億になった。現在は七五億で、ほぼ一二年ごとに一〇億のペースで増えている。国連の推計では、二一〇〇年までに一一二億に達する見込みだ。いずれは地球の収容力を超えてしまうおそれがあり、そうなれば、トマス・ロバート・マルサスが早くも一七九八年に予測していたように、食料暴動や混乱が起きるだろう。

実のところ、人口爆発は、一部の人が星々へ行こうと主張する根拠のひとつだ。ところがこの問題をよく調べると、世界人口は、まだ増えてはいるものの、ペースが落ちていることがわかる。[*5]たとえば国連は、数回にわたってその予測を下方修正している。それどころか、多くの人口統計学者も、世界人口は横ばいになりだし、二一世紀の終わりには安定するとさえ予測している。

こうした人口統計上の変化を理解するには、農民の世界観を知らなければならない。貧しい国の農民は、「子どもが増えるほど自分は豊かになる」という単純な計算をしている。子どもは畑で働き、育てるコストはほとんどかからない。農家では、部屋代と食費はほぼタダなのだ。ところが、都市に引っ越すと、この計算はひっくり返る。子どもが増えるほど自分は貧しくなるのだ。都市では、子どもは畑でなく学校へ行く。子どもの食べ物はスーパーで買わなくてはならず、それには金がかかる。集合住宅に住む必要もあり、それには家賃が要る。だから、農民が都市で暮らすようになると、望む子どもの数は一〇人でなくふたりになる。さらにその農民が中産階級に入ると、人生をちょっぴり楽しみたくなるので、子どもはひとりでよくなるかもしれない。

都市の中産階級があまりいないバングラデシュのような国でさえ、出生率はじわじわ低下している。これは女性の教育による。多数の国の調査から、ある明確なパターンが見出されている。国が工業化し、都市化し、若い女性に教育を授けると、出生率は大幅に下がるのだ。

それはふたつの世界の物語なのだと主張する人口統計学者もいる。かたや、教育水準も経済力も低い貧困国では、出生率が上がりつづける。かたや、産業が発展して豊かになった国では、出生率が横ばいになり、低下さえする。いずれにせよ世界の人口爆発は、まだ脅威ではあるが、これまで考えられていたほど不可避ではなく、恐ろしいことでもないのである。

一部のアナリストは、人口がもうじき食料供給のできる数を上回ってしまうことを懸念している。一方で、食料問題は実のところエネルギー問題なのだと主張するアナリストもいる。エネルギーが十分にあれば、生産性を上げて作物の収穫を増やせるので、需要についていけるというわけだ。

私は何度か、世界でも有数の環境保護論者にして有名なワールドウォッチ研究所（地球問題を扱うシンクタンク）の創立者、レスター・ブラウンにインタビューする機会を得た。ブラウンの組織では、世界の食料供給と地球の状態を注意深く監視している。彼が心配しているのは、また別の要因だ。世界じゅうの人が中産階級の消費者になっても、十分に供給できるだけの食料はあるのだろうか？　中国やインドでは、いまや何億もの人が中産階級に入りつつあり、西洋の映画を見てはそのライフスタイルをまねしたがり、資源を浪費したり、肉をたくさん食べたり、大きな家に住んだり、贅沢品を欲しがったりしている。ブラウンは、全人口を養えるほどの資源はないかもしれず、西洋型の食生活を望むようなら間違いなく難しいと心配しているのだ。貧しい国が工業化する際、西洋の轍《てつ》を踏むのではなく、資源を守る厳しい環境法を導入してほしい、とブラウンは願っている。世界の国々がこの難題に対処できるかどうかは、時が経てばわかるだろう。

ともあれ、老化を遅らせたり止めたりする研究が進めば、宇宙旅行に大きな影響を及ぼしうることがわかる。星々までの莫大な距離を障害と思わない人間を作り出せる可能性があるのだ。彼らは、スターシップを作って何世紀もかかる旅をするといった挑戦をしたがるかもしれない。また、そのように老化のプロセスをいじろうとすると、地球の人口爆発をひどくして、地球からの脱出に拍車をかける可能性もある。人口爆発が耐えがたいレベルになったら、星々への入植者が、けしかけられるように地球を出るのではなかろうか。

もっとも、どの趨勢が次の世紀を支配するのかを知るにはまだ早すぎる。しかし、老化のプロセスが現在どれだけのペースで解明されているかを考えれば、このような進歩は案外早く訪れるかもしれない。

デジタルな不死

生物学的な不死のほかに、「デジタルな不死」と呼ばれる第二のタイプもあり、これはいくつか興味深い哲学的疑問を投げかけている。長い目で見れば、デジタルな不死は、星々の探査をするのに最も効率の良い方法かもしれない。われわれのもろい生物学的な体が恒星間旅行の負担に耐えられなければ、代わりにわれわれの意識を星々へ送る可能性がある。

家系図を作ろうとすると、しばしばある問題に突き当たる。三代ほどさかのぼると、手がかりが途絶えるのだ。われわれの祖先の大多数は、自分が存在した証拠を子孫のほかに残さずに生き、死んでいった。

一方、今日のわれわれは、デジタルな足跡を大量に残している。たとえば、クレジットカードの使用履歴を調べるだけで、あなたの訪れた国、好きな食べ物、着ている服、通《かよ》っていた学校がわかる。さらに、ブログの記事、日記、電子メール、ビデオ、写真などもある。これだけの情報が集まれば、あなたの癖や記憶をもち、あなたそっくりにしゃべって振る舞うホログラフィー映像を作ることも可能だ。

いつの日か、「魂の図書館」ができるかもしれない。ウィンストン・チャーチルについての本を読むのではなく、チャーチルと会話をするような。そこで人は、チャーチルの表情、体の動き、声色を伴う映像に話しかける。デジタルな記録があれば、彼の伝記資料、著作、政治的・宗教的・個人的問題への見解にアクセスできる。あらゆる点で、チャーチル本人と話しているように思えるだろう。私としては、アルベルト・アインシュタインと相対性理論について語り合ってみたい。いつか、あなたの曾孫《ひまご》の孫があなたと会話する日も来るかもしれない。これは、デジタルな不死のひとつの形だ。

だが、それは本当に「あなた」なのか？　実際には、あなたの癖や生涯の詳細を備えた機械かシミュレーションだ。一部の人が主張するとおり、魂は情報に還元できない。

しかし、あなたの脳をニューロンひとつひとつに至るまで再現し、すべての記憶や感情が記録されるようになるとしたら、どうだろう？　デジタルな不死の、魂の図書館を超えた次のレベルは、ヒトコネクトーム・プロジェクトという、人間の脳全体をデジタル化する野心的な取り組みだ。

スーパーコンピュータ製造企業シンキングマシンズの創業者のひとり、ダニエル・ヒリスは、かつてこう言った。「自分の体にはだれにも負けないぐらい愛着はあるが、シリコンの体で二〇〇歳まで生きられるなら、そっちをとるよ[*6]」

心をデジタル化するふたつの方法

人間の脳のデジタル化については、実は二種類の手法がある。第一の手法は「ヒューマン・ブレイン・プロジェクト」であり、スイスのチームが、ニューロンの代わりにトランジスタを使って、脳の基本的な特徴をすべてシミュレートできるコンピュータ・プログラムを作ろうとしている。これまでのところ、彼らはマウスとウサギの「思考プロセス」を数分間シミュレートできている。このプロジェクトの目標は、ふつうの人間と同じように合理的に話せるコンピュータを作り出すことだ。プロジェクトを指揮するヘンリー・マークラムは言う。「きちんとできれば、話したり知能をもったりして、人間とほとんど同じように振る舞うものになるはずです」

したがって、これは電子的な手法だ――途方もない計算能力をもつ莫大な数のトランジスタで、脳の知能を再現しようとしている。一方、それと並行して、生物学的な手法がアメリカで探究され、脳の神経経路の地図を作り上げようとしている。

この手法は、「ＢＲＡＩＮイニシアチブ」(Brain Research through Advancing Innovative Neuro-technologies＝革新的神経テクノロジーの推進による脳研究構想）と呼ばれる。目標は、脳自体の神経構造を細胞ひとつひとつまで明らかにし、最終的に脳の全ニューロンの経路をマッピングすることだ。人間の脳にはおよそ一〇〇〇億個のニューロンがあり、それぞれが約一万個のほかのニューロンと結合しているので、一見したところ、全ニューロンのロードマップを作ることなど不可能に思える（蚊の脳のマッピングという比較的単純な作業でさえ、床から天井まで部屋じゅうがＣＤで埋めつくされるほどのデータを生み出すことになる）。ところがコンピュータとロボットのおかげで、この退屈で難儀な作業を終えるための時間と労力は大幅に短縮された。

ひとつのアプローチである「スライス・アンド・ダイス」では、脳をスライスして何千ものプレパラートを作り、顕微鏡で撮影してすべてのニューロンの結合を再現する。また最近、はるかに迅速なアプローチがスタンフォード大学の科学者らによって提案された。彼らは光遺伝学という技術を開発したのである。この方法ではまず、視覚にかかわるオプシンというタンパク質を生み出す遺伝子を取り出す。このオプシン遺伝子をニューロンに導入し、オプシンを産生させてそれに光を当てると、ニューロンが活性化する。

遺伝子工学を使えば、調べたいニューロンにオプシン遺伝子を導入できる。マウスの脳でそれをおこない、ある部位に光を当てると、特定の筋肉の活動にかかわるニューロンが活性化し、マウスが（走りまわるなどの）特定の動きを見せるようになる。こうすれば、ある種の行動をコントロールするのに使われる神経経路が特定できるのだ。

この野心的なプロジェクトは、人間の病気のなかでもとりわけ心身を消耗させるもののひとつである、精神疾患の謎を解明するのに役立つかもしれない。ヒトの脳をマッピングすることで、この疾患の原因を特定できる可能性があるのだ（たとえば、人はだれでも黙って自分と話している。それをしているときには、言語を司る左脳が前頭前皮質と相談している。ところが統合失調症患者の場合、脳の意識野である前頭前皮質に断りもなく左脳が活性化することが、今ではわかっている。左脳が前頭前皮質と話さないので、統合失調症患者は、自分の頭のなかの声を外から聞こえる本物と思ってしまうのだ）。

こうした画期的な新技術をもってしても、科学者が人間の脳の詳細な地図を手に入れるまでには、まだ数十年の努力が必要だろう。しかし、たとえば二一世紀の終わりにこれがついになし遂げられたら、われわれは意識をコンピュータにアップロードし、星々へ送れるようになるのだろうか？

魂は情報にすぎないのか？

死んでも自分のコネクトームが生きつづけるなら、ある意味でわれわれは不死なのだろうか？われわれの脳がデジタル化できるのなら、魂は情報にすぎないのか？　脳のあらゆる神経回路と記憶をディスクに収め、スーパーコンピュータにアップロードしたら、アップロードされた脳は、本物の脳として機能し活動するのか？　それは本物と見分けがつかなくなるのだろうか？

こうした考えを嫌がる人もいるが、それは、心をコンピュータにアップロードしたら、無味乾燥な機械に閉じ込められて永遠に過ごすことになるからだ。そんなのは死ぬよりもひどい運命だと思う人もいる。『スター・トレック』のある話に登場する超高度な文明では、エイリアンの意識だけが輝く球体に収められている。そのエイリアンは遠い昔に肉体を捨て、以後その球体のなかで生きていた。つまり不死になったのだが、ひとりのエイリアンが、だれかの体を強引に乗っ取ってでも、再び生身の体を手に入れて本物の感覚や感情を味わおうとする。

コンピュータのなかで生きるのは味気ないと思うかもしれないが、生きて息をする人間の感覚をまったくもてないわけではない。あなたのコネクトームがメインフレーム・コンピュータのなかにあるとしても、あなたと瓜ふたつのロボットを操れる。ロボットが経験することはすべて、あなたも感じるので、あらゆる点で本物の体のなかで生きている感覚をもてるし、その体が超人的な力をもつことさえありうる。ロボットが見たり感じたりすることはすべて、メインフレーム・コンピュータを介してあなたの意識に取り込まれる。だから、メインフレームからロボットのアバターを操っても、あなたが実際にアバターの「なかに」いるのと区別がつかないのだ。

このようにすれば、あなたは遠くの星々を探検できる。あなたの超人的なアバターは、恒星に焼かれる惑星の灼熱の温度にも、恒星から遠い氷の衛星の極低温にも耐えられる。あなたのコネクトームが入ったメインフレームを運ぶスターシップは、新たな恒星系へ送り込まれる。スターシップがしかるべき惑星に着くと、その星が有毒な大気をもっていても、あなたのアバターが降りて探査できるのだ。

心をコンピュータにアップロードする方法を、さらに進化した形で思い描いたのは、コンピュータ科学者のハンス・モラヴェックだ。私がインタビューしたとき、モラヴェックは、自分の手法なら意識を失わないまま人間の脳をアップロードできると主張した。

まず、あなたはロボットと並んで病院のストレッチャーにのせられる。次に、外科医があなたの脳からニューロンをひとつずつ取り出し、ロボットのなかにそのニューロンの複製を（トランジスタで）作る。こうしてトランジスタ化されたニューロンを、ケーブルであなたの脳とつなぐ。次第にあなたの脳からニューロンが取り出され、ロボットのなかに複製されていく。あなたの脳はロボットの脳とつながっているので、ニューロンがどんどんトランジスタに置き換わっても、あなたは完全に意識を保っている。最終的に、あなたの脳全体とそのニューロンのすべてが、意識を失わずにトランジスタに置き換わる。そうして一〇〇〇億個のニューロンがすべて複製されたところで、ついにあなたと人工脳の接続が切られる。ストレッチャーのほうを見ると、脳を失ったあなたの古い体が見えるが、あなたの意識はもはやロボットのなかにある。

それでもこの疑問は残る。それは本当に「あなた」なのか？　ロボットがあなたの行動をすべて、記憶や習慣もそのままに一挙手一投足に至るまで複製でき、どこから見ても元の人間と区別がつかないようなら、大半の科学者は、それはあらゆる点で「あなた」だと言うだろう。

すでに述べたとおり、星々を隔てる距離はあまりにも大きいので、われわれの銀河系でとりわけ近所にある恒星にさえ、行くのに人生数回ぶんはかかる。したがって、何世代もかけて旅したり、寿命を延ばしたり、不死を目指したりするのは、どれも宇宙探査に欠かせない手段となるかもしれない。

不死にまつわる問題の先には、さらに大きな問題が存在する。われわれは、みずからの一生の期間だけでなく身体をも、どこまで拡張するのだろうか？　遺伝的な資質を変えれば、一段と可能性が広がる。ＢＣＩ（ブレイン・コンピュータ・インターフェース）と遺伝子工学の急速な進歩を考えると、新たなスキルや素質をもつ強化された体を作れるかもしれない。いつか、われわれは「ポストヒューマン」の時代に入り、それが宇宙を探査するうえで最良の道となるのだろうか。

第11章　トランスヒューマニズムとテクノロジー

［エイリアンは］念力や超感覚的知覚や不死と見分けのつかない能力をもっているだろう。……魔法のような力をもっているかもしれない。……彼らは精神的に進歩した生物であるはずだ。ひょっとしたら、量子の謎を解き明かしており、壁をすり抜けることもできるかもしれない。いやはや、まるで天使のようではないか。

――デイヴィッド・グリンスプーン

映画『アイアンマン』では、温厚な実業家トニー・スタークがコンピュータ制御の優美なアーマースーツを身にまとう。スーツには、ミサイルに弾丸、フレア〔敵からの攻撃に対し赤外線センサーを欺くために撒くもの〕や爆薬が満載されている。これにより、ひ弱な人間から力強いスーパーヒーローにたちまち変身できるのだ。しかし真の魔力はスーツの内側に隠されている。最新のコンピュータ・テクノロジーが詰め込まれ、トニー・スタークの脳とじかにつながることで、すべてが制御されているのだ。彼は考えたとたんに、猛スピードで空へ上がったり、驚くべき兵器の数々を発射したりすることができる。

『アイアンマン』は現実離れしているかもしれないが、今ではこれに近い装置を作ることができる。

これは単なる学術的な研究には終わらない。いつの日か、われわれはサイバネティクス〔生物と機械における通信や制御を扱う学問〕を駆使したり、さらにはみずからの遺伝子構成を変えたりすることで、身体を改変して強化し、系外惑星の過酷な環境を生き抜かなくてはならないかもしれないからだ。トランスヒューマニズム（超人間主義）は、ＳＦの一分野や異端的な運動ではなく、われわれの生存そのものにとって不可欠なものとなる可能性がある。

さらに、ロボットが次第に高性能になり、人間の知能さえも凌駕《りょうが》すると、われわれはロボットと融合しなくてはならないかもしれない――さもないと、われわれはみずからの創造物に取って代わられてしまう。

では、こうしたさまざまな可能性を、とくに宇宙探査や宇宙への植民に関係する場合について探っていこう。

怪力

一九九五年、世界は衝撃を受けた。映画でスーパーマンを演じていた二枚目俳優クリストファー・リーヴが事故に遭い、痛ましいことに首から下が麻痺してしまったのだ。リーヴは、スクリーンでは宇宙にまで舞い上がったが、一生車椅子で暮らすことを余儀なくされ、人工呼吸器なくしては呼吸もままならなくなった。そんな彼が夢見たのは、現代のテクノロジーで、再び手足を動かせるようになることだった。リーヴは二〇〇四年に世を去った。彼の夢が実現するわずか一〇年前である。

二〇一四年、ブラジルのサンパウロで催されたワールドカップ開会式で、ひとりの男性がサッカーボールを蹴って大会の開始を告げた。このイベントを一〇億人が目にしていた。これ自体は驚くようなことではない。驚くべきは、この男性が麻痺患者だったことだ。デューク大学のミゲル・ニコレリス教授が、この男性の脳にチップを埋め込んでいたのである。チップはポータブル・コンピュータに接続されており、男性の外骨格《エクソスケルトン》を制御していた。ただ考えるだけで、この麻痺患者は歩いてボールを蹴ることができた。

私がニコレリスにインタビューをしたとき、彼は子どものころ、アポロの月ミッションに魅了されたのだと言った。彼の目標は、月面着陸のようなセンセーションをもう一度巻き起こすことだった。麻痺患者を外部と電線でつなぎ、ワールドカップでボールを蹴ることができるようにして、その夢がかなったのである。それは彼にとっての月面着陸だった。

私はかつて、このアプローチをいち早く手がけたひとり、ブラウン大学のジョン・ドノヒューにインタビューしたことがある。彼によれば、自転車に乗るときのように少し訓練が要るが、患者たちはすぐに外骨格の動きを制御し、単純なタスク（水の入ったコップをつかむ、家電を操作する、車椅子を動かす、ネットサーフィンをする、など）ができるようになるという。これができるのは、コンピュータが特定の動作にかかわる脳のパターンを識別できるからだ。するとコンピュータは、外骨格を起動し、電気的なインパルスを動作へ変換させる。彼の麻痺患者のひとりは、ソーダ水の入ったコップをつかんで中身を飲むことができ、大喜びした。以前の彼女なら決してできなかったことだ。

デューク大学、ブラウン大学、ジョンズ・ホプキンズ大学などでの成果は、再び動けるようになる望みをとうに投げ出していた人に、移動手段を与えてくれた。また米軍は、「義肢の革命」というプログラムに一億五〇〇〇万ドル以上の予算を投じ、イラクやアフガニスタンからの帰還兵のために高度な義肢を提供しようとしている。帰還兵の多くが脊髄損傷を負っているからだ。やがては――戦闘、交通事故、疾病、スポーツ傷害によって――車椅子やベッドに縛りつけられた何千、何万もの人が、再び手足を使えるようになるかもしれない。

外骨格のほかに、人間の身体を生物学的に強化し、重力の大きな惑星でも暮らせるようにする手も考えられる。この可能性を高めたのは、筋肉を増大させる遺伝子の発見である。その遺伝子は最初にマウスで見つかった。ある遺伝子の変異でマウスが筋肉隆々になったのだ。メディアはこれを「マイティマウス遺伝子」と呼んだ。その後、ヒトにも似た遺伝子が見つかり、「シュワルツェネッガー遺伝子」と名づけられている。

この遺伝子を特定した研究者は、変性筋疾患の患者を助けようとする医師からの連絡を期待していた。ところが驚いたことに、かかってくる電話の半数は、体を大きくしたいボディービルダーからだった。しかも、彼らのほとんどが、研究はまだ実験段階で、副作用がわかっていないというのも気にしていなかった。これはすでにスポーツ産業にとって問題となっている。化学物質によるほかの筋肉増強に比べ、検出するのがはるかに難しいからだ。

筋肉量をコントロールする能力は、地球より大きな重力場をもつ惑星を探査するうえで重要になるかもしれない。これまでに天文学者は、数多くのスーパー・アース（ハビタブルゾーンにあって、海までもちうる岩石惑星）を発見している。重力が地球に比べて五〇パーセント大きいこともあるのを除けば、人類の居住地として有望な候補のように思える。すると、そこで繁栄するにはわれわれの筋肉や骨を増強させる必要があるだろう。

自分を強化する

筋肉を増強するだけでなく、科学者はこのテクノロジーを、われわれの感覚を鋭くするためにも使いはじめている。ある種の聴覚障害者には、今では人工内耳を用いる選択肢がある。この装置はすばらしいもので、耳に入る音波を、聴覚神経を経て脳に送れるような電気信号に変換できる。すでに五〇万人ほどが、このセンサーを埋め込んでもらう選択をしている。

また視覚を失った人の場合、人工網膜で視覚をある程度取り戻せることがある。そのための装置は、外付けのカメラに搭載したり、網膜に直接設置したりすることができる。これによって視覚的なイメージが電気的なインパルスに変換され、脳はそれをまた変換して視覚的なイメージへ戻すのである。

その一例である「アーガスⅡ」では、装着者の眼鏡に小さなビデオカメラが取り付けられている。カメラがとらえたイメージは人工網膜へ送られ、シグナルとして視神経に伝えられる。この装置はおよそ六〇ピクセルのイメージを作り出せ、現在テストされている改良型は二四〇ピクセルの解像度をもつ（一方、人間の眼はおよそ一〇〇万ピクセル相当の解像度をもっており、顔や見慣れた物体を認識するには最低でも六〇〇ピクセルは必要だ）。ドイツのある企業は、一五〇〇ピクセルの人工網膜の実験をおこなっており、成功すれば、視覚障害者がほぼふつうに活動できるようになるだろう。

こうした人工網膜を試した視覚障害者は、物の色や輪郭が見えることにびっくりしている。人間の視覚に匹敵する人工網膜ができるのも、もう時間の問題にすぎない。そればかりか、さまざまな物に対し、人間の眼では見えない「色」を人工網膜で見ることができるかもしれない。たとえば、人はよくキッチンで火傷《やけど》を負う。金属の鍋が熱くても冷たくてもまったく同じに見えるからである。われわれの眼には、赤外線の熱放射が見えないのだ。しかし、軍が使う暗視ゴーグルのように、赤外線を容易に検出できる人工網膜やゴーグルを作ることができる。つまり、人工網膜で、熱のしるしのほか、われわれには見えないほかの種類の放射も見る能力が手に入るかもしれないのだ。するとこの「超視覚」は、ほかの惑星において貴重なものとなるのではないか。遠くの世界の環境は、まったく違っているはずだ。大気は塵や不純物のために、暗かったり、かすんでいたりすることもある。赤外線探知で火星の砂塵嵐を「見通せる」人工網膜も作れるだろう。遠くの衛星には恒星の光はほとんど届いていないが、わずかでも反射光があれば人工網膜で増幅できる。

紫外線放射を検出する装置も考えられる。紫外線は、有害で皮膚がんをもたらすこともあるが、宇宙に広く存在する。地球では、われわれは大気のおかげで太陽の強烈な紫外線から守られているが、火星では、紫外線は排除されない。紫外線は見えないため、われわれは危険な量を浴びてもたいてい気づかない。しかし、超視覚をもつ人が火星にいれば、紫外線が危険な量かどうかをただちに見きわめられる。ずっと雲に覆われている金星のような惑星では、人工網膜で、紫外線を頼りに地表を動きまわることができるだろう（曇りの日に、ミツバチが太陽からの紫外線を感知して行き先を探り当てるのと同じように）。

超視覚の種類には、望遠鏡や顕微鏡の役目を果たすものも考えられる。小さい特別なレンズで、かさばる望遠鏡や顕微鏡を持ち歩かずに、遠くの物体や微小な細胞などを見ることができるのだ。

この種のテクノロジーは、われわれにテレパシーや念力の能力も与えてくれるかもしれない。すでに、われわれの脳波をとらえ、一部を解読してからインターネットへその情報を送信するチップは、作ることができる。私の研究者仲間であるスティーヴン・ホーキング〔二〇一八年に七六歳で死去〕は、筋萎縮性側索硬化症（ＡＬＳ）を患い、指を動かすことも含め、運動機能をすべて失っている。彼の眼鏡にはチップが取り付けられ、脳波をとらえてパソコンに送れるようになっている。そのようにして彼は、ゆっくりとではあるが、心でメッセージをタイプすることができる。

そこから念力（つまり心で物体を動かす能力）までは、あと一歩だ。同じテクノロジーを使えば、脳をロボットなどの機械とじかに接続し、心の命令をそれに実行させることができる。将来、テレパシーや念力が当たり前になることは想像に難くない。われわれは純然たる思考で機械とやりとりできるだろう。心で明かりを灯し、インターネットに接続し、手紙をしたため、ビデオゲームで遊び、友人と会話をし、車を呼び寄せ、品物を購入し、どんな映画もぱっと呼び出すことができる――どれもただ念じるだけで。未来の宇宙飛行士は、心の力で宇宙船を操縦したり遠くの惑星を探査したりしているかもしれない。火星の砂漠に都市もできる。建築家が心でロボットの作業を操作するだけで。

もちろん、自分を強化するという行為は新しいものではなく、人類誕生以来ずっとなされてきた。歴史を振り返れば、人類が人為的な手段で自分の能力や影響力を高めたケースはたくさんある。たとえば、衣服、入れ墨、化粧、頭飾り、礼服、飾り羽根、眼鏡、補聴器、マイク、ヘッドホンなどだ。実のところ、われわれがとくに繁殖の成功率を高めるために自分の体をいじるのは、どの人間社会にも共通する特徴のように思える。だが、未来の自己強化がこれまでのものと違うのは、宇宙を探査する際、それが異なる環境で生き抜くための鍵を握るかもしれないという点である。将来われわれは、思考が周囲の世界をコントロールする、心の時代に生きているだろう。

心の力

脳研究におけるさらなる転機は、史上初めて記憶の記録に成功したときに訪れた。ウェイクフォレスト大学と南カリフォルニア大学の研究者は、マウスの海馬——短期記憶を処理する部位——に電極をつけた。そして、マウスがチューブから水を飲むことを学習するといった単純なタスクを実行するときに、海馬で生じるインパルスを記録したのである。やがて、マウスがこのタスクを忘れたあとで、記録したインパルスで海馬を刺激すると、マウスはただちに水の飲み方を思い出した。霊長類でも記憶の記録がなされ、同様の結果が得られている。

次なる目標は、アルツハイマー病患者の記憶を記録することだろう。患者の海馬に「脳ペースメーカー」や「記憶チップ」を設置すれば、自分がだれで、どこに住み、身内はだれかといった記憶を送り込んでくれる。米軍はこの技術に大きな関心を寄せている。二〇一七年にペンタゴンは、極小の高性能チップの開発に六五〇〇万ドルの補助金を出すと発表した。人間の脳がコンピュータとやりとりして記憶を形成する際に、一〇〇万個のニューロンを解析できるチップだ。

この技術にはさらなる研究と改良が必要だが、二一世紀の終わりまでには、複雑な記憶を脳にアップロードできるようになるとも考えられる。理論上は、技能のほか、大学の全課程さえも脳へ送り込み、みずからの能力をほぼ際限なく高めることもできるだろう。

これは未来の宇宙飛行士にとって役立つものかもしれない。初めての惑星や衛星に降り立つときには、新たな環境について学んで覚えるべきことがらや、習得すべき技術が山のようにある。そのため、記憶のアップロードは、遠くの世界についてまったく新しい情報を学ぶのに最も効率的な手段ではなかろうか。

だがニコレリスは、このテクノロジーでさらに先を目指している。彼から聞いた話では、神経学でのこうしたブレイクスルーが、いずれは「ブレインネット」を生み出すという。これはインターネットの進化における次の段階だ。ブレインネットは、単なる情報のビットではなく、感情や感覚や記憶をまるごと伝送するのである。

これは、人々のあいだの垣根を取り払う役目を果たすだろう。他人の見方や苦悩を理解することは、往々にして難しい。しかしブレインネットがあれば、他人をさいなむ不安や恐怖をじかに体験できる。

すると娯楽産業に革命がもたらされそうだ。無声映画が発声映画《トーキー》に急速に取って代わられていったように。将来、観客は俳優たちの感情を味わい、彼らの苦痛や喜びを体験することができるかもしれない。今日の映画はたちまち廃れてしまうのではないか。

ならば未来の宇宙飛行士も、ブレインネットを大いに利用できるかもしれない。互いに心でコミュニケーションをとったり、重大な情報を即座にやりとりしたり、まったく新しい娯楽に興じたりすることができる。また、宇宙探査には危険がひそんでいるから、ブレインネットで他人の精神状態を現代よりはるかに正確に感じ取れるようにもなる。危険な土地を探査する宇宙ミッションに乗り出すとき、ブレインネットがあれば、宇宙飛行士の絆を深め、うつや不安といった心の問題も見つけ出せるはずだ。

遺伝子操作によって知力を高められる可能性もある。プリンストン大学で、迷路を抜ける能力を高める遺伝子（「スマートマウス遺伝子」と名づけられた）がマウスに見つかった。この遺伝子はＮＲ２Ｂといい、海馬のニューロン間のコミュニケーションにかかわっている。研究者たちは、マウスにＮＲ２Ｂ遺伝子がないと、迷路を抜ける際に記憶に支障をきたすことに気づいた。一方、ＮＲ２Ｂ遺伝子が余分にあると、マウスの記憶が強化されたのである。

実験で研究者たちは、水を張った浅い容器にマウスを放した。水面下には、マウスが立てる台が置かれている。台を見つけると、（ＮＲ２Ｂ遺伝子が余分にある）スマートマウスはその場所をすぐさま記憶し、再び同じ環境に入れられたときにまっすぐそこへ泳いだ。これに対し通常のマウスは、台がある場所を記憶できず、でたらめに泳いだ。つまり、記憶の強化は可能なのである。

飛行の未来

人はつねに、鳥のように飛ぶことを夢見てきた。ローマ神話の神メルクリウスは、帽子と足首に小さな翼を生やし、それで飛ぶことができた。ギリシャ神話では、空を飛ぶため、みずからの腕に蠟《ろう》で羽をつけたイカロスの話もある。あいにく彼は、太陽に近づきすぎた。蠟が溶け、イカロスは海へ落ちた。しかし未来のテクノロジーは、ついにわれわれに飛行という恩寵を与えてくれるはずだ。

火星のように大気が薄くごつごつした地形の惑星で一番便利な移動手段は、ＳＦの漫画や映画の定番であるジェットパック〔背中に装着する噴射推進装置〕かもしれない。ジェットパックが登場したのは一九二九年、新聞漫画『バック・ロジャース』の初回である。この漫画で主人公のバックは、のちに恋人となる女性がジェットパックで空を飛んでいるところに出くわす。ジェットパックは、実際に第二次世界大戦中に投入された。ナチスは、橋が破壊された川の向こうに部隊を渡らせる手っ取り早い手段を必要としたのである。ナチスのジェットパックは、過酸化水素を燃料とし、触媒（銀など）に触れたとたんに発火して、エネルギーと（廃棄物として）水を放出する。ところがジェットパックにはいくつか問題がある。一番の問題は、燃料が三〇秒から一分しかもたない点だ（一九八四年のオリンピックなどの古いニュース映像で、危険をものともしない人がジェットパックで空を飛んでいるのを目にしたことがあるだろう。だがそれらの映像は、入念に編集されている。彼らは着地するまでに三〇秒から一分しか浮いていないのである）。

この問題を解決するには、長時間飛行できるだけのエネルギーを供給できる、携帯用のパワーパックを開発する必要がある。残念ながら、そのような動力源は今は存在しない。

光線銃がないのも同じ理由だ。レーザーは光線銃になりうるが、それほどのエネルギーを生み出すには原子力発電所が必要になる。しかし、原子力発電所を背負うのは現実的でない。だからジェットパックや光線銃は、たとえば分子レベルでエネルギーをたくわえられるナノバッテリーといった形で小型のパワーパックが登場するまでは、実現されないだろう。

もうひとつ考えられるのは、絵画や映画によく登場する人間のミュータント（変異体）や天使と同じく、鳥のように翼で飛ぶ方法だ。大気が濃い惑星では、ただジャンプして腕に取り付けた翼を羽ばたかせるだけで、鳥のように飛び立てる（大気が濃いほど揚力が増し、空を飛びやすくなる）。そうなれば、イカロスの夢が実現する可能性がある。だが、鳥にはわれわれにない利点がいくつかある。鳥の骨は中空で、翼幅《よくふく》に比べて胴体はかなり細く小さい。これに対し、人間はかなり密度が高くて重い。人間の場合、翼幅は六〜九メートルなければならず、この翼を羽ばたかせるのに今よりはるかに強力な背筋が要る。だれかの遺伝子を操作して翼を生やすことは、われわれの技術力を超えている。現時点では、使い物になる翼を作るのに必要な数百個の遺伝子どころか、一個の遺伝子をきちんと動かすことすら難しい。したがって、天使の翼を手に入れることは不可能ではないが、完成するのはまだずっと先で、われわれが見慣れた美しい絵画とは違うものになるはずだ。

かつて、遺伝子操作で人類を改造することは、ＳＦ作家の夢にすぎないと考えられていた。ところが、革命的な新技術の開発によってすべてが変わった。発見のペースがあまりにめざましく、科学者たちはこうした開発の速度を落とすことについて議論するため、あわてて会議を招集したほどである。

CRISPR《クリスパー》革命

バイオテクノロジー分野における発見のペースは、ＣＲＩＳＰＲ（clustered regularly interspaced short palindromic repeats=クラスター化され、規則的に間隔が空いた短い回文構造の繰り返し）という新技術の登場により、最近急激に加速している。この技術は、ＤＮＡを経済的・効率的かつ正確に編集できるようにしてくれた。かつて、遺伝子操作は時間のかかる不正確なプロセスだった。たとえば遺伝子治療では、「良い遺伝子」をウイルス（無毒化されているため害はない）へ組み込む。それからウイルスを患者の体に入れると、ウイルスは即座に細胞に感染してＤＮＡを注入する。目指すのは、染色体上の適切な場所へＤＮＡを入らせ、細胞の欠陥コードを「良い遺伝子」で置き換えることだ。鎌状赤血球貧血、テイ＝サックス病、嚢胞《のうほう》性線維症など、一般的な病気のいくつかは、ＤＮＡのただひとつのスペルミスによって生じる。このスペルミスを直せる望みがあったのである。

しかし結果は期待外れだった。しばしば体がウイルスを攻撃的な相手と見なして反撃を開始し、有害な副作用をもたらすのだ。また、「良い遺伝子」が適切な場所に入らないことも多い。一九九九年にペンシルヴェニア大学で起きた死亡事故以降、多くの遺伝子治療の試験が中止となった。

ＣＲＩＳＰＲは、こうした多くの問題を断ち切る。実は、この技術の基礎は数十億年前に誕生していた。科学者は、細菌がウイルスの猛攻をしりぞけるためにきわめて精密な仕組みを編み出している事実に面食らった。細菌はどうやって危険なウイルスを認識し、それを無力化しているのか？　彼らは、細菌がウイルスの遺伝物質の断片をもっているおかげで脅威に気づけることを明らかにした。あたかも犯罪者の顔写真のように、細菌はこの断片をもとに、侵入してくるウイルスを識別できるのだ。細菌が遺伝子の塩基配列をもとにウイルスを認識すると、断片とぴったり一致する部位を切断して無毒化し、ただちに感染を食い止める。

このプロセスをまねて、ウイルスの塩基配列ではなく別のＤＮＡを標的にして切断し、新たなＤＮＡを挿入することで、「ゲノム手術」が可能となった。ＣＲＩＳＰＲはまたたく間に従来の遺伝子操作の手法に取って代わり、遺伝子の編集をすっきりと、正確に、速くできるようにしたのである。

この革命はバイオテクノロジーの分野に旋風を巻き起こした。「これで景色ががらりと変わります」と言ったのは、先駆者のひとりであるジェニファー・ダウドナだ。[*1] エモリー大学のデイヴィッド・ワイスはこう言う。「すべてはおおむね一年のうちに起こりました。とんでもないことです」

すでにオランダのヒューブレヒト研究所の研究者は、囊胞性線維症を引き起こすゲノム欠陥が修復可能であることを明らかにしている。これにより、多くの不治の遺伝病が、いつか治療できるようになるという期待が高まる。多くの科学者は、いずれ、ある種のがんにかかわる遺伝子も

ＣＲＩＳＰＲを用いて置換し、腫瘍の成長を止めることができると期待している。

生命倫理学者は、このテクノロジーが悪用される可能性に懸念を抱き、副作用や複合的な問題がわかっていなかったことから、この新しい研究分野について話し合う会議を開いた。そして、ＣＲＩＳＰＲ研究の猛烈なペースを落ち着かせようと、一連の勧告をおこなったのである。とりわけ、このテクノロジーが生殖細胞の遺伝子治療につながることを懸念していた（遺伝子治療にはふたつの種類がある。体細胞の遺伝子治療では、生殖細胞でないものが改変されるため、変異は次の世代へ広がらない。一方、生殖細胞の遺伝子治療では、生殖細胞が改変されるため、すべての子孫が改変された遺伝子を受け継ぐ可能性がある）。生殖細胞の遺伝子治療は、無制限におこなわれたら、人類の遺伝的遺産を変化させてしまうだろう。われわれが星々へ旅するようになると、人類の新しい遺伝的系統が現れるかもしれない。通常、それには何万年もかかるが、生殖細胞の遺伝子治療が実現すれば、生命工学でこの期間を一世代に縮められるのである。

人類を改変して遠くの惑星に入植することを考えるＳＦ作家の夢は、かつては現実にはありえないと思われていた。しかしＣＲＩＳＰＲの登場により、もはやこうした荒唐無稽な夢を無視できなくなっている。それでも、われわれはこの急速に進むテクノロジーがもたらすあらゆる倫理的な影響をじっくり検討しなければならない。

トランスヒューマニズムの倫理

これらは、われわれの技能を高めるためにテクノロジーを用いることを主張する「トランスヒューマニズム」の例だ。遠くの世界で生き抜き、繁栄さえするには、人類はみずからを機械的・生物学的に改変する必要があるかもしれない。トランスヒューマニズムの提唱者にとって、それは選択するかどうかではなく、必要不可欠なのである。みずからを改変することで、重力、大気の圧力や組成、温度、放射線などの条件が異なる惑星で生きられる見込みが増すのだ。

トランスヒューマニズムの提唱者は、テクノロジーを嫌ったり、その影響に抗ったりするのでなく、テクノロジーを受け入れるべきだと考えている。われわれが完璧な人間になれるという考えを楽しんでいるのだ。彼らにとって、人類は進化の副産物にすぎず、われわれの身体はランダムで偶然の変異の結果なのだった。それなら、テクノロジーを使ってこうした偶然の産物を意図的に改良してもいいではないか。彼らの最終的な目標は、人間を超越しうる新たな種「ポストヒューマン」を創造することにある。

みずからの遺伝子を改変するという考えに気分が悪くなる人もいるが、カリフォルニア大学ロサンジェルス校（ＵＣＬＡ）の生物物理学者グレッグ・ストックは、人間は何千年も前から身のまわりの動植物の遺伝的特質を変えてきたと強調する。私がインタビューしたときに彼は、今日われわれに「自然」に見えるものも、実のところ徹底的な選抜育種〔特定の形質をもつ種を選んで、それ同士を掛け合わせていくこと〕の産物なのだと指摘した。現代の食卓は、われわれのニーズに合った動植物を育てた太古の育種家の手腕なくしてありえない（たとえば今日のトウモロコシは、野生種を遺伝子改変したもので、人間の介入がなければ繁殖できない。トウモロコシの実、つまり種子は、ひとりでに落ちることはなく、トウモロコシを生やすには農家が実を取って播《ま》かなくてはならない）。また、われわれの身のまわりにいるさまざまなイヌは、タイリクオオカミというひとつの種の選抜育種によって生まれた。つまり、人間は多くの動植物の遺伝子を、イヌは狩猟用に、ウシやニワトリは食用にといった具合に改変してきたのである。じっさい、人間が何世紀もかけて生み出してきたすべての動植物を魔法のように消し去ったら、われわれの社会は現在とは似ても似つかないものになるだろう。

ヒトの一部の特徴については遺伝子が特定されているので、人々にそれをいじらせないのは難しいだろう（たとえばあなたが、隣の家の子が遺伝子操作で知能を強化されたと知り、その子がわが子と競争していたら、わが子も同じようにして知能を強化しなければと切迫感を覚えるだろう。さらに、競技では莫大な見返りがあるため、アスリートに自分の体の強化をさせないようにするのはきわめて難しい）。それにどんな倫理的障害があろうとも、有害な改変とならないかぎり、われわれは遺伝的強化を拒否しないはずだ、とストックは主張する。また、ノーベル賞受賞者のジェイムズ・ワトソンはこう語る。「だれも言おうとしないのだが、遺伝子の入れ方がわかって人類を改良できるとしたら、なぜそれをしてはいけない？[*2]」

ポストヒューマンの未来？

トランスヒューマニズムの提唱者は、宇宙の先進文明に遭遇するとしたら、そのエイリアンは自分の生物としての体を改変し、さまざまな惑星の厳しい環境に適応させるレベルまで進化しているだろうと考えている。トランスヒューマニズムの提唱者にとって、宇宙の先進文明は、遺伝的にも技術的にも向上した未来をきっと手に入れているはずなのだ。したがって、われわれが宇宙からのエイリアンに遭遇したとして、彼らが生物と機械の合成であっても驚くにあたらない。

物理学者のポール・デイヴィスは、もう一歩先を行っている。「私の結論は驚くべきものだ。思うに、生物の姿をした知性は、一時的に現れたものにすぎず、宇宙での知性の進化においてはつかのまの段階にすぎない可能性がきわめて高い——それどころか、これは必然とも言える。地球外の知性に遭遇することがあれば、それは本質的にポスト生物である可能性が圧倒的に高いと思うし、この結論は、ＳＥＴＩ［地球外知的生命探査］に明白かつ多大な影響を及ぼすだろう」

さらにＡＩの専門家ロドニー・ブルックスもこう書いている。「私は予想する。二一〇〇年までに、日常生活のどこにでも、非常に知能の高いロボットが存在するようになる。だが、人間とそれは別々に存在するわけではない——むしろ、人間は部分的にロボットになり、ロボットにつながれるのだ[*3]」

このトランスヒューマニズムをめぐる議論は、実は新しいものではなく、遺伝の法則が初めて理解された二〇世紀前半にまでさかのぼる。その考えを最初に表明したひとりが、Ｊ・Ｂ・Ｓ・ホールデーンだ。彼は一九二三年に講演をおこない、その内容はのちに『ダイダロス、あるいは科学と未来（*Daedalus, or Science and the Future*）』と題した本として出版された。その本でホールデーンは、科学は遺伝学を利用することで人類の身体状態を改善できるようになる、と予言していた。

ホールデーンの考えの多くは、今でこそ平凡に思える。だが彼は、自分の考えが議論を巻き起こすだろうと気づいており、その考えを初めて目にした人は「不道徳で自然に反する」と感じそうだが、いずれだれもが受け入れるだろう、と述べていた。

科学が人類を強化することで苦痛を取り除けるのなら、人類が「不潔で、野蛮で、短い」人生に甘んじる必要はない、というトランスヒューマニズムの基本原理は、一九五七年になってついに、ジュリアン・ハクスリーによって初めて明言された。

トランスヒューマニズムのどの要素を追求すべきかについては、いくつか異なる見方がある。人類を強化するには、機械的な手段に的を絞るべきだと考える人もいる。外骨格《エクソスケルトン》、視覚を向上させるゴーグル、脳にアップロードできるメモリーバンク、感覚を強化するインプラントなどだ。あるいは、遺伝学を用いて致死遺伝子を取り除くべきだと考える人もいるし、遺伝学は生まれもった能力を向上させるために用いるべきだと考える人や、知能を高めるために使おうと考える人もいる。われわれがイヌやウマでしてきたように、選抜育種で何十年もかけてなんらかの遺伝形質を作り上げるのでなく、遺伝子工学を用いれば、お望みの形質を一世代で作り上げられるのだ。

バイオテクノロジーの急速な発展は、倫理的な問題を山のように生み出している。また優等人種を作り出すナチスの実験など、優生学の悪しき歴史は、人間の改変に関心のあるすべての人にとって戒めとなっている。さらに、今では一匹のマウスから皮膚細胞を採取し、その遺伝子を改変して卵子と精子を作り、合体させて健康なマウスを生み出すことができる。いずれこのプロセスはヒトに応用されるかもしれない。そうなれば、不妊に悩むカップルが健康な子を授かる例が大幅に増す一方、他人があなたの皮膚細胞を許可なく手に入れて、あなたのクローンを作ってしまえることにもなる。

このテクノロジーの恩恵にあずかれるのは富や権力をもつ者だけだという批判もある。スタンフォード大学のフランシス・フクヤマは、トランスヒューマニズムを「世界屈指の危険思想である」と警告し、[*4]子孫のＤＮＡが改変されると、人間の行動も変えてさらなる不平等を生み出し、結果として民主主義の土台を揺るがすだろうと主張している。しかしテクノロジーの歴史を振り返ると、初めにこうした奇跡のテクノロジーを利用できるのは富裕層だが、やがて費用は一般の人にも手が届く程度にまで下がるはずだ。

これは人類の分裂に向かう一歩であり、人類の定義そのものが危うくなっている、と批判する人もいる。ひょっとすると、遺伝子を強化した人類のさまざまな分派が太陽系の各地に住み、やがては別の種に分かれてしまうかもしれない。そして、分派のあいだで対立のみならず、戦争さえ起こる可能性が考えられる。「ホモ・サピエンス」という概念にさえ、疑いが生じるのではないか。この重要な問題は、何千年も先の未来の世界について論じる第13章で扱おう。

オルダス・ハクスリーの『すばらしい新世界』（大森望訳、早川書房など）では、バイオテクノロジーを用いて、生まれながらにして社会を導くよう運命づけられている「アルファ」という優等人種が生み出されている。それ以外の受精卵は、酸素が減らされて知能に障害を負い、アルファに仕えるものとして生み出される。社会の底辺に位置するのは「イプシロン」で、単純な肉体労働をするように生み出される。この社会は、テクノロジーを用いてあらゆるニーズを満たす、計画的なユートピアであり、すべてが秩序正しく平和に見える。ところが社会全体は、底辺で生きるべく生み出された人々の抑圧と貧苦のもとに成り立っているのだ。

トランスヒューマニズムの提唱者は、こうした仮想のシナリオはどれも真剣に受け止めないといけないと認めているが、今のところ、そのような懸念はあくまで理論上のものだと主張している。バイオテクノロジーの新たな研究が次々に現れていても、このシナリオの多くはもっと大きな文脈のなかでとらえるべきだ。デザイナー・チャイルドはまだ存在していないし、両親が子どもに与えたい人格特性は数あれど、それらを司る遺伝子はまだ見つかっていない。そのようなものがそもそも存在しない可能性もある。現時点で、人間の行動特性はひとつたりともバイオテクノロジーによって変えられないのである。

多くの人が、トランスヒューマニズムはまだ遠い未来のテクノロジーなので、その暴走を恐れるのは時期尚早だと主張している。しかし、発見がなされているペースを考えれば、今世紀の終わりには遺伝子改変が現実味を帯びてくるだろう。するとこんな問いを発しなければならない。われわれはこのテクノロジーをどこまで進めようとするだろうか?

穴居人《けっきょ》の原理

これまでの著書でも述べているとおり、私は太古から変わらない「穴居人の原理」が働くことで、自分をどこまで変えたがるかについて、おのずと制約が加わると考えている。われわれの基本的な人格は、われわれが二〇万年前に現生人類として誕生してから、大きく変化していない。今日、人類は核兵器や化学兵器や生物兵器を手にしているが、根本にある欲求はそのままなのだ。

では、われわれは何を欲しているのか？　調査によれば、われわれは基本的なニーズが満たされると、仲間からの評価を重視する。とくに異性の前では、良く見られたがるのだ。われわれは仲間内の称賛を欲する。ならば自分を極端に変えるのは躊躇《ちゅうちょ》するのではなかろうか。とりわけ仲間と違う外見になるとしたら。

したがって、われわれが自己強化を取り入れるとしたら、社会的な地位を向上させる場合に限られるだろう。すると、とくに宇宙へ行って異なる環境で暮らす場合に、遺伝的・電子的な手段で自分の能力を強化する状況に追い込まれても、われわれがどこまで改変を望むかには制約がありそうだし、その制約がわれわれを保守的にすることになるだろう。

アイアンマンがコミックに初登場したとき、かなり不格好で野暮ったい姿をしていた。アーマーは黄色く丸みを帯び、見てくれが悪かった。まるで歩くブリキ缶だ。子どもたちは自分をアイアンマンと重ね合わせることができず、作者はその後、アイアンマンを全面的に作り変えることにした。アーマーは彩りを増し、スマートで体にフィットして、トニー・スタークの細マッチョの体型をはっきり強調するものとなった。その結果、彼の人気は急上昇する。スーパーヒーローすらも、穴居人の原理に従わざるをえないのである。

黄金期のＳＦ小説では、未来人は大きなスキンヘッドに小さな体をもつ姿でよく描かれる。あるいは、われわれを、液体を満たした大きな容器のなかで生きる巨大な脳に進化させている小説もある。だが、そんな姿でだれが生きたいと思うのだろう？　思うに、穴居人の原理により、われわれは自分が嫌悪感を抱く生物には進化しないだろう。むしろ、基本的な人間の形状は変えずに、寿命を延ばしたり、記憶力や知能を高めたりしたがるはずだ。たとえばサイバースペースでゲームをするとき、自分の代わりになるアニメのアバターを自由に選べることが多い。たいていの場合、われわれは気持ち悪いアバターではなく、どこか自分を魅力的に見せるアバターを選ぶ。

こうした驚異のテクノロジーがすべて裏目に出て、われわれを、不毛な暮らしをする非力な子どもにしてしまうおそれもある。ディズニー映画『ウォーリー』では、人間は宇宙船のなかで暮らし、そこではロボットがどんな気まぐれな思いにも応えてくれる。ロボットがあらゆる力仕事をこなし、あらゆる要求を引き受けてくれるため、人間はたわいもない娯楽に興じる以外に何もすることがない。人間は太って堕落し、無能になり、怠惰で無意味な気晴らしをして時間を過ごしている。だが、われわれの脳には「基本的な」人格が組み込まれていると私は思う。たとえば麻薬が合法化されたら、全人類のひょっとしたら五パーセントが中毒者になるのではないか、と多くの専門家が推定している。しかし残りの九五パーセントは、麻薬がいかに人生を縮め、破壊しうるかを知っているので、それを避けて、麻薬によって変化した世界ではなく現実の世界で生きようとするだろう。これと同じように、バーチャル・リアリティが完成すれば、もしかすると同じぐらいの数の人が現実世界でなくサイバースペースで生きることを選ぶかもしれないが、圧倒的多数となる可能性は低い。

われわれの祖先の穴居人が、他者から有能で役に立つ存在と思われたがったことを思い出そう。この欲求は、われわれの遺伝子に組み込まれているのだ。

子どものころ、アシモフの『ファウンデーション』三部作を初めて読んだとき、五万年後の人類がみずからを改変していないことに驚いたものだ。きっとそのころには人類は徹底的に身体を改造し、大きな頭と縮んだ体に、コミックで描かれるタイプの超人的な力を宿しているのだろう、と私は考えていた。ところがこの小説のシーンの多くは、現代の地球でもありうるものだった。このSF大河小説を思い返すと、おそらく穴居人の原理が働いていたのだろうと今ではわかる。思うに、将来、人々が装置やインプラントやアクセサリーを身につけて、超人的な力や強化された能力を手に入れる機会は訪れるだろうが、その後ほとんど取り外し、社会のなかでふつうにやりとりするようになるのではないだろうか。あるいは、みずからを恒久的に改変するとしたら、それは社会における地位を高める手だてであるはずだ。

決めるのはだれか？

一九七八年に世界初の試験管ベビー、ルイーズ・ブラウンが生まれたとき、それを可能にしたテクノロジーは、神のまねごとをしていると思った多くの聖職者やコラムニストから非難を浴びた。今日では、世界に五〇〇万人を超える試験管ベビーがいる。あなたの配偶者や親友もそのひとりかもしれない。

激しい批判がありながら、人々はこの手法を受け入れる決断をしたのである。

同じように、一九九六年にクローン羊ドリーが誕生したとき、そのテクノロジーを不道徳で神への冒瀆《ぼうとく》ですらあると非難する声が多かった。ところがいまや、クローニングは広く受け入れられている。私はバイオテクノロジーの権威であるロバート・ランザに、ヒトのクローニングはいつごろ実現するかと尋ねたことがある。すると彼は、これまでにヒトはおろか霊長類でさえクローニングに成功した者はいないと言った〔二〇一八年一月、カニクイザルの体細胞クローンが誕生したとの発表がなされている〕。それでもランザは、ヒトのクローニングはいつか実現すると思っている。ヒトのクローンが作れるとしても、おそらくほんのひとにぎりの人類しか自分のクローンを作る決断はしないだろう（自分のクローンを作るのは、跡取りがいないか、あまり好ましい跡取りがいない資産家だけかもしれない。彼らは自分のクローンを作り、いわば子どもの自分に財産を与えるわけである）。

親によって遺伝子が改変される「デザイナー・チャイルド」の登場を許さないとする声もあった。ところが今日、体外受精による受精卵をいくつか作ってから、致死的な変異（テイ－サックス病など）をもつ受精卵を捨てるということがふつうにおこなわれている。したがって、一世代のうちに、こうした致死的な形質を遺伝子プール〔種の全個体群がもつ遺伝子の総体〕から排除することも考えられるのだ。

一九世紀に電話が登場した当初、それを声高に批判する人がいた。面と向かって人と話さずに、エーテルを伝わる何か見えなくて実体のない声に話しかけるのは不自然だし、人はわが子や親友と話さずに、電話に多くの時間をかけすぎてしまうだろう、と言ったのである。確かに、その批判は正しかった。われわれは実体のない声と話すのに時間をかけすぎている。わが子と十分に話していない。それでもわれわれは電話が大好きだし、電話でわが子と話すこともある。この新しいテクノロジーを欲したのは、新聞の論説委員ではなく、人々なのである。将来、人類を強化できる過激な形態のテクノロジーが実用化されたら、人々がみずから、どこまで採用するかを決めるだろう。こうした論争を招くテクノロジーは、民主的な議論を経て初めて導入されるべきなのだ（ちょっと想像してみよう。異端審問の時代の人が、現代のわれわれの世界へやってきたとする。魔女を焼き殺し、異端者を拷問にかける世界から来たばかりの人は、現代文明のあらゆるものを神への冒瀆と非難するかもしれない）。今日、倫理にもとり、背徳的にさえ見えることが、将来はかなりふつうで当たり前のものに見える可能性もあるのだ。

どのみち、惑星や恒星を探査するなら、長旅に耐えるためにみずからを改変し強化する必要があるだろう。さらに、遠くの惑星をテラフォーミングするにしても限度があるため、異なる大気や温度や重力にみずからを適応させる必要もある。そうなると、遺伝的・機械的な強化が不可欠となる。

だがここまでは、人類を強化する可能性を論じてきたにすぎない。宇宙を探査していて、われわれとはまったく違う知的生命に遭遇したらどうなるだろう？　さらに、われわれより何百万年も先を行く文明に出くわしたらどうなるか？

また、宇宙で先進文明に遭遇しないとしたら、どうすればわれわれ自身がそうした文明を築けるのだろう？　先進文明の文化や政治や社会を予測することは不可能だが、異星文明であっても従わざるをえないものがひとつある。それは物理法則だ。では、そのような先進文明について物理学は何を語ってくれるのだろうか？

第12章　地球外生命探査

もともとおまえは粘土であった。おまえは鉱物から植物となった。植物から動物に、そして動物から人間となった。……そしておまえは、あと一〇〇の世界を通り抜けねばならぬ。魂には一〇〇〇の形態がある。

――ルーミー

人類がこのまま暴力を拡大するおそれがあるとしたら、おまえたちの地球は灰燼《かいじん》に帰すだろう。おまえたちの選択は単純だ。われわれの仲間になり平和に暮らすか、それとも今の道を進んで滅びるか。答えを待つ。決めるのはおまえたちだ。

――『地球の静止する日』の異星人クラトゥ

ある日、よそ者たちがやってきた。聞いたこともない遠くの地から来た彼らは、奇妙で不思議な船に乗り、夢でしか見られないテクノロジーを使っていた。それまでに見たどれよりも頑丈な鎧《よろい》や盾をもっていた。そして未知の言葉を話し、奇妙な獣を連れていた。

だれもが訝《いぶか》った。「奴らは何者だ?」「どこから来たんだ?」
ある者は星々からの使者だと言った。
天の神々のようだとつぶやく者もいた。
残念ながら、すべて外《はず》れていた。

一五一九年は運命の年だった。この年、モンテスマとエルナン・コルテスが相まみえ、アステカ、スペイン両帝国が衝突したのだ。コルテス率いる征服者《コンキスタドール》は神々の使いではなく、黄金をはじめ、略奪できるものならなんでも欲しがる冷酷無比な連中だった。森からアステカ文明が興隆するのに数千年を要したが、青銅器時代のテクノロジーしかもっていなかったために、ものの数か月でスペイン兵に制圧され、滅ぼされてしまった。

宇宙へ進出する場合、この悲劇から得られる教訓がひとつある。われわれは用心しなければならないということだ。なにしろアステカ人のテクノロジーは、スペインの征服者のものよりおそらく数世紀しか遅れていなかったのである。われわれが宇宙でほかの文明に遭遇したら、その文明はわれわれのものよりはるかに進歩していて、彼らのもつ力はおよそ想像するほかないかもしれない。そんな先進文明と戦争にでもなれば、シマリスのアルビン〔コミックソングで登場し、のちにテレビアニメや実写映画で人気を博するようになったキャラクター〕がキングコングと戦うようなものになるだろう。

物理学者のスティーヴン・ホーキングはこう警告した。「知的生命が、われわれにとって出会いたくない存在となりうることは、われわれ自身を見るだけでわかる」[*1]。そしてクリストファー・コロンブスとアメリカ先住民の遭遇の結果を引き合いに出し、「良いことにはならなかった」

と結んだ。また、宇宙生物学者のデイヴィッド・グリンスプーンは言う。「飢えたライオンがうようよいるジャングルに住んでいる人が、木から飛び降りて『おーい』と叫ぶだろうか？」[*2]

ところが、われわれはハリウッド映画に洗脳されているせいで、侵略してくるエイリアンが人類より数十年、数百年進んだテクノロジーをもっていても、彼らを打ち負かせると思い込んでいる。ハリウッドは、われわれが何か旧式の巧みな手口を用いることで勝てると考えているのだ。『インデペンデンス・デイ』では、単純なコンピュータ・ウイルスをエイリアンのオペレーティング・システムに送り込むだけで、彼らを屈服させられた。まるで、エイリアンがマイクロソフト・ウィンドウズを使っているかのように。

科学者さえもこのような誤りを犯し、おそろしく遠く離れた星に住むエイリアンが地球を訪れるという考えをばかにする。しかしそれは、エイリアンの文明のテクノロジーがわれわれより数百年だけ進んでいるという想定にもとづいている。われわれより何百万年も進んでいたらどうだろう？　一〇〇万年など、宇宙にとっては一瞬にすぎない。こうした途方もない時間的スケールを考えれば、新たな物理法則やテクノロジーが掘り起こされているかもしれない。

私自身は、宇宙のどの先進文明も平和を好むようになると思っている。彼らはわれわれよりはるかに進んでおり、莫大な時間のなかで古くからの派閥、部族、人種、原理主義をめぐる対立を解消しているのではなかろうか。だが、そうでないとしたら用心する必要がある。宇宙へ向けて電波信号を送り、どこかの異星文明にわれわれの存在を知らせるよりも、まずは異星文明について調べるのが賢明だろう。

私はいずれ地球外文明と接触があり、ひょっとしたら今世紀中にもそれが起こるかもしれないと考えている。彼らは無慈悲な征服者ではなく、慈愛に満ち、みずからのテクノロジーを喜んでわれわれに分け与えてくれるかもしれない。するとそれは、火の発見に匹敵する、史上最大級の転機となるはずだ。これがその後何世紀にもわたる人類文明の道筋を決める可能性もある。

SETI

この問題を積極的に解決すべく、現代のテクノロジーを用いて天空を走査し、宇宙の先進文明のしるしを見つけ出そうとしている物理学者もいる。その取り組みは地球外知的生命探査（SETI）といい[*3]、地球上でトップクラスの性能をもつ電波望遠鏡によって天空を走査し、異星文明からの通信に耳をすますやり方だ。

現在、マイクロソフトの創業者のひとりであるポール・アレンなどによる寛大な寄付のおかげで、SETI研究所はサンフランシスコから四百数十キロメートル北東のカリフォルニア州ハットクリークに、最新鋭の電波望遠鏡を四二基建造している。最終的に、ハットクリークの施設には、周波数一～一〇ギガヘルツの電波を走査する電波望遠鏡が三五〇基できるようだ。

しかしSETI計画に携わるのは、裕福なパトロンや用心深い援助者に出資を請うばかりの、えてして報われない仕事である。米国議会は半端な興味しか示さず、ついに一九九三年には、税金の無駄遣いだとしてあらゆる資金援助を打ち切った（一九七八年、上院議員のウィリアム・プロクスマイアは、悪名高い「金の羊毛賞」〔税金を無駄遣いした米国の公的機関に贈られる賞〕を授与してSETIを嘲っている）。

一部の研究者は資金不足に苛立ち、探査の範囲を広げるべく、一般の人に直接参加を呼びかけた。カリフォルニア大学バークリー校で、天文学者たちがSETI@homeを立ち上げたのである。これは、オンラインで何百万人ものアマチュアに探査への協力を求める取り組みだ。だれでも参加できる。ウェブサイトからソフトウェアをダウンロードするだけでいい。すると夜、人が眠っているあいだに各自のパソコンがＳＥＴＩで収集された山のようなデータを探し、干し草の山から針を見つけようとする。

私は、カリフォルニア州マウンテンヴューにあるＳＥＴＩ研究所のセス・ショスタク博士に何度もインタビューしたことがあるが、彼は二〇二五年までに異星文明との接触があるだろうと考えている。なぜそこまで確信がもてるのかと私は訊いた。なにしろ、数十年がんばってきたのに、異星文明からの信号はひとつも確かめられていないのだ。おまけに、電波望遠鏡を使ってエイリアンの会話に耳をそばだてるのは、ちょっとギャンブルである。エイリアンは電波を使っていないかもしれないのだから。まったく異なる周波数を使っていたり、レーザー光や思いも寄らぬ通信方式を用いていたりする可能性もある。それは皆ありうる、とショスタクも認めている。それでも、ほどなく人類が異星の生命と接触することを確信している。彼にはドレイクの方程式という味方がいるのだ。

一九六一年、天文学者のフランク・ドレイクは、宇宙のエイリアンにかんするいい加減な推定の数々に不満を覚え、そのような文明が見つかる確率を計算しようとした。たとえば、天の川銀河にある恒星の数（およそ一〇〇〇億個）から始めて、そのうち周囲に惑星をもつ割合を見積もり、次にそうした惑星に生命がいる割合を見積もり、さらに知的生命がいる割合を見積もるといった具合に絞り込んでいくのだ。これら一連の割合を掛け合わせると、銀河系に存在しうる先進文明の概数が得られる。

フランク・ドレイクがこの方程式を最初に提案したときには、わかっていないことが多すぎて、最終的な結果は臆測にすぎなかった。銀河系に存在する文明の推計は、数万から数百万まで開きがあったのである。

だが、いまや系外惑星が続々と発見され、はるかに現実的な推定ができるようになっている。ありがたいことに、天文学者が年々、ドレイクの方程式の諸要素を絞り込んでいるのだ。今では、天の川銀河において、太陽に似た恒星の五個に一個以上は地球に似た惑星をもつことがわかっている。方程式によれば、そうした地球型惑星は銀河系に二〇〇億個以上あることになる。

ドレイクの方程式には、ほかにも多くの修正がなされてきた。もとの方程式はあまりにも未熟だったのである。すでに見たとおり、地球型惑星とともに、円軌道を描く木星サイズの惑星もないと、生命を滅ぼしうる小惑星や岩塊を一掃できないことがわかっている。そこで、地球型惑星を、同じ恒星系内に木星サイズの惑星もあるようなものに絞り込む必要がある。また、地球型惑星の自転が安定するために、大きな衛星を従える必要もある。さもないと、やがてはふらついて、数百万年以上もあとにはひっくり返ってしまいさえするだろう（月が小惑星のように小さかったなら、地球の自転のわずかなふらつきが、ニュートンの法則に従って莫大な年月をかけて増していき、ついには地球がひっくり返ってしまうかもしれない。これは生命に惨事をもたらす。地殻にひびが入りだし、巨大な地震や津波のほか、すさまじい火山噴火が起こりそうだからだ。月は十分に大きいため、こうしたふらつきが増していない。しかし、小さな衛星しかもたない火星は遠い昔、実際にひっくり返っていた可能性もある)。

現代科学は、宇宙には生命を生み出せる惑星がどれほどあるかという問いに対し、具体的なデータを大量に提供してくれたが、一方で、自然災害や偶発事故によって生命が絶滅するシナリオもたくさん見つかっている。地球の歴史で、知的生命が自然災害(小惑星の衝突、惑星規模の氷河期、火山の噴火など)によって絶滅寸前となった局面は、何度もあった。そこで重要な疑問は、こうした基準を満たす惑星のうち、どれだけの割合が実際に生命を宿し、そのうちどれだけの割合が惑星規模の災害を免れて知的生命を生み出したかというものになる。したがって、銀河系に存在する知的文明の数を正確に見積もれるのはまだずっと先のようだ。

ファーストコンタクト

私はショスタクに、エイリアンが地球にやってきたらどうなるかと尋ねた。大統領が統合参謀本部の緊急会議を招集するのか? 国連がエイリアンを歓迎する声明を起草するのか? ファーストコンタクトをするときの手順書は?

彼の答えにはかなり驚かされた。おおむね手順書はないというのだ。科学者がこの問題を話し合う会議を開いても、彼らにできるのは非公式の提言だけで、公式の重みはない。この問題を真剣に受け止めている政府はないのである。

いずれにせよファーストコンタクトは、遠くの惑星から流れてきたメッセージを地球の検出器がとらえるという一方的なものになりそうだ。メッセージをとらえたからといって、そのエイリアンとコミュニケーションが図れることにはならない。そうした信号は、たとえば地球から五〇光年離れた恒星系から届くかもしれない。すると、その星にメッセージを送り、地球に返信が届くのには一〇〇年かかる。したがって、宇宙にいるＥＴ（地球外生命）とコミュニケーションを図るのは非常に困難なのだ。

いつかエイリアンが地球にやってこられるとしたら、もっと現実的な疑問がわく。どうやって彼らと会話するのか？　彼らはどんな言語を話すのだろう？

映画『メッセージ』では、エイリアンがいくつもの巨大な宇宙船で訪れ、多くの国の上空で不気味に停止する。地球人がこの宇宙船に入ると、大きなイカに似たエイリアンに遭遇する。彼らとの意思疎通を試みるが難しい。エイリアンがスクリーンに奇妙な文字を書きつけてコミュニケーションを図るからで、言語学者は苦労してそれを翻訳していく。危機が訪れるのは、エイリアンが「道具」とも「武器」とも読める言葉を記したときだ。このあいまいさに戸惑った核保有国は、いつでも兵器を使える警戒態勢に入る。単純な言語上のミスのせいで、どうやら惑星間戦争が起こりかけていたのである（実際には、地球に宇宙船を送るほど進歩した種族なら、きっとテレビやラジオの電波を傍受して事前にわれわれの言語を解読しているだろうから、地球の言語学者に頼る必要はないはずだ。どのみち、われわれより何千年も進歩しているかもしれないエイリアンと惑星間戦争を起こすのは賢明ではない）。

では、エイリアンが言語においてまったく違う枠組みをもっていたらどうなるだろうか?

エイリアンが知性化したイヌの子孫だったら、その言語は視覚的なイメージではなくにおいを反映したものになるだろう。知性化した鳥の子孫だったら、言語は複雑なメロディーによるものとなるかもしれない。コウモリやイルカの子孫なら、言語にソナー信号を用いる可能性もある。昆虫の子孫なら、互いにフェロモンで信号を送ることも考えられる。

じっさい、こうした動物の脳を調べてみると、われわれの脳とどれほど違っているかがわかる。われわれの脳は大部分が視覚と言語にあてられているが、ほかの動物の脳は嗅覚や聴覚などにあてられているのだ。

つまり、われわれが異星文明とファーストコンタクトをしても、彼らがわれわれと同じように考え、コミュニケーションを図ると決めてかかることはできないのである。

どんな姿をしているか?

SF映画を観るとき、ついにエイリアンが姿を現す場面がよく山場となる(実を言うと、すばらしい映画『コンタクト』にもがっかりさせられる点があり、そのひとつは、大変な盛り上がりを見せながら、エイリアンそのものの姿は見られないということである)。ところが『スター・トレック』シリーズでは、エイリアンは皆われわれにそっくりで、われわれと同じように話し、だれもが完璧なアメリカ英語を操る。彼らは鼻の形が違うぐらいだ。『スター・ウォーズ』のエイリアンはもっと創意に富んでおり、野獣や魚に似ているが、彼らは決まって、地球と同じような空気が吸え、地球に近い重力のある惑星からやってきている。

最初はだれでも、まだ遭遇したことがないのだからエイリアンはどんな姿でもありうると言うかもしれない。それでも、論理的にたどれそうなことはある。確実には言えないが、地球外の生命は、海で生まれ、炭素ベースの分子で構成されている可能性が高い。この化学構造は、生命に欠かせないふたつの基準を満たすのにうってつけなのだ。ひとつは、複雑な分子構造のおかげで膨大な情報をたくわえられることで、もうひとつは、自己複製ができることである（炭素には四本の結合手があり、タンパク質やＤＮＡなど、炭化水素の長い鎖を作ることができる。このＤＮＡの長い炭素鎖には、塩基の配列によるコードが収められている。この鎖は二本あり、ほどけるとそれぞれが必要な分子をつかまえ、コードに従ってみずからのコピーを作る）。

近年、新たな科学分野が産声をあげた。宇宙生物学と呼ばれるそれは、地球とは異なる生態系をもつ遠くの世界の生命を研究する学問だ。これまで宇宙生物学者は、多種多様な分子となりうる「炭素ベースの化学構造」をもたない生物が生じるプロセスを、うまく見つけられずにいる。巨大ガス惑星の大気中に浮かぶ風船のような知的生命など、ほかにも多くの生命形態が考えられてきたが、そんな生物を可能にする化学構造を実際に生み出すのは難しい。

子どものころ大好きだった映画のひとつが『禁断の惑星』で、これは私に科学の有益な手ほどきをしてくれた。はるか遠くの惑星で、宇宙飛行士たちは仲間を殺す巨大な怪物に恐怖する。ひとりの科学者が、怪物が地面に残した足跡の石膏型をとる。そして発見したことに仰天する。怪物の足はあらゆる進化の法則に反している、と彼は言い放つ。鉤爪《かぎづめ》も、足指も、骨も、配置がまったくでたらめだったのだ。

これが私の注意を引いた。怪物が進化の法則に反しているだって？　私にとっては新鮮な考えだった。怪物やエイリアンさえも科学の法則に従う必要があるとは。それまで私は、怪物はただ獰猛で醜ければいいと考えていた。しかし、怪物もエイリアンもわれわれと同じ自然法則に従わなければならないというのは、まったく理にかなっている。彼らも単独で生きているわけではないのだ。

たとえばネス湖の怪物〔いわゆるネッシー〕の話を聞いたら、その生物の繁殖個体群はどうかと問う必要がある。恐竜のような生物がネス湖に生息できるとすれば、おそらく五〇ほどの個体からなる繁殖個体群ができていないとおかしい。そうならば、この生物の証拠が（骨や獲物の死骸や排泄物などとして）あっさり見つかってしかるべきだ。そんな証拠が見つかっていないという事実は、この怪物の存在に疑問を投げかけている。

同様に、進化の法則は宇宙のエイリアンにも当てはまるはずだ。異星文明が遠くの惑星にどのように現れるのかは、正確にはわからない。それでも、みずからの進化をもとに、ある程度推定することはできる。ホモ・サピエンスがどのように知能を発達させてきたのかを調べると、われわれが厳しい状況を脱するには少なくとも三つの条件が必要だったことがわかる。

1．立体視のできる眼

一般に、捕食者は被食者（獲物）より知能が高い。効率的に狩りをするには、忍び足、狡知《こうち》、戦略、カムフラージュ、欺きに長けていなくてはならない。さらに、被食者の習性——どこで摂食するのか、弱点は何か、どのような防御をおこなうのか——も知っている必要がある。これらは皆、ある程度脳の力を必要とする。

一方、被食者に必要なのは、逃げることだけだ。

これは両者の眼に反映されている。トラやキツネのようなハンターには、顔の正面にふたつの眼があり、そのおかげで脳が左右の眼からの像を比較し、立体視ができる。立体視によって、距離の判断ができるようになる。これは被食者の位置を突き止めるのに欠かせない。しかし被食者には立体視は必要ない。彼らに必要なのは、見渡して捕食者の存在を探れる三六〇度の視界だ。そのため、シカやウサギのような被食者には、顔の両側に眼がついている。

おそらく、宇宙の知的生命は、食料を狩る捕食者の子孫となるはずだ。だからといって、必ずしもエイリアンが攻撃的となるわけではなく、遠い昔の祖先が捕食者なのではないかということだが、用心するに越したことはないだろう。

2．ほかの指と対向する親指や、物をつかめる付属肢

知的文明を発展させられる種族のあかしのひとつは、環境を操作できることだ。環境変化のなすがままである植物とは違い、知能の高い動物は環境に手を加えてみずからの生き延びる可能性を高められる。ヒトを際立たせている特徴のひとつは、ほかの指と対向する親指であり、このおかげでわれわれは手で道具を利用できる。かつて、手は主に木の枝からぶら下がるために使われ

ていた。そのため、われわれの人差し指と親指で弧を作ると、そのサイズはおおよそアフリカの木の枝と同じになる（これは、ほかの指と対向する親指だけが、知性をもたらしうる把握器官だということではない。触手や鉤爪でもいいだろう）。

したがって、動物は第一の条件と第二の条件を組み合わせれば、手と眼の連係を利用して獲物を狩り、さらに道具を操ることもできる。だが第三の条件は、すべてを結びつける。

3. 言語

ほとんどの動物では、個体が学び取った知識はすべて、その死とともに失われる。世代から世代へと必要な情報を手渡して蓄積するには、なんらかの言語が欠かせない。言語が抽象的であるほど、世代間で伝達できる情報は多くなる。

ハンターであることは、言語の進化をうながす。捕食者の群れは、互いにコミュニケーションをとり、連係する必要があるからだ。言語はとくに群れをなす動物にとって役に立つ。ひとりのハンターではマストドン〔一万年前ごろに絶滅したゾウの一グループ〕に踏みつぶされてしまうかもしれないが、ハンターが群れると、待ち伏せし、包囲して、罠にかけ、マストドンを仕留めることができる。そして言語の登場は、個体間の協力を加速させる、必然的な社会現象なのである。これは、人類の文明が興隆するのに欠くべからざる要素だった。

言語の社会的な面を如実に示す例がある。それは、私がディスカバリー・チャンネルのテレビ番組で、プールいっぱいの陽気なイルカと泳いだときだった。プールのなかに音響センサーを入れ、イルカ同士がコミュニケーションをとるのに用いるチャープ（甲高い鳴き声）やホイッスル（口笛のような鳴き声）を記録した。イルカには書き言葉はないが、話し言葉があり、それを記録して解析することができる。

それからコンピュータで、知能を示すパターンが探せる。たとえば、英語を無作為に解析すると、アルファベットのなかでeが最も使用頻度の高い文字だとわかる。そうして文字のリストを作れば、それぞれの文字の使用頻度が解析でき、その言語や個人に特有の「指紋」が明らかになる（この方法は、昔の原稿の著者を突き止めるのに使える。たとえば、シェイクスピアの戯曲が本当に彼の作であることを示せる）。

これと同じく、イルカ同士のコミュニケーションを記録すれば、彼らのチャープやホイッスルの頻度がなんらかの数式に従っていることがわかる。

さらに、ほかにイヌやネコなどのさまざまな種の言語を解析しても、同じように知能の徴候らしきものが見つかる。

しかし昆虫の出す音を調べていくと、知能を示す証拠は見つからなくなる。結局のところ、動物には確かに原始的な言語があり、コンピュータでその複雑さが数学的に明らかにできるのである。

地球上の知能の進化

したがって、知的生命の誕生に少なくとも三つの特質が必要なのだとすれば、地球上の動物で三つすべてを備えたものはどれだけいるかという問いが立てられる。立体視のできる多くの捕食者は、鉤爪のある肢や牙や触手をもっているが、道具をつかむことはできない。またそのどれも、狩りをして、他者と情報を共有し、次の世代に情報を手渡すことを可能にする、高度な言語はもっていない。

ヒトの進化や知能を、恐竜のものと比較してもいい。恐竜の知能についてわれわれが理解していることはとてもわずかだが、彼らはおよそ二億年にわたり地球を支配していたと考えられているのに、知性化したり恐竜文明を築き上げたりするものはいなかった。それに引きかえ、ヒトはわずか二〇万年ほどで文明を築き上げたのである。

ところが、恐竜の王国をよく調べてみると、知能が花開いたかもしれない徴候が見られる。たとえば、『ジュラシック・パーク』でその名が知れわたったヴェロキラプトルは、時とともに知性化していただろう。彼らは、ハンターならではの立体視のできる眼をもっていた。群れで狩りもおこなっていたので、協力するためにきっとなんらかのコミュニケーションの手段をもっていたはずだ。さらに、獲物をつかめる鉤爪ももっていて、それがほかの指と対向する親指へと進化した可能性もある（一方、ティラノサウルス・レックスの前肢は小さく、おそらく狩りを終えたあとに肉をつかむのにしか使われず、把握器官としてはあまり役に立たなかっただろう。T・レックスは事実上、歩く口だったのだ）。

『スターメイカー』のエイリアン

このおおまかな条件を仮定すれば、オラフ・ステープルドンの『スターメイカー』に登場するエイリアンについて検討できる。物語の主人公は、宇宙を駆け抜ける空想の旅をして、興味深い文明にたくさん出合う。読者は、天の川銀河というキャンバスに、考えられるかぎりの知性体が広がるパノラマを目にするのだ。

あるエイリアンの種族は、強い重力場をもつ惑星で進化を遂げていた。そのため、歩くのに四本脚ではなく六本脚が必要だった。やがて二本の前脚は手に進化を遂げ、自由になり道具が使えるようになった。そうしてこの動物は、ケンタウロスのような姿に進化したのである。

主人公の男は、昆虫に似たエイリアンにも出会う。個々の昆虫は知能をもたないが、何十億も組み合わさることで、集合的な知能を作り出している。鳥に似た種族は、雲のように巨大な群れをなして飛び、やはり集合意識を形成する。男は、知能をもつ植物に似た生き物にも遭遇する。それは、日中は植物のように動かないが、夜になると動物のように動くことができる。男はまた、完全にわれわれの経験の埒外にある知的生命にも出会う。たとえば知能をもつ星々のように。

さらに、エイリアンの多くは海に住んでいる。そんな水生種族のなかでもとくに成功を収めているものが、魚とカニに似た二種類の生物の共生形態である。魚はカニを後頭部に乗せてすばやく移動でき、カニはハサミを使って道具を操ることができる。この組み合わせによって両者はとてつもないメリットを手に入れ、その惑星を支配する種族となっている。やがて、カニに似た生物は陸へ進出し、そこで機械や電化製品やロケットを発明し、繁栄と科学と進歩によるユートピア社会を作り上げる。

この共生生物はスターシップを開発し、自分たちより遅れている文明に遭遇する。ステープルドンはこう書いている。「共生種族は、未開の種族からみずからの存在を隠すべく、細心の注意を払った。未開の種族が主体性を失わないようにしたのだ」

要するに、魚とカニは、それぞれ単独では高等生物には進化できなかっただろうが、両者が組み合わさるとそれができたのである。

異星文明が存在するとして、その大多数が、氷に覆われた衛星（エウロパやエンケラドゥスなど）や浮遊惑星の衛星で、地下に広がる水のなかにあるかもしれないことを考えると、こんな疑問がわく。水生種族が真に知性化することはありうるのか？

われわれが住む地球の海を調べると、いくつか問題が見つかる。ひれは海中できわめて効率的な移動手段だが、足（および手）はそうではない。ひれならとても機敏に動きまわれるが、海底を足で移動すると、ぎこちなくもたもたするのだ。当然かもしれないが、海では道具をつかめる付属肢を発達させた動物はほとんど見ない。そのようなわけで、ひれをもつ動物が知性化する可能性は低い（ひれがどうにかして物をつかめるように進化するか、そうしたひれが、実はイルカやクジラのように海へ戻った陸生動物の腕や脚なのでないかぎり）。

一方で、タコは大成功を収めている動物だ。少なくとも三億年は生き延びているので、ひょっとしたら無脊椎動物のなかで最も知能が高いのかもしれない。タコを先述の条件に照らして検討してみると、三つのうちふたつに当てはまる。

第一に、タコは捕食者なので、ハンターの眼をもっている（もっとも、タコの両眼は真正面をうまく立体視できないが）。

第二に、八本の触手のおかげで、周囲の物体を操る並外れた能力がある。この触手は驚くほど器用に動く。

しかし、タコには話す言語がない。単独行動をするハンターなので、他者とコミュニケーションを図る必要がないのである。そして知られているかぎり、世代間で何かを伝えるやりとりもない。

このためタコは、ある程度は知能を示す。水族館から逃げ出せることでよく知られ、軟らかい体をフルに生かして小さな隙間を通り抜ける。迷路も抜け出せるため、なんらかの記憶をもつことも示しており、さらに道具を操ることでも知られている。あるタコは、ココナッツの殻をつかんで、自分の隠れ家を作ることもできた。

では、タコに限定的な知能と多芸な触手があるとしたら、なぜ知性化しなかったのか？　皮肉にも、それはタコの成功ぶりを証明しているのだろう。岩の下に隠れて獲物を触手でつかまえるという戦略があまりにも成功を収めているため、タコはおそらく知能を発達させる必要がなかったのだ。つまり、高い知能へと進化するように働く進化圧（進化をうながす圧力）がなかったということになる。

しかし、条件が異なる遠くの惑星では、タコに似た生物がチャープやホイッスルによる言語を発達させ、群れで狩りができるようになっていることも考えられる。ひょっとすると、タコの口器は初歩的な言語を生み出すように進化できるのかもしれない。遠い未来のいつか、地球上の進化圧がタコの知能を発達させることさえ考えられる。

したがって、知能の高いタコの種族は確かに存在しうるのである。

ステープルドンが思い描いたもうひとつの知的生命は、鳥だった。すでに科学者らは、鳥がタコと同じようにかなりの知能をもつことに気づいている。だが、タコと違って鳥は、さえずりのほか、歌やメロディーも用いた非常に高度なやり方で、互いにコミュニケーションをおこなっている。科学者らが何種類かの鳥の歌声を録音したところ、複雑でメロディーが豊かな歌ほど、異性を強く引きつけることがわかった。つまり、雄の歌の複雑さによって、雌はその雄の健康状態やたくましさ、パートナーとしての適性を判断できるのだ。そのため、鳥には複雑なメロディーとある程度の知能を発達させる進化圧がある。一部の鳥は、(タカやフクロウのように)立体視のできるハンターの眼と、なんらかの言語をもっているが、環境を操作する能力はもっていない。

今から一億年以上も前、四本脚の動物の一部が鳥に進化した。鳥の骨を調べると、脚の骨がどのようにしてゆっくりと翼の骨へ進化したのかが詳細にわかる。脚の骨のセットと翼の骨のセットは一対一で対応している。しかし、真に環境を操作するには、自在に道具をつかめる手がほしくなる。すると、鳥が知性化するためには、飛行と道具の使用というふたつの用途をもつ翼を進化させるか、少なくとも六本の脚をもたせてから、そのうちの四本が最終的に翼と手になるようにする必要がある。

だから、どうにかして道具を操る能力を発達させられれば、知性化した鳥の種族は誕生しうる。

ここに挙げたのは、知的生命がどれほど多様となりうるかを示すほんの数例にすぎない。ほかにもきっと多くの可能性が考えられる。

ヒトの知能

こんな問いを立てると説明がしやすくなる。なぜわれわれは高い知能を手に入れたのか？　多くの霊長類が三つの条件をすべて満たす一歩手前まで来ているのに、なぜチンパンジーやボノボ（われわれに最も近い進化上の親類）やゴリラではなく、われわれがこうした能力を発達させたのだろうか？

われわれホモ・サピエンスは、ほかの動物と比較するとひ弱で出来が悪い。すぐに動物界の笑いものになってしまいそうだ。あまり速く走れないし、鉤爪ももっていない。空も飛べなければ、嗅覚が鋭くもなく、装甲をもつわけでもない。それほどたくましくないし、毛のない皮膚はかなりデリケートだ。どのカテゴリーでも、身体的にわれわれよりはるかに優れた動物がいる。

実のところ、われわれの目につく動物のほとんどは大いに成功を収めているため、変化するような進化圧を受けていない。数百万年以上変化していない動物もいるのだ。ひ弱で出来が悪いからこそ、われわれは、ほかの霊長類にはないスキルを獲得する途方もない圧力を受けた。自分たちの欠陥を補うには、知能を高めるほかなかったのである。

ある仮説によれば、数百万年前に東アフリカの気候が変化しだし、森が後退して草地が広がった。ヒトの祖先は森の動物だったので、樹木が消えはじめると、多くが死んでいった。

生き残った者は、森林からサバンナ（熱帯草原）へ移動せざるをえなかった。彼らは草の上から見渡せるように、背中を上に反らして直立歩行をする必要があった（われわれの脊柱の湾曲にその証拠が見てとれる。この湾曲により、腰のくびれには多大な負担がかかっているのだ。だからこそ、腰痛は中年世代がとりわけよく悩まされる健康問題のひとつなのである）。直立歩行にはもうひとつ大きな利点があった。両手が自由になったため、道具を操れるようになったのだ。

宇宙で知的なエイリアンに遭遇するとしたら、彼らもまたひ弱で出来が悪い可能性が高く、知能を進化させることでその欠陥を補っているはずだ。そしてわれわれと同じく、新たなスキル——環境を意のままに変える力——によって生存能力を高めているだろう。

異なる惑星での発展

ならば、知的生命はどのように現代的なテクノロジー社会を生み出せるのだろうか？

先に述べたとおり、銀河系で最も一般的な生命は水生かもしれない。海の生物が必要な生理機能を発達させられるかどうかについてはすでに考察したが、ここでの話には文化やテクノロジーの要素もかかわってくる。そこで、先進文明が海の底から生じうるのか否かを検討してみよう。

ヒトの場合、農業が生まれたのち、エネルギーと情報の発展過程は三つの段階を踏んでいる。第一の段階は産業革命だった。この段階では、われわれの手にするエネルギーが、石炭や化石燃料のパワーによって何倍にも増した。社会はパワーを爆発させ、原始的な農業文明は工業文明に転化した。

第二の段階は電気の時代だ。この段階では、われわれの利用できるパワーが発電機によって増し、ラジオやテレビ、テレコミュニケーション（遠隔通信）など、新たなタイプのコミュニケーションが登場した。その結果、エネルギーも情報も社会に満ちあふれた。

第三の段階は情報革命である。この段階では、コンピュータが社会を支配するようになった。

ここで素朴な疑問がわく。水生のエイリアンの文明も、エネルギーと情報の発展でこの三つの段階を踏めるのだろうか？

エウロパやエンケラドゥスは太陽からあまりにも遠く、海はずっと氷で覆われているため、こうした遠くの衛星に住む知的生命はどれも、地球の地下の暗い洞窟に生息する魚のように盲目だろう。その代わりになんらかのソナーを発達させ、コウモリのように音波を利用して、海中を動きまわっているはずだ。

一方、音は光よりはるかに波長が長いので、このような生命は、われわれが眼で見るほど細かいところはわかるまい（医師が用いる超音波診断器は、内視鏡よりはるかに解像度が低いのと同じように）。そのため、彼らが現代的な文明を築くための歩みは遅くなる。

しかしもっと重要なのは、いかなる水生の種族もエネルギーの問題に直面するということだ。水中では化石燃料は燃やせないし、電気の絶縁も困難なのだから。燃焼によって機械的運動を生み出す酸素がなければ、ほとんどの産業用機械は使い物にならない。太陽エネルギーも使えない。太陽光が恒久的な氷の覆いを通り抜けられないからだ。

内燃機関も火も太陽エネルギーも使えないとなれば、どんな水生のエイリアンの種族も、現代的な社会へ発展するだけのエネルギーを持ち合わせていないように思える。だが、彼らに利用できる、眠れるエネルギー源がひとつ存在する。海底の熱水噴出孔から得られる地熱エネルギーだ。地球の海底にある熱水孔と似たものがエウロパやエンケラドゥスにもあり、それがさまざまな道具に使えるエネルギー源となりうるのである。

水中の蒸気機関も作り出せるのではなかろうか。熱水孔の温度は水の沸点よりずっと高いことも考えられる。そうした熱水孔から熱が運べれば、それを利用して蒸気機関が作れそうだ。熱水孔から沸騰した水を汲み出し、それでピストンを動かす配管系を組むのである。そこから彼らは、機械の時代に入れるかもしれない。

この熱で鉱石を溶かして冶金《やきん》術を生み出すこともできるだろう。金属を抽出して型に流し込めば、海底都市を建設することも可能だ。つまり、水中の産業革命を起こせるかもしれないのである。電気の革命は起こるように思えない。いわゆる電化製品は、ほとんど水でショートを起こしてしまうのだから。電気なくして、われわれの電気の時代に見られたあらゆる驚異は実現できまい。そのため、彼らのテクノロジーは停滞してしまいそうだ。

ところが、ここでも解決策が考えられる。そうした生命が海底で磁化した鉄を見つけ出せたら、発電機を作り出し、それで機械を動かすことができる。鉄の磁石を回転させて（たとえば蒸気のジェットをタービン羽根に当てるなどして）導線のなかの電子を動かし、電流を生み出すのだ（この原理は、自転車のライトや水力発電のダムと同じ）。要するに、水中の知的生命は、たとえ水があっても磁石を使って発電機を作り、電気の時代へ踏み出せるのである。

コンピュータによる情報革命も、水生の種族にとってなし遂げるのは困難だが、不可能ではない。水が生命を生み出すのにうってつけの媒質であるのと同じく、おそらくケイ素もチップをベースとするコンピュータ・テクノロジーの基礎をなす。海底にケイ素があれば、それをわれわれと同じように採掘して精製し、紫外線を使ってエッチングすることでチップができる（シリコンチップを作るには、チップのすべての回路が描かれた型をシリコンウエハーにのせて紫外線を照射する。紫外線と一連の化学反応により、シリコンウエハーに回路のパターンがエッチングされ、チップ上にトランジスタができる。トランジスタ・テクノロジーの基礎をなすこのプロセスは、水中でもおこなえる）。

したがって、水生生物が知能を高めて現代的なテクノロジー社会を生み出すことは可能なはずだ。

エイリアンのテクノロジーを阻む自然の障害

文明が現代的な社会へ向かう長く険しい道を歩みはじめると、また別の問題に直面する。種々の自然現象が道を阻むのである。

たとえば、金星やタイタンのような場所で知的生命が生まれたとしても、彼らは頭上をずっと雲に覆われているので、星々を見ることがないだろう。彼らの宇宙の概念は、自分たちの惑星に限られてしまう。

すると、その文明は天文学を発展させられず、宗教も自分たちの星に限られた話しか語らないものとなる。雲の上を探ろうという気持ちが起こらないため、文明も行き詰まり、宇宙計画が打ち出されることなどとうていありそうにない。宇宙計画がなければ、テレコミュニケーションや気象衛星も登場しないはずだ（ステープルドンの小説では、海中にいた生物がやがて陸へ上がり、天文学を見出した。海にとどまっていたら、みずからの星の外に広がる宇宙を知ることはなかっただろう）。

発展した社会が直面するさらに別の問題が、賞を取ったアシモフの短編『夜来たる』（『夜来たる』〔美濃透訳、早川書房〕に所収）において語られている。この作品でアシモフは、六つの恒星のまわりを回る惑星に住む科学者たちを想定した。この惑星は絶えず恒星の光を浴びている。住民は何億もの星々がきらめく夜空を見たことがなく、自分たちの恒星系が宇宙のすべてだと固く信じていた。彼らの宗教や、集団としてのアイデンティティはすべて、この考えを中心に形成されていた。

だが、やがて科学者たちは次々と不穏なことがらに気づく。二〇〇〇年ごとに文明が雲散霧消していたのだ。謎の出来事が引き金となり、社会が崩壊していた。この滅亡のサイクルは、果てしない過去から繰り返されているようだった。すべてが闇に包まれたため、人々の気がふれたという言い伝えもある。人々は巨大なかがり火で夜空を照らしつづけ、ついには街全体が炎上した。奇異な宗教が広まり、政府はつぶれ、正常な社会は崩壊した。それから二〇〇〇年かけて、前の文明の燃えさしから新たな文明が興っていたのである。

その後、科学者たちは過去の忌まわしい事実を知る。二〇〇〇年ごとに、彼らの惑星の軌道に異常が見られ、夜が訪れていたのである。そして恐ろしいことに、そのときが目前に迫っていた。物語の終盤、また夜が訪れ、文明が崩れ去る。

『夜来たる』のような作品を読むと、地球とはまったく異なる環境の惑星に、生命はどのように存在するのだろうかと考えさせられる。われわれは幸運にも地球で生きている。ここはエネルギー源が豊富で、火をおこして物を燃焼させることもできる。大気のおかげで電気器具はショートを起こさずに機能するし、ケイ素も豊富にあり、さらには夜空を見上げることもできる。こうした要素がどれかひとつでも欠けていたら、高度な文明が興るのはきわめて難しいだろう。

フェルミのパラドックス――みんなどこにいるんだ?

それでもまだ、厄介な疑問がひとつ残る。それはフェルミのパラドックスで、「みんなどこにいるんだ?」というものだ。[*4] 彼らが存在するならきっと跡を残すはずで、ひょっとしたらわれわれのもとを訪れさえしているかもしれないが、エイリアン訪問の物的証拠は何も見つかっていない。

このパラドックスを解決する答えは、いくつも考えられる。私の考えは次のとおりだ。エイリアンが実際に数百光年先から地球にたどり着けるとしたら、彼らのテクノロジーはわれわれよりはるかに進んでいる。その場合、エイリアンが何百兆キロメートルも旅して、何も受け取れるもののない後進文明を訪ねてくると考えるのは傲慢だ。そもそも、森に行ったとして、シカやリスと話そうとするだろうか? 初めは声をかけてみるかもしれないが、答えが返ってこないので、すぐに興味を失ってその場を去るだろう。

したがってたいていの場合、エイリアンはわれわれには構わず、未開の珍しいものとしてただ観察するはずだ。あるいは、オラフ・ステープルドンが何十年も前に考えたように、エイリアンには未開の文明に干渉してはならないという掟があるのかもしれない。つまり彼らは、われわれの存在に気づいてはいるが、進歩に影響を与えたくないというわけだ（ステープルドンはもうひとつの可能性を提示し、こう書いている。「このような前ユートピア段階の、邪悪ではないが、それ以上の進歩は望みえない世界のいくつかは、ちょうど地球で、野生の生物が国立公園で科学的な目的から保護されているように、平穏のうちに放っておかれ保護されたものである」[*5]（『スターメイカー』〔浜口稔訳、国書刊行会〕より引用）。

ショスタク博士にこの疑問をぶつけたとき、まったく違う答えが返ってきた。われわれより進んだ文明はおそらく人工知能を生み出しているはずだから、ロボットを宇宙に送り出しているというのだ。われわれがついに遭遇するエイリアンが生物ではなく機械だとしても驚くことはない、と彼は言った。『ブレードランナー』のような映画では、ロボットが宇宙へ送り出され、汚れ仕事をしている。宇宙探査は困難で危険だからである。これがまた、エイリアンの出す電波がとらえられていない理由を説明してくれるのかもしれない。エイリアンがわれわれと同じテクノロジーの発展過程をたどるとしたら、電波を発明してすぐにロボットを生み出すはずだ。人工知能の時代に入れば、彼らはロボットと融合し、ほとんど電波は要らなくなる。

じっさいロボットの文明は、電波やマイクロ波のアンテナではなく、ケーブルでつながっているのかもしれない。そのような文明は、ＳＥＴＩ計画の電波望遠鏡では検知できない。つまり、異星文明が電波を利用する期間はわずか数世紀ほどという可能性があり、それこそわれわれが通信を拾えないひとつの理由かもしれないのだ。

エイリアンはわれわれの惑星から何かを奪いたがっているのではないかと推測した人もいる。ひとつ考えられるのは、海にある液体の水だ。液体の水は、確かに太陽系では地球のほか、巨大ガス惑星の衛星にしか見つかっていない貴重な物資である。しかし、氷はそうではない。宇宙には、彗星、小惑星、それに巨大ガス惑星を周回する衛星に、多量の氷が存在している。ならば異星文明は、氷を温めさえすればいい。

ひょっとしたら、エイリアンは地球から貴重な鉱物を奪おうとしているのではないかとも考えられる。確かに考えられはするが、宇宙には、貴重な鉱物があってだれも住んでいない星がたくさんある。異星文明が莫大な距離を旅して地球にたどり着けるテクノロジーをもっているとしたら、利用できる惑星はほかにも選べるし、知的生命が住んでいない惑星から奪うほうがはるかにたやすいだろう。

エイリアンは地球のコアから熱を奪おうとしているという可能性も考えられる。[*6] そうなれば地球がまるごと破壊されてしまう。だが先進文明は核融合のエネルギーを利用しているのではないかと思われるため、地球のコアから熱を奪う必要はない。核融合炉の燃料になる水素は、なんといっても宇宙全体で最も豊富な元素なのだ。また、同じく豊富にある恒星からいつでもエネルギーを得ることができる。

われわれはエイリアンにとって邪魔なのか？

『銀河ヒッチハイク・ガイド』（安原和見訳、河出書房新社など）では、エイリアンはわれわれを追い払おうとする。単に邪魔だからだ。エイリアンの役人は、われわれに個人的に反感をもっているわけではなく、銀河ハイウェイを建設するにはわれわれが障害となるため、立ち退かせる必要があった。これは現実的な可能性と言える。たとえば、次のどちらのほうが、シカにとって危険が大きいだろうか？　高性能のライフルをもつ空腹の猟師か、住宅地にする土地を求めている、ブリーフケースをもった温厚な開発業者か。一頭のシカにとっては猟師のほうが危険に思えるだろうが、究極的にシカという種にとっては開発業者のほうが致命的で、生き物にあふれる森全体を消し去ってしまう。

同じように、『宇宙戦争』の火星人も、地球人に恨みがあったわけではない。彼らの世界に死が迫っていたため、われわれの世界を乗っ取る必要があったのだ。人類を憎んでいたのではない。ただわれわれが邪魔だったのである。

前にも紹介したスーパーマンの映画『マン・オブ・スティール』にも同じ理由が見つかる。作中では、クリプトン星が爆発する直前に、全住民のＤＮＡデータが保存される。クリプトン人はみずからの種族を蘇らせるために、地球を乗っ取る必要があった。このシナリオは確かにもっともらしいが、やはり略奪したり乗っ取ったりできる惑星はほかにもあるので、エイリアンがわれわれの星を素通りするという望みもある。

私の研究者仲間であるポール・デイヴィスは、さらに別の可能性を挙げている。エイリアンのテクノロジーが高度になりすぎて、現実よりはるかに優れたバーチャル・リアリティのプログラムが作り出せるため、彼らはすてきなビデオゲームのなかで永遠に生きることを選ぶかもしれないというのだ。この可能性はそれほど不合理ではない。われわれ人間にも一定の割合で、現実に向き合うより、薬物による酩酊状態で生きたがる者がいるからだ。われわれの世界では、これは持続不可能な選択肢である。だれもが薬物中毒になれば、社会は崩壊してしまう。しかし、機械が世界のニーズをすべて満たしてくれれば、寄生的な社会は可能となる。

だが、ここまで考えをめぐらせても、まだこんな疑問が残る。われわれよりたとえば数千年から数百万年も進んだ文明は、どんなものになるだろう？　そうした文明との出会いは、平和と繁栄の新たな時代をもたらすのか、それとも滅亡につながるのだろうか？

先進文明の文化や政治や社会を予測することはできないが、前にも述べたとおり、先進文明でも従わざるをえないものがひとつある。物理法則だ。それでは、超先進文明がいかに発展を遂げるかについて、物理学に何が言えるだろう？

また、銀河系で、われわれがいる区域において先進文明に遭遇しないとしたら、人類は将来どのように進歩できるのだろう？　星々や、ついには銀河系を探査できるようになるのだろうか？

第13章　先進文明

一部の科学者は、全宇宙に影響を及ぼすほど時空をコントロールできる、タイプⅣ文明というカテゴリーを加えようと提唱している。
なぜ宇宙をひとつにとどめるのか？

――クリス・インピー

科学にはなにかしら心をそそるものがある。ちょっぴりの事実を投資して、どっさりの憶測という利益を生みだせることかくのごとしだから。

――マーク・トウェイン（『ミシシッピの生活』［吉田映子訳、彩流社］より引用）

タブロイド紙にこんな見出しが躍った。[*1]
「宇宙にエイリアンの巨大構造物を発見！」
「宇宙人のマシンに天文学者もお手上げ！」
ふだんならＵＦＯやエイリアンにまつわるセンセーショナルな話を報じない『ワシントン・ポスト』紙にまで、こんな見出しがのった。「宇宙で最も奇妙な恒星が再び異常な振る舞い」

突如として、いつもは人工衛星や電波望遠鏡からの無味乾燥な大量のデータを解析している天文学者たちが、気を揉むマスコミからの電話攻勢に遭い、宇宙にエイリアンの構造物を見つけたというのは本当かと問われた。

天文学者たちは驚き、天文学界は言葉に窮した。確かに、宇宙に奇妙なものが見つかった。そして確かに、それは説明できない。しかし、それが何を意味するのかを語るのは時期尚早だ。語るだけ無駄なのではないか。

議論の発端は、遠くの恒星の前を通過する系外惑星が観測されていたときにさかのぼる。通常、木星サイズの巨大な系外惑星が主星の前を横切ると、主星は一パーセントほど減光する。だがある日、天文学者は、地球から一四〇〇光年離れた恒星ＫＩＣ　８４６２８５２にかんする探査機ケプラーのデータを分析していた。すると、驚くべき異常が明らかになった。二〇一一年に、何かがこの恒星を一五パーセントも減光させていたのである。こうした異常は、たいていは無視できる。計器の不具合で電力が瞬間的に上昇し、一時的に電気出力が増大したのかもしれない。あるいは、望遠鏡の鏡にほこりが付いていただけなのかもしれない。

ところが、この現象は二〇一三年に再び観測される。今度は恒星の光が二二パーセントも減じた。科学の世界で、これほどの規模で繰り返し恒星を減光させるものは知られていない。

「こんな恒星は見たことがありません。本当に奇妙です」とイエール大学のポスドク（博士研究員）タベサ・ボヤジアンは言っている。[*2]

ルイジアナ州立大学のブラッドリー・シェーファーが古い写真乾板を調べ、この恒星が一八九〇年から周期的に減光していたことを突き止めると、事態はいっそう奇妙さを増した。『アストロノミー・ナウ』誌は、これにより「観測の一大ブームが巻き起こり、天文学者は、たちまち天文学で最大級の謎になろうとしているものの真相解明にあわてて乗り出している」と書きたてた。

そこで天文学者は、考えられるさまざまな説明をリストアップした。だが、一般の科学的説明には次々と疑問が投げかけられていった。

これほど大きく恒星を減光させる原因として、何が考えられるだろう？ 木星より二二倍も大きい物体の可能性など本当にあるのだろうか？ 恒星に飛び込む惑星が引き起こした可能性もあったが、これはその異常が繰り返し起きていることから排除された。ほかに、恒星系の円盤をなす塵が原因とも考えられた。恒星系が凝集する際、元のガスと塵の円盤は恒星そのものより何倍も大きくなることがある。ならば恒星の減光は、その円盤が恒星の前を通過することで起きたのかもしれない。ところがこの可能性も、恒星を調べてみて若くはないことがわかり、排除された。塵はとうに凝集してしまっているか、恒星風によって外へ吹き飛ばされてしまっているはずなのだ。

考えられる原因をあれこれ排除すると、容易に退けられない選択肢がまだ残っていた。だれもそれを信じたくはなかったが、排除することもできなかった。物体は地球外の知的生命によって作られた巨大構造物なのではないかという可能性である。

「エイリアンは、いつでもまさに最後に考えるべき仮定ですが、これは異星文明が作ったと考えられそうなものに見えました」とペンシルヴェニア州立大学の天文学者、ジェイソン・ライトは言っている。

二〇一一年の減光から二〇一三年の減光までの期間が七五〇日だったため、天文学者は二〇一七年の五月にまた減光が起きると予測した。するとそのとおりに減光が始まった。このときは、星の光を測定できる地上の望遠鏡のほぼすべてが、この恒星を追跡していた。世界じゅうの天文学者が、三パーセント減光してから再び明るくなるのを目撃したのである。

しかし、原因となるものはいったい何なのだろう？　ダイソン球かもしれないと考える人もいた。これは、オラフ・ステープルドンが一九三七年に初めて提案し、その後、物理学者のフリーマン・ダイソンが具体的に検討した構造物だ。それは恒星をとりまく巨大な球体で、恒星が発する莫大な量の光からエネルギーを取り込むようにできている。あるいは、恒星のまわりを回る巨大な球体がその恒星の前を周期的に横切って、減光が起きている可能性も考えられる。ひょっとしたらこれは、タイプⅡの先進文明の機械に動力を供給するために作られたものかもしれない。この最後の仮定は、一般の人とジャーナリストの想像を等しくかき立てた。彼らは尋ねた。「タイプⅡ文明とは何ですか？」

カルダシェフによる文明の尺度

この先進文明の分類は、一九六四年、ソヴィエトの天文学者ニコライ・カルダシェフによって初めて提唱された。[*3] 彼は、自分がどんなものを探し求めているのかについて何も考えないまま、異星文明の探索をするのを良しとはしなかった。科学者は未知のものを定量化したがる。そこでカルダシェフは、エネルギー消費量をもとに文明を評価する尺度を導入した。文明が異なれば、文化や政治や歴史は異なるとしても、エネルギーを必要とする点では変わらない。彼によるランクづけは次のとおりだ。

1. タイプⅠ文明は、惑星に降り注ぐ恒星の光のエネルギーをすべて利用する。
2. タイプⅡ文明は、恒星が生み出すエネルギーをすべて利用する。
3. タイプⅢ文明は、銀河全体のエネルギーを利用する。

こうしてカルダシェフは、エネルギー消費量をもとに、銀河内に存在しうる文明を計算によってランクづけする単純な手段を見事に提供した。

するとどの文明にも、計算で求められるエネルギー消費量があることになる。地球の一平方メートルの土地に降り注ぐ太陽光の量を計算するのは簡単だ。これに、太陽に照らされる地表の面積を掛け合わせると、すぐに平均的なタイプⅠ文明のエネルギーが概算できる（タイプⅠ文明は7×10^{17}ワットを利用できることがわかる。これは、今日の地球のエネルギー出力のおよそ一〇万倍にあたる）。

地球に降り注ぐ太陽エネルギーの割合もわかっているので、太陽の全表面から放射されるぶんを算出するために乗じると、太陽の全エネルギー出力（約4×10^{26}ワット）が得られる。これでタイプⅡ文明の利用するエネルギー量がおおよそわかる。

天の川銀河に恒星がどれだけあるのかもわかっているので、この数も掛けると銀河系全体のエネルギー出力が得られ、天の川銀河におけるタイプⅢ文明のエネルギー消費量がわかる。およそ4×10^{37}ワットだ。

この結果は興味深い。カルダシェフは、各段階の文明の規模が前段階の一〇〇億〜一〇〇〇億倍になることに気づいたのである。

すると、われわれはいつこうした文明になれるのかが計算できる。そして地球の全エネルギー消費量にもとづけば、われわれは現在、タイプ0・7文明であることがわかる。

エネルギー出力が年間二〜三パーセント増えると仮定すると、地球における現在の平均増加率、すなわちGDPの年間成長率とほぼ一致し、われわれがタイプⅠ文明に至るにはおよそ一〜二世紀かかることになる。タイプⅡ文明に至るには、この計算によれば、数千年かかりそうだ。タイプⅢ文明に到達する時期は、もっと割り出すのが難しい。恒星間旅行の実現が必要で、その予測は困難だからだ。ある推定によれば、われわれは一〇万年後、あるいは一〇〇万年後でも、タイプⅢ文明には到達できない可能性が高い。

タイプ0からタイプⅠへの移行

こうした文明の移行のなかでも、最も難しいのはタイプ0からタイプⅠへの移行かもしれず、われわれは現在その真っただ中にいる。それはタイプ0の文明が、技術的にも社会的にも最も原始的だからである。派閥主義、独裁、宗教的な対立などの泥沼から這い上がってきたばかりなのだ。審問、迫害、虐殺、戦争にまみれた野蛮な過去の傷跡がいまだ癒えていない。われわれの歴史書はぞっとする大量殺戮の話に満ちあふれ、そのほとんどは、迷信や無知、ヒステリー、憎悪によって駆り立てられていた。

それでも、人類は科学と繁栄によるタイプI文明の胎動を目の当たりにしている。この重大な移行の種子は、日々われわれの目の前で発芽している。すでに、惑星規模の言語は生まれようとしている。インターネットそのものが、タイプI文明の電話系統にほかならない。つまりインターネットは、初めて生まれたタイプI文明のテクノロジーなのだ。

われわれはまた、惑星規模の文化の登場も目撃している。スポーツでは、サッカーやオリンピック競技が盛り上がっている。音楽では、世界的なスターが誕生している。ファッションでは、どこの一流のショッピングモールにも同じ高級ブランドの店が軒を連ねている。

この過程で地域の文化や慣習がおびやかされると懸念する声もある。だが今日、ほとんどの第三世界の国々において、エリートはバイリンガルで、地元の言語に加えて世界規模のヨーロッパ系言語や中国語にも通じている。将来、人々はおそらくふたつの文化をもち、地域文化のあらゆる慣習に通じるだけでなく、生まれたての惑星文化も気楽に受け入れるだろう。したがって地球の豊かさや多様性は、この新たな惑星文化が生まれても残るはずだ。

宇宙の文明を分類したからには、これをもとに銀河系の先進文明の数を見積もることができる。たとえば、タイプI文明にドレイクの方程式をあてはめ、そうした文明が銀河系にどれほど多くあるかを推定すると、かなりありふれていそうだ。それなのに、存在する確たる証拠は見当たらない。なぜだろう？　いくつか考えられる要因がある。イーロン・マスクはこう考えた。文明は、高度なテクノロジーをものにするほど、みずからを滅ぼす力も高め、タイプI文明が直面する最大の脅威はみずから招くものだろう、と。

われわれがタイプ0からタイプIへ移行するには、いくつか難題がある。少し例を挙げれば、地球温暖化、生物テロ、核の拡散だ。

まず最も差し迫った問題は、核の拡散である。核兵器は、中東やインド亜大陸や朝鮮半島といった、世界でも有数の不安定な地域にまで広がっている。小さな国も、いつか核兵器を開発する力を手にするかもしれない。かつて核兵器を開発するには、大国がウラン鉱石を兵器級の物質にまで精製しなければならなかった。それには巨大なガス拡散プラントやたくさんの超遠心分離機が必要となる。こうした濃縮施設はきわめて大規模になるので、人工衛星で容易に見つけられる。小国には手が届かない代物だった。

しかし、核兵器の設計図が盗まれ、不安定な政権に売り渡された。超遠心分離機を製造し、ウランを兵器級の物質に精製するコストも下落した。その結果、絶えず崩壊の瀬戸際にある北朝鮮のような国さえ、今ではわずかながらも死の核兵器をため込んでいる。

今存在する危険は、たとえばインドとパキスタンのあいだでおこなわれるような局地戦が大きな戦争に発展し、核大国を引き入れる可能性である。米国とロシアはどちらもおよそ七〇〇〇個の核兵器を保有しているため、この脅威は重大だ。国家でないテロ集団が核兵器を手に入れる懸念すらある。

ペンタゴンに報告書を依頼されたグローバル・ビジネス・ネットワーク〔二〇一三年まで存在したアメリカのシンクタンク〕は、

地球温暖化でバングラデシュなど多くの貧困国の経済が破綻したら何が起こるかを分析した。結論は、最悪の場合、何百万という飢えた難民たちが必死に越境してくるのを阻止すべく、国家が核兵器を使用するかもしれないというものだった。たとえ核戦争が起こらなくても、地球温暖化は人類の存亡にかかわる脅威である。

地球温暖化と生物テロ

およそ一万年前に最後の氷河期が終わって以降、地球は次第に暖かくなっていった。だがここ半世紀、地球の気温上昇は驚くべきペースで加速している。その証拠は多方面で見つかる。

- 地上のどの大型氷河も縮小しつづけている。
- 北極の氷が過去五〇年間に平均で五〇パーセント薄くなった。
- グリーンランドの大部分は世界で二番目に広い氷床で覆われているが、それが解けつつある。
- 南極の一区域で、デラウェア州ほどもあるラーセンC棚氷が二〇一七年に割れて分離し、いまやあちこちの氷床や棚氷の安定性が問題視されている。
- ここ数年は、記録に残るなかで人類史上最も暑かった。
- 二〇世紀に地球の平均気温は摂氏一・三度上昇した。
- かつてと比べ、一般に夏が一週間ほど長くなった。
- 森林火災、洪水、干ばつ、ハリケーンなど、「一〇〇年に一度の災害」が増えている。

こんなおそれもある。この地球温暖化が今後数十年たゆまず加速していったら、世界の国々が不安定化し、大飢饉が起き、沿岸地域からの大移動が生じ、世界経済がおびやかされて、タイプⅠ文明への移行が妨げられるのではないか。

一方、人類の九八パーセントを死滅させうる細菌兵器の脅威も存在する。世界の歴史を通して、人間を最も多く殺したのは戦争ではなく、疫病だ。残念ながら、天然痘のような死病の病原体を秘密裏にたくわえている国々が存在する可能性もあり、それをバイオテクノロジーで兵器化すると大惨事をもたらすだろう。さらにこんなおそれもある。何者かが生命工学で既存の病原体――エボラウイルス、ＨＩＶ、鳥インフルエンザウイルスなど――をいじり、致死性を高めたり、すばやく容易に広まるようにしたりして、世界を破滅させる兵器を作ってしまうのではないか。

将来、ほかの惑星へ行ってみたら、滅びた文明の残骸を目にすることになるかもしれない。放射線量の高い大気の惑星、暴走温室効果によって非常に熱くなった惑星、強力な生物兵器を自分たちのあいだで使ったためにだれもいない都市だけ残った惑星などだ。すると、タイプ０からタイプⅠへの移行は保証されたものではなく、実のところ新興の文明に突きつけられる最大の課題となる。

タイプー文明のエネルギー

重要な問題は、タイプI文明が化石燃料以外のエネルギー源に移行できるかどうかだ。ひとつ考えられるのは、ウランによる原子力の利用である。しかし、従来の原子炉でウラン燃料を用いると、大量の核廃棄物が生まれ、何百万年も放射線を出しつづける。原子力の時代に入って五〇年が過ぎた現在でも、高レベルの核廃棄物を安全に保管する方法はない。この物質はきわめて高温で、チェルノブイリや福島の惨事で経験したようにメルトダウンを起こすおそれもある。

核分裂のエネルギーに代わるのが核融合のエネルギーだが、第8章で見たとおり、まだ実用化できる段階にはなっていない。だがわれわれより一〇〇年先を行くタイプI文明なら、このテクノロジーを完成させているかもしれず、それをほぼ無尽蔵で不可欠なエネルギー源として利用している可能性がある。

核融合のひとつの利点は、燃料が水素で、海水から取り出せることだ。また核融合プラントは、チェルノブイリや福島のように破局的なメルトダウンを起こすこともない。核融合プラントで異常が起きたとしても（超高温のガスが反応炉の内壁に接触するなど）、核融合反応は自動的に停止する（核融合反応が起こるにはローソン条件を満たす必要があるからだ。つまり水素を核融合させるには、適切な密度と温度を一定の時間保たなくてはならない。だが核融合反応が制御不能になると、もはやローソン条件が満たされず、反応が自動的に止まる）。

さらに、核融合炉は核廃棄物を少量しか生み出さない。水素の核融合反応では中性子が作られるので、それが核融合炉の鉄に当たるとわずかに放射能をもたせる。それでもこのようにして生じる廃棄物の量は、ウランの核分裂炉に比べて格段に少ない。

核融合のほかにも、再生可能なエネルギー源が考えられる。タイプI文明にとってひとつの魅力的な手段は、宇宙空間で太陽エネルギーを利用することだ。太陽エネルギーの六〇パーセントは大気を通り抜ける際に失われてしまうので、人工衛星なら地上で光を集めるよりはるかに多くの太陽エネルギーを利用できる。

宇宙の太陽光発電システムは、地球を周回するいくつもの巨大な鏡で構成され、それで太陽光を集める。このシステムは静止軌道上に配置されるだろう(地球の自転と同じ速度で地球を周回するため、天空の決まった場所で動かないように見える)。集められたエネルギーは、マイクロ波放射によって地上の受信施設へ送ることができ、それから従来の送電網によって配電される。

宇宙の太陽エネルギーには多くの利点がある。クリーンで廃棄物が生じない。日中だけではなく、一日二四時間発電することができる(この衛星は地球の軌道からかなり離れたところを回るため、地球の影に隠れることはほぼない)。ソーラーパネルには可動部がなく、故障の可能性や修理のコストが大幅に減る。そしてなにより、宇宙太陽光発電は、太陽から際限なく供給される無償のエネルギーを利用できる。

宇宙太陽光発電の問題を検討した科学者グループは皆、既存のテクノロジーで達成可能という結論を下している。しかし大きな問題は、宇宙飛行にかかわるあらゆる活動と同じく、コストだ。

簡単に見積もっても、現時点では、自宅の庭にソーラーパネルを設置するのとは比較にならないほどの費用がかかるのがわかる。

宇宙太陽光発電のコストはわれわれのようなタイプ0文明には賄いきれないが、いくつかの理由から、タイプI文明にとっては一般的なエネルギー源になるかもしれない。

1. とくに民間ロケット企業の参入と再使用型ロケットの開発のおかげで、宇宙旅行のコストが下がっている。
2. 宇宙エレベーターは今世紀の終わりにも実現される可能性がある。
3. 宇宙のソーラーパネルは軽量のナノ素材で作れるため、重さやコストを抑えられる。
4. 太陽光発電衛星は宇宙でロボットによって組み立てることができ、宇宙飛行士は必要ない。

宇宙太陽光発電はまた、一般に安全と考えられている。マイクロ波は有害となりうるが、計算によれば、ほとんどのエネルギーはビームに閉じ込められており、ビームの外に逃げ出すエネルギーは、許容されている環境基準以下にまで低下するはずだからだ。

タイプIIへの移行

やがて、タイプI文明はみずからの惑星で利用できるエネルギーを使い果たし、恒星そのものがもつ莫大なエネルギーを利用しようとするのではなかろうか。

タイプⅡ文明は、おそらく不滅なので見つけやすいはずだ。その文明を滅ぼせるものは、科学では知られていない。隕石や小惑星の衝突は、ロケット工学によって回避できる。温室効果は、水素テクノロジーやソーラー・テクノロジー（燃料電池、核融合プラント、宇宙太陽光発電衛星など）で避けられる。惑星に何か危機が訪れたら、大規模な宇宙船団で故郷を離れることもできる。必要なら自分たちの惑星を動かせさえするだろう。また、小惑星の進路を曲げられるだけのエネルギーを手にしているから、軌道をわずかにずらして自分たちの惑星に当たらないようにすることもできる。さらに主星である恒星の寿命が近づき膨張が始まっても、「スリングショット」〔スイングバイともいい、ほかの物体の重力を利用して軌道を変更する手段のこと。前出のフライバイは、軌道変更を目的とせず、結果にすぎない場合を指す〕を何度もおこなうことで、自分たちの惑星の軌道を太陽から遠ざけられる。

タイプⅡ文明にエネルギーを供給するには、前に述べたとおり、ダイソン球を作って恒星そのものからほとんどのエネルギーを取り込むことになるかもしれない（これほど巨大な構造物を作るうえでひとつ問題になるのは、岩石惑星にはそのための建築資材が十分にないという可能性だ。われわれの太陽の直径は地球の一〇九倍もあるため、こうした構造物を作るには莫大な量の資材が必要になる。ナノテクノロジーを用いれば、この実用上の問題が解決できるかもしれない。巨大構造物がナノ素材でできていたら、厚みが分子わずか数個ぶんになり、必要な建築資材の量を大幅に減らせるだろう）。

そんな巨大構造物を作るのに必要な宇宙ミッションの数はまさしく途方もない。だが、それを作るうえで鍵を握るのは、宇宙で働くロボットや自己組織化する素材の活用かもしれない。たとえば、月面にナノ工場を建ててダイソン球を構成するパネルが作れたら、パネルを宇宙空間で組み合わせることもできる。こうした作業をするロボットに自己複製能力をもたせれば、ほぼ無限に増やして構造物を作らせることができるだろう。

ところがタイプⅡ文明がほぼ不滅でも、長期的な脅威には直面する。それは熱力学第二法則だ。その文明の全部の機械が生み出す大量の赤外線による熱放射で、自分たちの惑星に住めなくなってしまうのである。この第二法則によれば、孤立系〔物質とエネルギーの出入りのない系〕ではエントロピー（無秩序さ、廃棄物の量）はつねに増大する。このケースでは、あらゆる機械や器具や装置が熱の形で廃棄物を生み出す。単純な見方をすれば、巨大な冷蔵庫を作って惑星ごと冷やせば解決するとも考えられる。そうした冷蔵庫は確かに中の温度を下げる。だが、冷蔵庫が使うモーターによる熱など、すべてを勘定に入れれば、系全体における平均的な熱の量はやはり増大するのである（たとえばとても暑い日に、われわれは暑さを和らげようと顔をあおぐ。こうすれば涼しくなると思うからだ。あおぐと顔が冷え、いっとき楽になるが、筋肉や骨などの動きによって生じる熱で、実は正味の熱は増える。つまり、自分をあおいだ直後は心理的に楽になるが、われわれの全身の体温と周囲の気温は上昇するのである）。

タイプⅡ文明を冷やす

タイプⅡ文明が第二法則の脅威を生き延びるには、機械や過剰な熱を分散させる必要があるだろう。ひとつの解決策として、大半の機械を宇宙へ運び、惑星そのものは公園にしてしまうことが考えられる。つまりタイプⅡ文明は、熱を発する設備をことごとく惑星の外に建造していることになる。そうした設備は恒星から出るエネルギーを消費するが、廃熱は宇宙空間で生じるため、無害のまま散逸する。

やがて、ダイソン球そのものが温まっていく。すると必然的に赤外光を放射する（その文明がこの赤外光放射を隠蔽する機械を作るとしても、最終的にその機械自体が温まり、赤外光を放射することになる）。

科学者は、タイプⅡ文明による赤外光放射の証拠を求めて天空を調べてきたが、見つけられていない。シカゴ近郊にあるフェルミ研究所の研究者は、タイプⅡ文明のしるしを求めて二五万個の恒星を調べてきたが、「面白いがまだ疑問の余地がある」恒星を四個見つけただけなので、決定的な結果は得られていない。二〇一八年末に運用開始予定のジェイムズ・ウェッブ宇宙望遠鏡〔二〇二一年三月に打ち上げが延期されている〕はとくに赤外光放射を観測することになるが、この望遠鏡の感度なら、銀河系のなかで、われわれがいる区域にあるすべてのタイプⅡ文明による熱のしるしが見つけ出せるかもしれない。

するとこんな謎が浮かぶ。タイプⅡ文明がほぼ不滅で、必然的に廃熱として赤外光を放射するとしたら、なぜいまだに見つけられないのか？　ひょっとすると、赤外光を探すだけでは絞り込みすぎなのかもしれない。

アリゾナ大学の天文学者クリス・インピーは、タイプⅡ文明を見つけることについて次のように記している。「どんな高度に進歩した文明も、われわれよりはるかに大きな足跡を残すということが前提になっている。だがタイプⅡやそれ以降の文明は、われわれが頭で弄《もてあそ》んでいるだけのテクノロジーや、ほとんど想像もつかないテクノロジーを利用しているかもしれない。恒星の爆発を起こしたり、反物質による推進システムを用いたりすることも考えられる。時空を操作してワームホールやベビーユニバース（子宇宙）を作り出し、重力波で交信することもありうる」[*4]また、デイヴィッド・グリンスプーンはこう書いている。「論理的に考えれば、天空に先進文明が残した神業のようなしるしを探すのは理にかなっている。それでも、その考えはばかげているようにも思える。論理的でありながら、ばかげてもいるのだ。摩訶不思議である」[*5]

この矛盾を打開しうるひとつの手だては、文明をランク付けする方法がふたつあると認識することだ。エネルギー消費量によるランク付けと、情報の消費量によるランク付けである。

現代社会は、とてつもない量の情報を消費しながら、小型化とエネルギーの効率化という方向へ発展を遂げている。実のところ、カール・セーガンは、情報によって文明をランク付けするひとつの方法を提唱していた。

このシナリオでは、タイプA文明は一〇〇万ビットの情報を消費する。タイプB文明はその一〇倍の一〇〇〇万ビットの情報を消費する。これを繰り返していくと、やがてタイプZでは、なんと10^{31}ビットの情報量を消費する。この見積もりによれば、われわれはタイプH文明にあたる。

ここで重要なのは、エネルギーの消費量を変えずに、情報の消費量を増大させられるということだ。すると、そんな先進文明は大量の赤外光を放射しない可能性もある。

科学博物館を訪れると、その例を目にすることができる。巨大な機関車や蒸気船など、産業革命のころの機械の大きさにはびっくりさせられる。だが同時に、そうした機械が大量の廃熱を生み、いかに非効率なものであったかにも気づかされる。同じように、一九五〇年代の巨大なコンピュータ群は、今日の一般的な携帯電話にも劣る。現代のテクノロジーは、かつてよりはるかに洗練され、インテリジェントになり、エネルギーの無駄が少なくなっている。

したがってタイプII文明は、ダイソン球のなかと小惑星と近隣の惑星に機械を分散したり、超高効率の小型コンピュータを作ったりすることで、燃えてなくなってしまわずに、莫大なエネルギーを消費できる。彼らのテクノロジーも大量のエネルギーの使用によって生じる熱で失われることはなく、やはり超高効率で、大量の情報を消費しながらあまり廃熱を生み出さないかもしれない。

人類は枝分かれするのか？

しかし、それぞれの文明が宇宙旅行をどこまで発展させられるかについては制約がある。たとえばタイプI文明は、すでに見たように、みずからの惑星のエネルギーの制約を受けている。せいぜい、火星のような惑星をテラフォーミングする技術を獲得し、最寄りの恒星の探査に乗り出す程度だ。ロボット探査機が近くの恒星系を探査しだし、ひょっとしたらケンタウルス座プロキシマのような最寄りの恒星に初めて宇宙飛行士を送り込めるかもしれない。だがテクノロジーや経済は、近隣のいくつもの恒星系に組織的な入植を始めるほど発展してはいない。

そこからさらに数百年から数千年進んだタイプII文明にとっては、天の川銀河の一区域への入植が現実に可能となる。ところがタイプⅡ文明でも、やがては光の障壁という制約を受ける。彼らが超光速推進手段を手に入れていないとしたら、天の川銀河の一区域に入植するのに何世紀もかかるだろう。

とはいえ、恒星系間の移動に何世紀もかかるとすると、いずれは故郷の星とのつながりが非常に薄くなる。そのうちに惑星間の連絡がなくなり、まったく異なる環境に適応した新たな系統の人類が誕生するかもしれない。入植者が自分たちを遺伝的に変えたり機械と融合したりして、特異な環境に適応することも考えられる。最終的に、彼らは故郷の惑星とのつながりをいっさい感じなくなるかもしれない。

これは、銀河帝国が今から五万年後に興り、銀河系のほぼ全域に入植を果たしたとする、アシモフが『ファウンデーション』シリーズで描いたビジョンとは食い違っているように思える。このまったく異なるふたつの未来のビジョンに折り合いをつけることはできるのだろうか？

最終的に人類の文明は、お互いについてざっくりとしか知らない小さな集団に分かれる運命なのだろうか？　ここで究極の疑問が生じる。われわれは星々にたどり着けても、やがて人類ではなくなってしまうのだろうか？　人類がたくさん枝分かれするのなら、そもそもヒトとは何なのだろう？

こうした枝分かれは、自然界では普遍的のようだ。人類に限らず、あらゆる進化に共通する要素である。ダーウィンは、ノートに予言的な図を描き、動物界や植物界で枝分かれが起きている様子に初めて気づいた人だった。彼が描いたのは枝分かれした木の図で、それぞれの枝がさらに小さな枝に分かれていた。ひとつの単純な図で、ダーウィンは、自然界のあらゆる多様性がただひとつの種から生まれたことを示す、生命の系統樹を描いたのである。

この図は地球の生命だけでなく、近隣の恒星系に入植できるタイプⅡ文明になっているような、今から何千年もあとの人類にもあてはまるかもしれない。

銀河における大移住

この問題に対して具体的な知見をいくらか得るには、われわれ自身の進化を再検討する必要がある。人類史を一望すると、およそ七万五〇〇〇年前に「大移住」が起こり、人類の小集団がアフリカを出て中東を通り、途中に居住地を築いていったことがわかる。もしかしたら、トバ火山の噴火や氷河期といった生態系の破壊に追い立てられたのかもしれないが、主な系統のひとつは中東を通過して中央アジアにたどり着いた。それからこの移住集団は、およそ四万年前にさらに小さな数系統に分かれた。ひとつの系統は東進しつづけ、最終的にアジアに住みつき、現代のアジア人の核となった。別の系統は向きを変えて北ヨーロッパに入り、やがてコーカソイド（いわゆる白色人種）となった。さらに別の系統は南東へ進み、やがてインドを通過して東南アジアに入り、オーストラリアへたどり着いた。

今日、この大移住の結果を見ることができる。

肌の色、体格、体型、文化の異なるさまざまなヒトが存在し、みずからの真の起源である祖先の記憶をもっていない。人類がどれほど分岐したかをおおまかに見積もることもできる。一世代が二〇年と考えれば、地球上のふたりのヒトは、最大で三五〇〇世代ほどかけて引き離されている。ところが大移住から何万年も経った今、現代のテクノロジーによって、過去のあらゆる移住ルートが再現され、これまで七万五〇〇〇年にわたる人類の移住を物語る先祖代々の系図が作られようとしている。

ＢＢＣテレビで時間の本質をテーマにした科学特番の司会を務めたとき、私はその生々しい証拠を手に入れた。ＢＢＣは私のＤＮＡを採取し、配列を明らかにした。それから私の四つの遺伝子を世界じゅうの何千人もの遺伝子と丹念に比べ、一致するものを探したのだ。次に、四つの遺伝子が一致した人々の出身地を地図上で確かめた。結果はなかなか興味深いものとなった。一致した人々は日本から中国にかけて集中して分布していたが、点の続く道は、チベットを通りゴビ砂漠の近くまで先細りになって延びていた。つまり、ＤＮＡ解析によって、私の祖先がおよそ二万年前にたどったルートをさかのぼることができたのだ。

われわれはどこまで枝分かれするのか？

今後数万年で、人類はどこまで枝分かれするのだろう？　人類は何万年も遺伝的に分離されても、それと認識できるのだろうか？

この疑問には、実はＤＮＡを「時計」として用いることで答えられる。生物学者は、ＤＮＡが長い年月にわたりほぼ同じペースで変異することに気づいていた。ひとつ例を挙げよう。われわれに進化上最も近い仲間は、チンパンジーだ。チンパンジーを調べてみると、われわれとＤＮＡ

がおよそ四パーセント異なることがわかる。またチンパンジーとヒトの化石の研究から、両者は六〇〇万年ほど前に分かれたことが示されている。

すると、われわれのDNAは一五〇万年で一パーセントというペースで変異してきたことになる。これは概算にすぎないが、それでわれわれのDNAについて太古の歴史を解き明かせるかどうか確かめてみよう。

さしあたり、この変化のペース（一五〇万年ごとに一パーセントの変異）はほぼ一定と仮定する。では、ヒトに最も近いネアンデルタール人を調べてみよう。DNAと化石の分析から、彼らとわれわれではDNAがおよそ〇・五パーセント異なっており、両者はおよそ五〇万〜一〇〇万年前に分かれたことが明らかになっている。つまり、化石とDNA時計がおおよそ一致しているのだ。

次に人種を調べてみると、無作為に選んだふたりのヒトのDNAには、〇・一パーセントの違いがありうる。するとDNA時計によれば、人種の枝分かれはおよそ一五万年前に始まったことになり、これは実際の現生人類の出現時期とおおよそ一致している。

したがって、このDNA時計をもとに、われわれはチンパンジーやネアンデルタール人だけでなく、ほかの人種とも、いつ分かれたのかをおおよそ計算することができる。

要するに、われわれが銀河系全体に散らばり、みずからのDNAに大幅に手を加えないとしたら、この時計を利用して、人類が将来どこまで変わるのかを推定できるのである。さしあたり、われわれは一〇万年間、亜光速ロケットをもつタイプⅡ文明にとどまるとしよう。

人類の個々の入植地がほかの人類集団とのつながりを完全に失ったとしても、おそらくDNA

には〇・一パーセント程度の差異しか生じず、この程度の違いはすでに現代人のあいだでも見られる。

つまるところ、人類が光速未満の速度で銀河系全体に広まり、分かれた個々の集団がほかの集団とのつながりを完全に失っても、われわれは基本的にヒトのままなのだ。一〇万年後には光速で飛べるようになっていてもおかしくないが、そのころでさえ人類の個々の入植地のあいだには、現在地球にいるふたりのヒトで見られるほどしか違いがないだろう。

この現象は、われわれが話す言語にもあてはまる。考古学者や言語学者は、言語の起源を突き止めようとするなかで、見事なパターンが現れることに気づいていた。移住によって言語が絶えず小さな方言に分かれ、やがてそうした新たな方言が独立した言語になることを見出していたのである。

既知のあらゆる言語と、それがどのように分岐したのかを示す巨大な系統樹を作成し、太古の移住ルートをつまびらかにする人類の祖先の系統樹と比べると、そっくり同じパターンが現れる。たとえばアイスランドは、ノルウェー人が初めて入植した西暦八七四年以降、ヨーロッパからほぼ隔離されており、言語や遺伝の理論を検証する実験室として使える。アイスランド語は、九世紀のノルウェー語と近しい関係にあり、スコットランド語とアイルランド語がわずかに混じっている（これはきっと、バイキングがスコットランドやアイルランドから奴隷を連れてきたためだろう）。すると、DNA時計と言語の時計を作って、一〇〇〇年のあいだにどれだけの差異が生じているのかをおおまかに推定することができる。一〇〇〇年経っても、言語に刻みつけられた過去の移住パターンの形跡が容易に見つかるのである。

しかし、分かれてから何千年もあとでなおＤＮＡや言語が似ているとしても、文化や信仰はどうなのだろう？　われわれは、そうした異なる文化を理解し、それに共感することができるのだろうか？

共通の本質的な価値観

大移住とそれで築かれた文明に目を向けると、肌の色、体格、髪といった種々の身体的な差異だけでなく、本質的な特徴もいくつか見つかる。それらの特徴は、文明同士が何千年ものあいだ完全につながりを失っても、すべての文明を通じて驚くほど変わっていない。

今日、その証拠は映画館に行けば目にすることができる。七万五〇〇〇年前に枝分かれしたらしい、さまざまな人種や文化に属する人々が、映画で同じときに笑ったり、泣いたり、ぞっとしたりするのだ。外国映画の翻訳者は、言語そのものはとうの昔に分かれていても、映画のなかのジョークやユーモアは普遍的であることに気づいている。

同じことは美的感覚についても言える。古代文明の展示品がある美術館を訪れると、共通するテーマに気づくはずだ。文化を問わず、風景を描いた絵や、富や権力をもつ者の肖像、神話や神々の図像が存在する。美的感覚は定量化しがたいが、ある文化で美しいとされるものが、まったくつながりのない別の文化でも美しいとされることはよくある。たとえば、どの文化を調べても、同じような花柄が見つかる。

時間と空間の壁を超越するもうひとつのテーマとして、共通の社会的価値観がある。基本的な関心のひとつは、他者の幸福に資することだ。つまり、親切、寛大さ、友情、思いやりである。さまざまな形の黄金律――行動規範――が、多くの文明に存在する。世界の宗教の多くが、根幹をなす部分で、貧者や不幸な人への施しや共感など、同じ考え方を強調している。

ほかに挙げられる本質的な特徴は、内でなく外に向けられる。好奇心、革新性、創造性のほか、探検や発見の欲求などだ。世界のどの文化にも、偉大な探検家や開拓者を語った神話や伝説が存在する。

したがって、穴居人の原理によれば、われわれの本質的な人格は二〇万年であまり変化していないので、たとえほかの星々に広がっていっても、価値観や人格特性は維持される可能性が高い。

さらに心理学者は、われわれの脳に、魅力的なもののイメージが刻み込まれている可能性に気づいている。無作為に数百人の顔写真を撮り、コンピュータで写真を重ねていくと、平均的な合成写真ができる。驚いたことに、この写真は多くの人に魅力的と見なされる。これが本当なら、われわれが魅力的と思うものを決定する平均的なイメージが、脳内に組み込まれていることになる。人の顔を見て美しいと思うのは、実は標準的な部分であり、例外的な部分ではないのだ。

だが、われわれがついにタイプⅢ文明の段階に達し、超光速航行ができるようになったら、何が起こるだろう？　銀河系全体に自分たちの世界の価値観や美的感覚を広めるのだろうか？

タイプIII文明への移行

やがてタイプII文明は、自分たちの恒星だけでなく近隣のすべての恒星のぶんもエネルギーを使い果たし、次第に銀河規模のタイプIII文明へ向かうかもしれない。タイプIII文明は、何千億もの恒星のエネルギーを取り込めるだけでなく、ブラックホールのエネルギーを利用することもできる。そんなブラックホールには、天の川銀河の中心にあるような、太陽の二〇〇万倍も重たい超大質量ブラックホールも含まれる。スターシップで銀河中心核のほうへ向かうと、タイプIII文明のエネルギー源として最適な、たくさん密集した恒星やダスト雲が見つかる。こうした先進文明は、銀河全体で交信するために重力波を用いるかもしれない。重力波の存在は、一九一六年にアインシュタインが初めて予言していたが、二〇一六年にようやく物理学者が検出した。進むうちに吸収され、散乱され、拡散してしまうレーザー光とは違い、重力波は星々のあいだや銀河全体に広がるので、長大な距離では信頼性が高くなりそうなのだ。

超光速航行については、現時点では可能かどうかわからないから、さしあたり不可能と考える必要がある。

光速未満の速度で飛ぶ宇宙船しか作れないとなれば、タイプIII文明は銀河の裏庭にある無数の恒星系を探査するのに、光速未満の速度で星々へ向かう自己複製探査機を送り込むかもしれない。その狙いは、そうしたロボットを遠くの衛星に配置することにある。衛星が最適な場所として選ばれる理由は、環境が比較的安定していて、侵食作用がなく、重力が小さくて離着陸がしやすいからだ。太陽エネルギー収集装置でエネルギーが供給されるため、衛星にいる探査機はいつまでも恒星系を調べて、有用な情報を電波で送り返すことができる。

探査機は、着陸すると衛星の物質から工場を作り、みずからのコピーを一〇〇〇個製造する。そしてこの第二世代のロボットのコピーがそれぞれ宇宙へ飛び出し、ほかの遠くの衛星に着陸する。すると、初めは一機だったロボットが、一〇〇〇機になる。一〇〇〇機のそれぞれがまた一〇〇〇機のコピーを作ると、今度は一〇〇万機になる。次は一〇億機で、その次は一兆機だ。わずか数世代で、こうした装置を一〇〇〇兆機も含む、広がりゆく球体ができる。科学者はこの装置をフォン・ノイマン・マシンと呼ぶ。

これは実のところ、映画『2001年宇宙の旅』の筋書きだ。この作品は、今日に至っても最も現実味があるかもしれない知的なエイリアンとの遭遇を描いている。映画でエイリアンは、月面にモノリスというフォン・ノイマン・マシンを設置し、人類の進化を監視し、ときには干渉するために、モノリスから木星の中継基地に信号を送らせる。

したがって、われわれが最初に遭遇するのは、目玉が飛び出た怪物などではなく、小型の自己複製探査機なのではなかろうか。ナノテクノロジーで小型化されているため相当小さいと考えられ、あまりに小さすぎてわれわれはその存在に気づかないかもしれない。もしかすると、あなたの家の裏庭か月面に、ほとんど見えない形で過去の来訪の証拠が残っている可能性もある。

実を言うと、ポール・デイヴィス教授がある提言をしている。デイヴィスは執筆した論文で、再び月へ行って異常なエネルギー反応や電波発信を探ることを提唱したのだ。フォン・ノイマン探査機が何百万年も前に月面に着陸したとすれば、探査機はおそらく太陽光をエネルギー源としているはずなので、電波をずっと送信できるだろう。そして月には侵食作用がないので、ほぼ完全に作動する状態にあり、いまだに稼働中である可能性が大いにある。

いまや、再び月へ行き、さらに火星へも行くことに対して関心が高まっているので、これは、科学者が過去の来訪の証拠があるかどうかを確かめる絶好の機会となるのではなかろうか（スイスのSF作家エーリッヒ・フォン・デニケンのように、エイリアンの宇宙船は何世紀も前に来訪しており、そうした異星の宇宙飛行士が、古代文明の残した芸術に描かれていると主張する人もいる。古代の絵画やモニュメントによく見られる手の込んだ頭飾りや衣装は、実はヘルメットや燃料タンク、与圧服などを身につけた古代の宇宙飛行士を描いたものだというのである。この考えも否定できないが、証明するのはとても難しい。古代の絵画だけでは十分でない。過去の来訪を明確に示す具体的な証拠が要る。たとえばエイリアンの宇宙港があったのなら、ワイヤー、チップ、工具、電子機器、がらくたや機械といった形で破片やゴミがなければならない。異星のチップがひとつあれば、この論争は完全に決着がつくだろう。だから、知り合いのだれかに宇宙から来たエイリアンに誘拐されたと言われたら、次に誘拐されたときには宇宙船から何かを盗んでくるように伝えよう）。

したがって、光速の壁が破れなくても、タイプⅢ文明は数十万年のあいだに無数の探査機を銀河全域にまき散らし、そうした探査機から有用な情報を受信しているはずなのだ。

フォン・ノイマン・マシンは、タイプⅢ文明が銀河の状態にかんする情報を得るうえで、最も効率が良い方法かもしれない。だが、銀河をもっと直接的に探査する方法がほかにある。それは私が「レーザーポーティング」と呼んでいるものだ。

レーザーポーティングで星々へ

ＳＦ作家の描く夢のひとつは、純粋なエネルギーの存在となって宇宙を探検できるようになることだ。いつか遠い未来に、われわれは物質的な存在を脱ぎ捨て、光線に乗って宇宙を飛びまわれるのかもしれない。遠くの星々へ、最大限可能な速度で移動できるのではないか。物質の制約がなくなれば、彗星と並んで飛び、噴火する火山の表面をかすめ、土星の環のそばを通過し、天の川銀河の向こう側にある目的地を訪れることができるだろう。

この夢は空想の飛躍ではなく、実は確固たる科学に根差しているのかもしれない。第10章で、ヒトコネクトーム・プロジェクトという、脳全体の地図を作成する野心的な取り組みについて検討した。ひょっとしたら、今世紀の終わりか来世紀の初めに、われわれは完全な地図を手に入れているかもしれず、その地図には理論上、われわれのあらゆる記憶や感覚、感情、さらには人格まで含まれているはずだ。ならばコネクトームをレーザー光線に乗せて、宇宙へ送り出すこともできそうな気がする。あなたの心のデジタルコピーを作るのに必要な情報のすべてが、天空を渡っていけるのである。

一秒で、あなたのコネクトームは月まで送られる。数分で火星に届き、数時間以内に巨大ガス惑星に到達できる。さらに四年で、ケンタウルス座プロキシマを訪れることができる。一〇万年あれば、天の川銀河の向こう端にたどり着ける。

遠くの惑星に到着すると、レーザー光線の情報はメインフレーム・コンピュータにダウンロードされる。するとあなたのコネクトームはロボットのアバターを操れるようになる。アバターの体はとても丈夫なので、大気が有毒でも、温度が低すぎたり高すぎたりしても、重力が強かったり弱かったりしても、耐えられる。そして、あなたの神経のパターンがすべてメインフレーム・コンピュータに収められていても、アバターからのあらゆる感覚が味わえる。事実上、あなたはアバターに宿っているのだ。

この方法の利点は、手間とコストのかかる打ち上げロケットや宇宙ステーションが必要ないことだ。あなたは純粋な情報として伝送されるから、無重力、小惑星の衝突、放射線、事故、退屈といった問題とも無縁だ。また、光速で、星々まで最大限速く旅ができる。あなたから見て、この旅は一瞬だ。覚えているのは、ラボに入ってから、次の瞬間に目的地に着いていたことだけなのである（これは、光線に乗っているあいだ、時間が事実上止まるためだ。あなたは光速で進むあいだ意識が凍結しており、いっさい時間の遅れのないまま宇宙を旅する。これは人工冬眠とはずいぶん違う。先ほど言ったように、光速で進むあいだ、時間が事実上止まるからだ。また、移動中は景色を見られないが、中継基地で止まったときに周囲を見渡すことができる）。

私が「レーザーポーティング」と呼んでいるこれは、ひょっとすると星々へ到達するのに最も便利で速い方法かもしれない。今から一世紀先のタイプⅠ文明は、最初のレーザーポーティングの実験をおこなえるのではなかろうか。一方、タイプⅡ文明やタイプⅢ文明にとって、レーザーポーティングは銀河のあちこちへ行くのに好適な輸送手段となっている可能性がある。これらの文明はすでに自己複製ロボットで遠くの惑星に入植しているように思えるからだ。もしかしたら、タイプⅢ文明は天の川銀河の星々を結ぶ広大なレーザーポーティング高速道路網を手にしていて、いつでも無数の意識が行き来しているかもしれない。

このアイデアは銀河を探索するのに最も便利な手段となりそうに見えるが、レーザーポーティングをおこなうには、いくつか実際的な問題を解決する必要がある。

あなたのコネクトームをレーザー光線に乗せるのは、問題ではない。レーザーは原理上、無限の量の情報を運べるのだから。主な問題は、コネクトームを受信して減衰した情報を増幅し、次の基地へ送る、中継基地のネットワークを途中に構築することにある。すでに述べたように、オールトの雲は恒星から数光年先まで広がっているので、別の恒星がもつオールトの雲と重なることがある。そのため、オールトの雲のなかの静止した彗星が、中継基地にうってつけの場所となるかもしれない（中継基地を作る場所としては、遠くの衛星よりもオールトの雲の彗星のほうが好ましいだろう。衛星は惑星を周回しているから、惑星に隠されてしまうことがよくあるが、オールトの雲の彗星は動かない）。

前にも言ったが、こうした中継基地は光速未満の速度でしか設置していくことができない。この問題を解決するひとつの手だては、光速にかなり近い速度で飛べるレーザー帆を利用することだ。レーザー帆は、オールトの雲の彗星に着陸すると、ナノテクノロジーを使ってみずからのコピーを作り、彗星で見つかる原材料をもとに中継基地を建造する。

したがって、最初のうち中継基地の建造は光速未満の速度でしか進まなくても、それができてしまえば、われわれのコネクトームは光速で自由に飛びまわれる。

レーザーポーティングは、科学的な目的にとどまらず、娯楽の目的にも利用できる。たとえばわれわれは、ほかの星々で休暇を過ごすことができるだろう。まずは訪れたい惑星や衛星や彗星を決める。環境がどれほど過酷でも危険でもかまわない。そして自分が入りたいアバターの種類についてチェックリストの記入をする（このアバターはバーチャル・リアリティとして存在するのではなく、超人的な力が与えられた実物のロボットだ）。つまり、それぞれの天体に、お望みの特徴と超人的な力をひととおりもつアバターが用意されているのである。目的地に到着すると、われわれはそのアバターになりきり、天体のあちこちへ行って、想像を絶する光景を楽しむ。楽しみ終えると、次の利用者のためにロボットを返却する。一度の休暇で、いくつかの衛星や彗星や系外惑星を探検できるかもしれない。事故や病気の心配をする必要はない。銀河を飛びまわるのは、われわれのコネクトームにすぎないのだから。

そうすると、われわれが夜に天を仰ぎながら、あそこにだれかがいるのだろうかと思うとき、冷たく、静かで、空っぽに思えても、その夜空には光速で飛びまわる無数の旅人が満ちあふれているのかもしれない。

ワームホールとプランクエネルギー

ところが、超光速航行がタイプⅢ文明にならできるという可能性も残っている。そこへ登場するのが、新たな物理法則だ。それはプランクエネルギーの領域であり、このスケールでは、通常の重力法則に反する奇妙な新現象が起こる。

プランクエネルギーが非常に重要なわけを知るには、現時点で知られているあらゆる物理現象は、ビッグバンから素粒子の振る舞いに至るまで、ふたつの理論で説明できることを理解する必要がある。それは、アインシュタインの一般相対性理論と、量子論だ。このふたつが合わさって、物質とエネルギーのすべてを支配する根本的な物理法則となっている。一般相対性理論は、非常に大きなものについての理論であり、ビッグバン、ブラックホールの特性、膨張する宇宙の進化を説明する。量子論は、非常に小さなものについての理論であり、自宅のリビングで起きているあらゆる電子の奇跡を可能にするような、原子や素粒子の特性や振る舞いを記述する。

問題は、このふたつの理論をひとつの包括的な理論に統合できていない点にある。両者はまったく違っており、異なる前提と、異なる数学と、異なる物理的イメージにもとづいている。

統一場理論というものが成立しうるとすると、両理論の統合がなし遂げられるレベルのエネルギーは、プランクエネルギーである。このレベルでは、アインシュタインの重力理論は完全に破綻する。これはビッグバンのエネルギーであり、ブラックホールの中心のエネルギーでもある。

プランクエネルギーは10^{28}電子ボルトに相当し、これは、地球で最強の粒子加速器であるCERNの大型ハドロン衝突型加速器（LHC）が作り出すエネルギーの一〇〇〇兆倍にのぼる。

一見、あまりの莫大さに、プランクエネルギーのレベルを探れる見込みはないように思えるだろう。だが、タイプI文明の10^{20}倍を超えるエネルギーを手にしているタイプIII文明には、それを実現できるだけの力がある。するとタイプⅢ文明は、時空の生地をいじくり回し、意のままに曲げることができるかもしれない。

タイプⅢ文明は、ＬＨＣよりはるかに大きい粒子加速器を作ることで、このとてつもない規模のエネルギーを実現できるのではないか。ＬＨＣは、ドーナツ形をした全周二七キロメートルのチューブで、そのチューブを強大な磁場が囲んでいる。

陽子をＬＨＣに入れると、磁場が陽子の軌道を曲げて円にする。それからエネルギーのパルスを周期的にドーナツへ送り込み、陽子を加速させる。チューブのなかでは、二本の陽子ビームが互いに反対方向へ回っている。ビームは最高速に達したところで正面衝突を起こし、一四兆電子ボルトのエネルギーを放出する。これまでに人工的に作り出された突発的なエネルギーのなかでも最大のものだ（この衝突があまりにも激しいため、ひょっとしたらブラックホールができて地球を呑み込んでしまうのではないかと心配する人もいたが、それは杞憂である。実を言うと、自然に生じている素粒子がいつでも地球に当たり、一四兆電子ボルトをはるかに上回るエネルギーを発生させている。母なる自然は、実験施設で作るものよりはるかに強い宇宙線をわれわれに浴びせているのである）。

ＬＨＣを超える

ＬＨＣは何度も大きなニュースになっている。[*6] とらえがたいヒッグス・ボソン（ヒッグス粒子）の発見もそのひとつで、ふたりの物理学者、ピーター・ヒッグスとフランソワ・アングレールにノーベル賞が贈られた。ＬＨＣの主な目的のひとつは、粒子の標準模型というパズルにおいて、最後のピースをはめることだった。標準模型は、最も進んだタイプの量子論であり、低いエネルギーにおいて宇宙を完全に説明することができる。

標準模型は「ほとんど万物理論」と呼ばれることもある。われわれのまわりに見える低エネルギーの宇宙を正確に記述できるからだ。それでも、いくつかの理由から究極の理論にはなりえない。

1. 標準模型は重力についてては何も言っていない。それどころか、標準模型をアインシュタインの重力理論と組み合わせると、混成された理論は破綻し、意味をなさなくなる（計算結果が無限大になるので、その理論は使い物にならないのだ）。
2. 標準模型には、かなり不自然に思える粒子が不思議とたくさんある。クォークと反クォークが三六種類、一連のグルーオン、レプトン（電子とミュー粒子）、そしてヒッグス・ボソンだ。
3. 標準模型には自由パラメータ（粒子の質量や、粒子同士の結合定数（素粒子間の相互作用の強さを決める定数））が一九個ほどあり、これらは単独で代入する必要がある。質量や結合定数は、標準模型では決定できないのだ。なぜそうした数値になるのかわかっていない。

素粒子の雑多な集まりからなる標準模型が、自然の究極の理論であるとは考えにくい。まるで、カモノハシとツチブタとクジラをセロテープでぐるぐる巻きにして、これこそ母なる自然の極上の創造物、何億年にも及ぶ進化の最終産物と呼ぶようなものだ。

ＬＨＣに続く大型粒子加速器は、現在計画段階にある国際リニアコライダー（ＩＬＣ）だ。これは全長およそ五〇キロメートルの直線のチューブであり、そのなかで電子と反電子（陽電子）のビームが衝突する。現在の計画では、日本の北上山地に建設が予定されており、費用は約二〇〇億ドルとされ、そのうち半分は日本政府が負担することになっている。

ＩＬＣが生み出せる最大のエネルギーは一兆電子ボルトにとどまるが、ＩＬＣは多くの点でＬＨＣに優《まさ》っている。陽子同士をぶつけると、陽子の複雑な構造ゆえに、衝突の解析が非常に難しい。陽子のなかには三個のクォークがあり、「グルーオン」という粒子で結びつけられている。一方、電子にはそれより小さな構造は知られていない。一点だけの粒子に見えるのだ。そのため、電子と反電子が衝突するときは、単純明快な相互作用となる。

このように物理学が進歩していても、われわれのタイプ０文明では、プランクエネルギーを直接探ることができない。だがそれは、タイプⅢ文明には可能となる。ＩＬＣのような加速器の建造は、いつの日か、時空がどれだけ安定なのかを検証し、時空で近道ができるかどうかを明らかにするうえで、きわめて重要なステップになるかもしれない。

小惑星帯の加速器

いずれ、先進文明は小惑星帯サイズの粒子加速器を建造するだろう。円形の陽子ビームを小惑星帯にぐるりとめぐらせるため、巨大な磁石で誘導するのだ。地球上なら、粒子は大きな真空のチューブのなかへ送り込まれる。しかし、宇宙空間の真空は地球上のどんな真空よりも空っぽなので、この加速器にチューブは要らない。

必要なのは、小惑星帯にいくつもの巨大な磁気ステーションを計画的に配置し、陽子ビームの通る円形の軌道を作ることだけだ。これは陸上競技のリレーにちょっと似ている。陽子が磁気ステーションを通過するたびに、電気エネルギーが急激に高まって磁石が働き、適切な角度で次の磁気ステーションへ進むように陽子ビームを蹴飛ばすのである。陽子ビームが磁気ステーションを通るごとに、レーザーによってエネルギーがビームに注入され、次第にプランクエネルギーに近づいていく。

加速器がプランクエネルギーに到達すると、そのエネルギーを一点に集中させられる。そこにワームホールが開くはずだ。それから負のエネルギーを十分に注入すると、ワームホールは安定し、つぶれなくなる。

ワームホールを通り抜ける旅はどのようなものだろう？　それはだれにもわからないが、経験的な推測は、カリフォルニア工科大学の物理学者キップ・ソーンが映画『インターステラー』の監督たちに助言した際になされている。ソーンはコンピュータのプログラムを用いて、光線がワームホールを通り抜ける際の軌跡をたどった。そのおかげで、この旅がどういうものになるのか、視覚的に味わえるようになった。一般的な映画の描写と違い、これまでに映画で試みられたなかで最も厳密な視覚化となったのだ（この映画では、ブラックホールに近づくと「事象の地平線」と呼ばれる巨大な黒い球面が現れる。その事象の地平線を通り抜ける際に、帰還不能点を越えてしまう。黒い球のなかには、とてつもない密度と重力をもつ小さな点、ブラックホールが存在する)。

巨大な粒子加速器を建造するほかにも、物理学者はワームホールを利用する方法をいくつか考えている。ひとつ考えられるのは、ビッグバンがあまりにも激しかったため、一三八億年前の生まれたての宇宙に存在していた微小なワームホールを膨張させた可能性だ。宇宙が急激に膨張しだしたときに、こうしたワームホールも一緒に膨張したのではないか。それなら、現時点で見た人はいなくても、ワームホールは自然現象として生じているのかもしれない。一部の物理学者は、宇宙でどのようにワームホールを探しまわるかについて考えをめぐらせている(自然に生じたワームホールを見つけるには、『スター・トレック』のいくつかのエピソードでも扱われているが、そこを通る恒星の光を、たとえば球や環のような独特の形に歪めている物体を探せばいい)。

もうひとつの可能性もキップ・ソーンらが検討しているが、真空中に微小なワームホールを見つけ、それを広げるというものである。われわれの最新の理解によれば、空間は、いくつもの宇宙が生まれては消えるように、いくつもの微小なワームホールで泡立っているようだ。したがって、十分なエネルギーがあれば、すでにあるワームホールを操作して膨張させることができるかもしれない。

だが、こうしたすべての案に、ひとつ問題がある。ワームホールはグラビトン(重力子)という重力の粒子に囲まれている。ワームホールを通り抜けようとすると、量子補正というものが、重力放射という形で襲いかかる。通常、量子補正は小さくて無視できる。しかし計算によると、

スターシップがワームホールに入るときには、量子ゆらぎによる強烈な放射に耐えなければならない。原理上、ひも理論でしかこのゆらぎは計算できないので、それであなたが生き延びられるかどうかがわかるのだ。

ワームホールを通り抜けるときの量子補正は無限大になり、放射は致命的なものとなりそうだ。また、放射が強くなりすぎてワームホールが閉じてしまい、通過が不可能になることも考えられる。ワームホールの通過がどれほど危険なことなのかについては、今日、物理学者のあいだで議論されている。

ワームホールに入ると、アインシュタインの相対性理論はもはや役に立たない。量子論的効果が大きくなりすぎて、そこを通るには さらに上位の理論が必要になる。現在、これになりうるのはひも理論だけだ。[*7] ひも理論は、これまで提唱されたなかでもとびきり奇妙な物理学理論である。

量子のあいまいさ

どんな理論なら、プランクエネルギーにおいて一般相対性理論と量子論を統合できるのだろう? アインシュタインは人生最後の三〇年をかけて、「神の心を読む」ことを可能にする「万物理論」を追求したが、その試みはなし遂げられなかった。これは現代物理学における最大級の難問として残されている。解決できれば、宇宙でも最大級の秘密がいくつか明らかになり、それによって、タイムトラベルやワームホール、高次元、並行宇宙、さらにはビッグバン以前に起きたことまで探れるようになるかもしれない。そのうえ、人類が超光速航行をなし遂げられるか否かもわかるだろう。

このことを理解するには、量子論の基礎をなすハイゼンベルクの不確定性原理を理解する必要がある。このなんともない響きのする原理によれば、どんなに高感度の機器を使っても、電子などの素粒子の速度と位置を同時に知ることはできない。量子の「あいまいさ」がつねにあるのだ。すると、驚くべきイメージが浮かび上がる。一個の電子は、実はさまざまな状態の集成であり、それぞれの状態は位置や速度が異なる電子を記述しているのだ。アインシュタインはこの原理を嫌っていた。「客観的実在」——つまり、物体は明確に決まった状態で存在し、どの粒子も位置と速度を厳密に決定できるという常識的な考え——を信じていたのである。

ところが量子論では客観的実在など考えない。鏡をのぞき込むとき、そこに見えているのは本当のあなたではない。あなたは膨大な数の波が集まってできている。つまり鏡に映るあなたは、こうしたすべての波を平均化し、混ぜ合わせた姿なのだ。そうした波の一部は、あなたの部屋全体に広がり、外にも出ている確率さえわずかにある。それどころか、火星やさらに遠くにまで広がっている可能性もある（博士課程の学生に出している問題には、あなたの波の一部が火星にまで広がり、ある日あなたが目覚めると火星にいる確率を求めよというものもある）。

こうした波を「量子補正」あるいは「量子ゆらぎ」という。通常、この補正はわずかなので、常識的な考えのままでまったく問題ない。われわれは原子の集成であり、平均しか見えていないのだから。だが素粒子レベルになると量子補正が大きくなるため、電子が複数の場所に、異なる状態で同時に存在しうる（トランジスタのなかで電子が同時に異なる状態で存在できることを説明されたら、ニュートンは衝撃を受けるだろう。このような補正が、現代の電子工学を可能にしている。したがって、どうにかして量子のあいまいさをなくせたら、こうした驚異のテクノロジーはすべて機能しなくなり、社会はほぼ一〇〇年前の電気の時代以前に戻されてしまうだろう）。

幸いにも、物理学者は素粒子の量子補正を計算し、予測することができる。なかには一兆分の一という途方もない精度で確かな予測もある。実のところ、量子論は非常に精度が高いので、これまでで最も成功を収めている理論かもしれない。通常の物質に適用した場合、正確さにおいてこれに比肩しうる理論はない。史上最も奇妙な理論でもあるかもしれないが（アインシュタインはかつて、量子論は成功を収めるほどに奇妙さを増すと言っている）、メリットがひとつある。すばらしく正確なのだ。

そのため、ハイゼンベルクの不確定性原理は、現実に対するわれわれの認識に再考を迫る。その結果のひとつは、ブラックホールが本当はブラックではないという事実だ。量子論によれば、完全な黒さにも量子補正があるため、ブラックホールは実はグレーなのである（そしてホーキング放射というかすかな放射を発している）。多くの教科書には、ブラックホールの中心や時間の始まりに、重力が無限大になる「特異点」が存在すると書いてある。しかし、無限大の重力は不確定性原理に反している（つまり「特異点」などというものはない。これは、方程式が破綻するときの現象がわからないのをごまかすために考え出された言葉にすぎないのだ。量子論で特異点が存在しないのは、あいまいさがあってブラックホールの厳密な位置がわからないからである）。これと同じように、完全な真空は完全な無の状態とされることが多い。だが「ゼロ」の概念は不確定性原理に反しており、完全な無など存在しない（むしろ真空は、絶えず生まれては消える仮想の物質と反物質の粒子で満たされた大釜なのだ）。また、あらゆる運動が停止する絶対零度というものも存在しない（その温度になっても、原子はわずかに動きつづける。これを零点エネルギーという）。

ところが量子重力理論を打ち立てようとすると、問題が生じる。アインシュタインの理論に対する量子補正は、「グラビトン」と呼ばれる粒子によって記述される。光子が光の粒子であるように、グラビトンは重力の粒子だ。グラビトンは非常にとらえがたいので、まだ実験で見つかっていない。それでも、グラビトンはどんな量子重力理論にも欠かせないため、物理学者はその存在を確信している。しかし、こうしたグラビトンを使って計算してみると、量子補正が無限大になってしまう。量子重力理論には、方程式を破綻させてしまう補正が山ほどある。最高の頭脳をもつ物理学者たちがこの問題に挑んできたが、皆失敗に終わっている。

そのため、現代物理学におけるひとつの目標は、量子補正が有限で計算可能となるような量子重力理論を生み出すことなのだ。そうなれば、アインシュタインの重力理論がワームホールの形成を許し、いつの日か銀河の旅行で近道ができるようになるかもしれない。それでもアインシュタインの理論は、ワームホールが安定なのかどうかを教えてはくれない。その量子補正を計算するには、相対性理論と量子論を結合する理論が必要になる。

ひも理論

今のところ、この問題を解決する第一（にして唯一）の候補が、ひも理論と呼ばれるものだ。この理論によれば、宇宙のあらゆる物質やエネルギーは極微の「ひも」でできている。ひもの振動はそれぞれ、異なる素粒子に対応する。だから電子は実は点粒子ではない。とんでもなく高倍率の顕微鏡があれば、電子は粒子ではなく振動するひもとわかるはずだ。電子が点粒子に見えるのは、ひもがあまりにも小さいからにほかならない。

そのひもが異なる振動数で震えると、クォーク、ミュー粒子、ニュートリノ、光子などといった異なる粒子に対応する。だから物理学者は、これまで途方もない数の素粒子を発見している。何百もあるのは、どれもひとつの小さなひもの異なる振動にすぎないためなのである。このようにして、ひも理論は素粒子の量子論的性質を説明できる。ひも理論によれば、ひもが動くと、まさにアインシュタインが予言したとおりに時空が巻き上げられる。そのためひも理論は、アインシュタインの理論と量子論をとても好ましい形で統合するのである。
つまり素粒子は音符のようなものだ。宇宙はひもの交響楽で、物理学はそうした音符が織りなすハーモニーにあたる。そしてアインシュタインが長年追い求めた「神の心」は、超空間に響きわたる宇宙の音楽なのである。

ならばひも理論は、物理学者を何十年も悩ませてきた量子補正をどのように排除するのだろう？　ひも理論には「超対称性」という性質がある〔超対称性をもつひもを超ひもという〕。どの粒子にも、超対称性粒子あるいは「ス粒子」と呼ばれるパートナーが存在する。たとえば電子のパートナーは「ス電子」で、クォークのパートナーは「スクォーク」だ。すると量子補正には、通常の粒子によるものと、ス粒子によるものという二種類が存在することになる。ひも理論の美しさは、この二種類の粒子の量子補正がちょうど打ち消し合うところにある。

このように、ひも理論は、無限大の量子補正を排除する、単純だがエレガントな手だてを提供してくれる。そうした量子補正が消滅するのは、理論に美しさと数学的な力を与える新たな対称性の存在が、この理論によって示されるためなのだ。

芸術家にとって、美とは自分の作品に封じ込めたい、形なき性質かもしれない。しかし理論物理学者にとって、美とは対称性だ。それは、空間と時間の究極の本質を探るうえで絶対に必要なものでもある。たとえば雪の結晶を六〇度回転しても、元のものと変わらない。これと同じように、万華鏡が美しいパターンを作り出すのは、鏡を使ってひとつの像を繰り返しコピーすることで三六〇度を満たしているからである。このとき、雪の結晶と万華鏡のどちらにも放射対称性があると言う。つまり、決まった角度だけ回転させても変わらないということだ。

ここにたくさんの素粒子を含む方程式があるとして、素粒子同士をシャッフルしてみよう。そうして入れ替えても方程式が変わらなければ、その方程式には対称性があると言える。

対称性の力

対称性は美観の問題にとどまらない。方程式の欠陥や異常を排除するための強力な手だてとなる。雪の結晶は、回転させたものと元のものを比べることで、すぐに欠陥を見つけられる。同じにならなければ、直すべき問題があるのだ。

量子の方程式を立てる場合も、理論に小さな異常や発散が見つかることがよくある。だが方程式に対称性があれば、こうした欠陥をなくせる。そしてまた同じく、超対称性は、量子論によく見られる無限大や欠陥をなくしてくれるのである。

おまけに超対称性は、物理学でこれまでに見つかっている最大の対称性であることもわかっている。既知のあらゆる素粒子を混ぜたり入れ替えたりしても、元の方程式を維持できるのだ。じつさい超対称性は非常に強力なので、アインシュタインの理論にグラビトンと標準模型の素粒子を組み込み、回転させる――つまり素粒子を入れ替える――こともできる。これにより、アインシュタインの重力理論を素粒子と統合する好ましくも自然な手だてが与えられる。

ひも理論は宇宙の巨大な雪の結晶のようなものだ。ただし、雪の結晶にある突起のひとつひとつが、アインシュタインの方程式と標準模型の素粒子のすべてとなる。一個の突起が宇宙のすべての粒子を表しているのだ。この雪の結晶を回転させると、宇宙のすべての粒子が入れ替わる。アインシュタインが誕生せず、何十億ドルもの金をかけて原子を衝突させることで標準模型が生み出されなかったとしても、ひも理論さえあれば、二〇世紀のあらゆる物理学は発見されていただろうと言う物理学者もいる。

なにより重要なのは、超対称性によって粒子の量子補正がス粒子の量子補正で相殺され、有限の重力理論が得られることだ。それこそひも理論がなし遂げる奇跡なのである。これは、ひも理論について最もよく耳にする「なぜ一〇次元に存在するのか？　なぜ一三次元や二〇次元ではないのか？」という疑問の答えも示している。

答えは、ひも理論における粒子の数が、時空の次元数によって変わるからだ。高次元では、粒子の振動の種類が増えるため、粒子が増える。粒子の量子補正とス粒子の量子補正を相殺しようとすると、一〇次元でしかそれが起こせないことがわかる。

一般に、数学者は創意に富む新しい体系を生み出し、のちにそれを物理学者が理論に組み込む。たとえば曲面の理論は一九世紀の数学者によって考案され、その後一九一五年にアインシュタインの重力理論に組み込まれた。しかし今度は逆のことが起こった。ひも理論は数学の新分野を数多く切り開き、数学者を仰天させたのである。若く野心に満ちた数学者は、えてして自分たちの分野の応用には軽蔑の目を向けるが、最先端を行きたければひも理論を学ばなくてはならない。

アインシュタインの理論はワームホールや超光速航行の可能性を許容しているが、量子補正があるなかでワームホールがどれほど安定しているのかを見積もるには、ひも理論が必要になる。

要するに、こうした量子補正が無限大なので、その無限大をなくすことが物理学における根本的な問題のひとつとなっている。ひも理論でそうした量子補正を排除できるのは、ちょうど打ち消し合う二種類の量子補正があるためだ。このようにして粒子とス粒子で正確な相殺が起きるのは、超対称性のおかげなのである。

だが、ひも理論がエレガントで強力でも、それだけでは十分でない。結局は最後の試練に向き合うことになる。実験だ。

ひも理論への批判

この理論には説得力があるが、もっともな批判もある。第一に、ひも理論は（いや、それに限らずどんな万物理論も）プランクエネルギーのレベルですべての物理学を統合するが、それを厳密に検証できるほど強力な機械は地球上にない。直接検証するには実験室でベビーユニバースを作る必要があるだろうが、現在のテクノロジーを考えれば明らかに不可能なのだ。

第二の批判として、ほかの物理学理論と同じく、ひも理論にも複数の解があることが挙げられる。たとえば光を支配するマクスウェル方程式には、無数の解が存在する。これが問題にならないのは、どんな実験でも最初に、電球であれ、レーザーであれ、テレビであれ、調べる対象を指定するからだ。その後、こうした初期条件をもとに、マクスウェル方程式を解く。しかし、宇宙の理論を手にしたら、その初期条件はどうなるのだろう？　物理学者は、「万物理論」はみずからの初期条件を決定するはずだと考えている。つまり、理論そのものからなんらかの形でビッグバンの初期条件が現れてほしいと思っているのだ。ところがひも理論は、数ある解のうち、どれがわれわれの宇宙にとって正しいものなのかを教えてはくれない。初期条件が与えられなければ、ひも理論には「マルチバース」という無数の並行宇宙が含まれ、どれも変わらず妥当なのである。そのため、ひも理論ではわれわれのいるなじみ深い宇宙だけでなく、ほかに無数にあるかもしれない、同じぐらい妥当な宇宙も予測され、答えをもてあましてしまうことになる。

第三の批判に移ろう。ひも理論で一番驚かされる予言は、宇宙が四次元ではなく一〇次元に存在するというものかもしれない。物理学を見わたしても、時空の理論がそれ自体の次元数を決定するなどという奇妙な予言はほかにない。あまりの奇妙さに、多くの物理学者が初めはSFとして退けたほどだ（ひも理論が提唱された当初、一〇次元にしか存在しえないという事実は笑いぐさになった。じっさいノーベル賞受賞者のリチャード・ファインマンは、ひも理論の創始者のひとりだったジョン・シュウォーツに「やあ、ジョン、今日は何次元に住んでるんだ？」と言ってからかったらしい）。

超空間に住む

ご存じのとおり、宇宙のどんな物体も、縦、横、高さという三つの数で記述できる。これに時間を加えると、四つの数で宇宙のどんな事象も記述できる。私がだれかとニューヨーク市で会いたいとき、たとえば四二丁目、五番街の一〇階で正午にお会いしましょうと言うだろう。だが数学者から見て、座標が三つか四つしか必要ないというのは恣意的に映るだろう。三次元や四次元には何も特別なところがないからだ。物理的な宇宙の最も根本的な特徴が、そんな平凡な数で記述されるはずがないのではないか。

だから数学者はひも理論に抵抗を感じない。しかし、この高次元を視覚化するために、物理学者はたとえを用いることが多い。子どものころ、私はよくサンフランシスコのジャパニーズ・ティー・ガーデン〔一八九四年の国際博覧会に合わせて造成された日本庭園〕を何時間も眺め、浅い池で泳ぐ魚を見ながら、子どもならではの自問をしていた。「魚になったらどんな感じがするのかな?」。どんなに奇妙な世界を魚は見ているのだろう、と私は思った。魚は宇宙にはふたつの次元しかないと考えているはずだ。この狭いスペースで、泳げるのは横方向だけで、上下には動けない。池の外の三つめの次元の話などしようものなら、いかれていると仲間に思われるだろう。そこで私は、だれかが超空間の話をするたびにいつもばかにしている魚が池にいると想像してみた。その魚にとって、触れて感じることのできるものだけが宇宙だからだ。私がその魚をつかみ、「上」の世界へ持ち上げたら、魚は何を目にするだろう? ひれがなくても動いている生き物を目にする。新たな物理法則の発見だ。その生き物は、水がなくても呼吸している。今度は新たな生物学の法則である。それからこの科学者となった魚を池に戻したら、ほかの魚たちに「上」の世界には驚くべき生き物が住んでいると語らずにはいられないだろう。

これと同じで、われわれも魚なのかもしれない。ひも理論の正しさが証明されれば、住み慣れた四次元世界の向こうにまだ見ぬ次元があることになる。だがそんな高次元がどこにあるのか? ひとつ考えられるのは、もともとの一〇次元のうち六つは「巻き上げられて」いるため、見られなくなっているという可能性だ。紙を巻き上げて細い筒を作るとしよう。元の紙は二次元だが、巻き上げることで一次元の筒ができる。遠目には一次元の筒にしか見えないが、実際には二次元のままなのだ。

同様に、ひも理論によると、宇宙はもともと一〇次元だったが、なんらかの理由で六つの次元が巻き上げられた結果、われわれは世界に四つの次元しかないと錯覚させられている。このひも理論の特徴は現実離れしたものに思えるが、いまや実際にそうした高次元を観測しようという試みがなされている。

ところで、高次元がどうやって相対性理論と量子力学を結びつける役目を果たすのだろう？重力、核力、電磁力をひとつの理論に統合しようとすると、四次元ではそうする「余地」がないことがわかる。ジグソーパズルで組み合わないピースのようなものだ。しかし次元をどんどん足していくと、ジグソーパズルのピースがぴったり合って全体ができあがるように、低次の理論を組み合わせる余地が生まれる。

たとえば平面人《フラットランダー》が住む二次元世界を考えよう。彼らはクッキーマン〔人型に焼き上げられたクッキーのこと。ジンジャーブレッドマンともいう〕のように左右にしか動けず、「上」には行けない。かつて三次元の美しい結晶があり、それが爆発して破片が平面世界に降り注いだとしよう。長年かけて、平面人はこの結晶をふたつの大きな破片にまで組みなおした。ところがいくらがんばっても、このふたつの破片をぴったり合わせることができない。やがてある日、ひとりの平面人がとんでもない提案をする。破片のひとつを「上」へ、つまり見えざる第三の次元へ動かせば、ふたつの破片が合わさって三次元の美しい結晶になるのでは、と。結晶を再構成するうえで鍵となるのは、破片を第三の次元へ動かすことだったのだ。ここで言うふたつの破片とは相対性理論と量子論のことで、結晶はひも理論、爆発はビッグバンのたとえである。

ひも理論がデータとぴったり合うとしても、まだ検証が必要だ。先述のとおり直接の検証はできないが、ほとんどの物理学研究は間接的におこなわれている。たとえば、太陽は主に水素とヘリウムでできていることがわかっているが、これまで太陽へ行った人はいない。われわれが太陽の組成を知っているのは、プリズムに太陽光を通して色の帯に分解し、間接的に調べたからだ。虹のなかの帯を調べることで、水素やヘリウムのいわば指紋を特定できるのである（実は、ヘリウムが最初に発見されたのは地球ではない。一八六八年、科学者たちが日食のときに太陽光を調べていて奇妙な新元素の証拠を見つけ、「太陽の金属」という意味で「ヘリウム」と名づけたのだ。一八九五年になってようやく地球上でヘリウムの直接的な証拠が見つかり、そのときに科学者たちはヘリウムが金属ではなく気体であることに気づいた）。

ダークマターとひも

同じように、ひも理論もさまざまな間接的検証によって証明されるかもしれない。ひもの振動はそれぞれひとつの粒子に対応しているので、粒子加速器で、ひもの高い「オクターブ」に相当するまったく新しい粒子が探せる。数兆ボルトで陽子同士をぶつければ、一瞬だけ、飛び散る破片のなかにひも理論で予言される新粒子が生じる望みがある。するとそれが、天文学で最大級の未解決問題を解くのに役立つかもしれない。

一九六〇年代、天の川銀河の回転を調べていた天文学者たちは、奇妙な事実に気づいた。天の川銀河が非常に速く回転していて、ニュートンの法則によればバラバラになってしまうはずなのに、およそ一〇〇億年も安定しているのである。実のところ、従来のニュートン力学から予想されるより、およそ一〇倍も速く回転していた。

これはとてつもない問題を突きつけた。ニュートンの方程式が間違っているのか（ほぼ考えられない）、あるいは未知の物質からなる見えないハロー（暈《かさ》）が銀河を囲み、質量が十分に増して重力で銀河をつなぎとめているのか。つまり、われわれが写真で見るような美しい渦状腕《かじょうわん》をもつ華麗な銀河は一部分にすぎず、実際には目に見える銀河の一〇倍の質量をもつ、見えないハローがとりまいているのかもしれないことになる。銀河の写真には、美しく渦巻く星々の集団が写っているだけなので、星々をまとめているものが何であろうと、それは光と相互作用しないはずだ――見えないわけだから。

宇宙物理学者はこの見えない質量を「ダークマター（暗黒物質）」と名づけた。ダークマターの存在は、宇宙が主に原子でできているという彼らの理論に修正を迫ることとなった。いまやわれわれは、宇宙全体のダークマターの地図を手に入れている。ダークマターは見えないが、質量のあるものなら皆そうであるように、光を曲げる。したがって、銀河の周囲にある星の光の歪みを解析することで、コンピュータを使ってダークマターの存在を推測し、宇宙全体における分布の地図が作成できる。そして確かにその地図は、銀河の質量の大半がダークマターとして存在することを示している。

ダークマターは見えないのに重力をもつが、あなたはダークマターを手にとることができない。原子と直接相互作用しないので（電気的に中性だから）、あなたの手を、床を、さらには地殻をすり抜けてしまう。まるで地球など存在しないかのように、ニューヨークとオーストラリアのあいだを往復するが、地球の重力には縛られる。つまりダークマターは見えなくても、重力を介してほかの粒子と相互作用するのである。

ある説では、ダークマターは超ひもの高いレベルの振動だとされている。その筆頭候補が光子《フォトン》の超対称性パートナーで、「フォティーノ」（「小さな光子」の意味）と呼ばれている。この粒子はダークマターにふさわしい特性をすべてもっている。光と相互作用しないので見えないが、質量があって安定しているのだ。

この推測を証明する方法がいくつかある。まずは、大型ハドロン衝突型加速器（ＬＨＣ）で陽子同士をぶつけ、直接ダークマターを作るというものだ。一瞬だけ、ダークマターの粒子が加速器のなかで生じるかもしれない。これができたら、科学に莫大な影響をもたらすだろう。史上初めて、原子にもとづかない新たな形態の物質が見つかったことになるのだ。ＬＨＣではダークマターを生み出すだけのパワーがなくても、ＩＬＣ（国際リニアコライダー）になら生み出せるかもしれない。

この推測を裏づけるには、こんな方法もある。地球はこの見えないダークマターの風のなかを動いている。すると、ダークマターの粒子が粒子検出器のなかで陽子とぶつかって素粒子のシャワーを生じさせ、それが撮影できるかもしれない。現在、検出器のなかで物質とダークマターが衝突した形跡が見つかるのを辛抱強く待っている物理学者は、世界じゅうにいる。最初に発見をなし遂げた物理学者にはノーベル賞が待っている。

粒子加速器からであれ、地上の検出器からであれ、ダークマターが見つかれば、その特性をひも理論が予言する粒子と比較できるだろう。それでひも理論の妥当性を評価するための証拠が得られるはずだ。

ダークマターの発見は、ひも理論の証明へ向けて大きな一歩になるだろうが、ほかのやり方での証明も考えられる。たとえばニュートンの重力法則は、恒星や惑星のような大きな物体の運動を支配しているが、数センチメートルや数十センチメートルといった短い距離で働く重力についてはほとんどわかっていない。ひも理論は高次元を前提としているため、短い距離ではニュートンの有名な逆二乗則（重力は距離の二乗に反比例する形で減少するというもの）が破れるはずだ。ニュートンの法則は三次元において予測されているものなのだから（空間がたとえば四次元だったら、重力は距離の三乗に反比例する形で減少するはずだ。今のところ、ニュートンの重力法則の検証で高次元の証拠はいっさい示されていないが、物理学者はあきらめていない）。

もうひとつ考えられる手段は、宇宙に重力波検出器を打ち上げることだ。ルイジアナ州とワシントン州に設置されたレーザー干渉計型重力波観測所（ＬＩＧＯ）は、二〇一六年には衝突するブラックホールからの、二〇一七年には衝突する中性子星からの、重力波の検出に成功した。その改良型で宇宙に設置される予定のレーザー干渉計宇宙アンテナ（ＬＩＳＡ）なら、ビッグバンの瞬間に生じた重力波を検出できるかもしれない。これにより、「ビデオテープを巻き戻し」、ビッグバン以前の姿を推測できる望みがある。そうなれば、ひも理論でビッグバン以前の宇宙についてなされている予言の一部が、おおざっぱに検証できるはずだ。

ひも理論とワームホール

ひも理論のさらに別の検証方法としては、素粒子に似たマイクロブラックホールなど、理論から予測されるエキゾチックな（奇妙な）粒子を見つけることも挙げられよう。

ここまで、物理学によって、遠い未来の文明について考え、エネルギー消費にもとづく合理的な推測ができることを見てきた。文明は、タイプⅠの惑星文明からタイプⅡの恒星文明を経て、ついにはタイプⅢの銀河文明に進むと予想できる。銀河文明になれば、フォン・ノイマン探査機を送り出したり、みずからの意識をレーザーポーティングしたりして、銀河を探索する可能性が高い。重要なのは、タイプⅢ文明であればプランクエネルギーを利用できるのではないかということだ。プランクエネルギーでは、時空が不安定になり、超光速航行が可能になるかもしれない。だが、超光速航行の物理的原理を予測するには、アインシュタインの理論を超越した理論が必要になる。それはおそらくひも理論だろう。

ひも理論を使えば、タイムトラベル、次元間旅行、ワームホール、あるいはビッグバン以前に起きたことなど、エキゾチックな現象を調べるのに必要な量子補正を計算できる望みがある。たとえばタイプⅢ文明が、ブラックホールを操作し、ワームホールを通って並行宇宙へ行ける入口を作ることができるとしよう。ひも理論なくして、そこへ入ると何が起こるかを予測することはできない。爆発してしまうのだろうか？　入ったとたんに重力放射で入口が閉じるのか？　無事に通り抜け、生きて内部の様子を伝えることができるのだろうか？

ひも理論なら、ワームホールを通り抜けるときにさらされる重力放射の量が計算でき、こうした疑問に答えてくれるはずだ。

もうひとつ、物理学者のあいだで盛んに議論されているのは、ワームホールに入って時間をさかのぼるとどうなるかという疑問だ。その場合、あなたが生まれる前に自分の祖父を殺すと、パラドックスが生じる。[*8] 自分の祖先を殺したら、そもそもあなたは存在できるわけがない。アインシュタインの理論はタイムトラベルを許容しているが（負のエネルギーがあればの話）、こうしたパラドックスをどうやって解決するかについては何も言っていない。ひも理論は、どんなものも計算できる有限の理論なので、このような悩ましいパラドックスをすべて解決できるはずだ（まったくの私見を述べれば、あなたがタイムマシンに乗り込んだときに、時間の川は二本に分かれるのではないか——つまり、時間線が分裂するのだ。するとあなたは、自分の祖父にそっくりだが、別の宇宙において別の時間線に存在する、ほかのだれかの祖父を殺したことになる。こうしてマルチバースはあらゆるタイムパラドックスを解決できる）。

しかし現時点では、ひも理論の数学が複雑なために、物理学者はそれをこうした問題に適用できていない。これは数学の問題であって実験の問題ではないため、いつか果敢な物理学者が、ワームホールや超空間の特性を明確に見積もることができるかもしれない。ひも理論が使えれば、超光速航行についてぼんやり考えるのでなく、それが可能かどうかを決定することができる。だがその決定を下すには、ひも理論が十分に理解されるまで待たなくてはなるまい。

大移住が終わる？

したがってタイプⅢ文明は、量子重力理論を利用して超光速の宇宙船を建造できる可能性がある。だが、それは人類にどんな影響をもたらすのだろう？

前に語ったとおり、光速の制約を受けるタイプⅡ文明は宇宙に入植地を築き、やがてそれが枝分かれしてできる多数の遺伝的に異なる系統は、最終的に母なる惑星とのつながりをすっかり失ってしまうかもしれない。

しかし、文明がタイプⅢになってプランクエネルギーを使いこなし、こうした枝分かれした人類とコンタクトをとりはじめたらどうなるか？

歴史は繰り返すかもしれない。かつての大移住は、飛行機と現代文明の登場によって国際的な高速輸送網ができて、終わりを迎えた。今日われわれは、祖先が何万年もかけて大陸を渡っていった距離を、飛行機でひとっ飛びできるのだ。

これと同じように、われわれがタイプⅡ文明からタイプⅢ文明へ移行を遂げると、当然の結果として、時空が不安定になるプランクエネルギーを探れるほどの力を手にするはずだ。

それで超光速航行が可能になるとすれば、タイプⅢ文明は銀河系全体に散らばった種々のタイプⅡ文明の入植地をひとつに結びつけることができるだろう。われわれ人類に共通の伝統を考えれば、アシモフが思い描いたような新しい銀河文明を生み出せるかもしれない。

すでに見たとおり、今後数万年で人類に生じそうな遺伝的差異の量は、かつての大移住以降に生じた量とほぼ変わらない。重要なのは、われわれがずっと人類でありつづけてきたということだ。ある文化のもとで生まれた子どもは、まったく違う文化のもとでも容易に育って大人になれる。ふたつの文化が深い溝で隔てられていようが関係ない。

さらにまた、太古の人類の移住に興味をもったタイプⅢ文明の考古学者が、銀河に広がった種々のタイプⅡ文明の移住ルートをさかのぼろうとするかもしれない。銀河の考古学者は、さまざまな古代タイプⅡ文明の形跡を探し求めるだろう。

アシモフの『ファウンデーション』シリーズで、主人公たちは銀河帝国を生み出した祖先の惑星を探す。その星の名前と位置は、銀河文明以前の混乱のさなかに忘れられてしまった。人口は何兆にもなり、居住惑星が何百万もあるので、見つけるのは絶望的に思える。しかし銀河系でとりわけ古い惑星を探索することで、主人公たちは最初期の惑星に残る入植地の廃墟を見つける。そして、惑星が戦争や疫病などの災厄によって打ち捨てられたことを知るのである。

同様に、タイプⅡ文明から生じたタイプⅢ文明が、何世紀も前に亜光速の宇宙船で広がったさまざまな分派をさかのぼろうとする可能性があるのだ。それぞれ違う歴史と視点をもつ多種多様な文化があることでわれわれの現代文明が豊かになっているのと同じく、タイプⅡ文明の時期に生まれた多様な文明と交わることで、タイプⅢ文明も豊かになるだろう。

したがって、超光速の宇宙船ができれば、アシモフの夢が実現でき、人類をひとつの銀河文明にまとめることができるかもしれない。

イギリス王室天文学者サー・マーティン・リースは言う。「人類が自滅を免れられたら、ポストヒューマンの時代に招き入れられる。地球の生命は銀河系全体に広まり、われわれの想像の域をはるかに超えて、複雑きわまりない形に進化を遂げるだろう。そうならば、われわれの小さな惑星――宇宙に浮かぶこの青白い点《ペイル・ブルー・ドット》――は銀河系全体で最も重要な場所となるはずだ。地球から恒星間旅行に出る最初の人々は、銀河系全体と、その外にまで鳴り響く使命を帯びることになる」

だがどんな先進文明も、いずれはみずからの存在をおびやかす究極の難題に向き合わざるをえない。宇宙そのものの終焉だ。われわれは問わなければならない。「先進文明は、その途方もないテクノロジーを駆使して、存在するすべてのものの死から逃れられるのだろうか?」ひょっとすると、知的生命に残された唯一の希望は、タイプⅣ文明への進化かもしれない。

第14章　宇宙を出る

世界の終わりは火に包まれると言う人もいれば、
氷に覆われると言う人もいる。
私がこれまで欲望を味わったものからすると、
火と言う人に賛同する。

——ロバート・フロスト（一九二〇年）

永遠はおそろしく長い——とくにその終わりにかけては。

——ウディ・アレン

地球は死にかけている。

映画『インターステラー』では、植物の奇病が地球を襲い、農作物が枯れて農業が成り立たなくなっている。人々は飢えに苦しんでいる。文明はひどい食料難に見舞われ、ゆっくりと滅びつつある。マシュー・マコノヒーは、危険な任務を与えられたNASAの元宇宙飛行士を演じている。もともと、不思議なことに土星の近くにワームホールが開いていた。それは入った者を銀河系の彼方へと運ぶ通路で、抜けた先には居住可能な新世界があるかもしれなかった。彼はなんとかして人類を救おうと、ワームホールに入って星々のなかに人類の新たな住みかを探すことを志願する。一方、地球ではワームホールの秘密を解明しようと科学者たちが躍起になっていた。だれが作ったのか？　そして、まさに人類が滅びようというときになぜ現れたのか？

少しずつ、科学者に真実が見えてくる。このワームホールを作るテクノロジーは、われわれのものより何百万年も進んでいる。それを作ったのは、なんとわれわれの子孫なのだ。彼らはとても進歩しているので、われわれの住み慣れた宇宙を超えて、超空間に住んでいる。そして過去への入口を作り、祖先（われわれ）を救うべく高度なテクノロジーを送ってよこした。人類を救えば、実は自分たちを救うことになるのである。物理学者で、この映画のプロデューサーのひとりでもあったキップ・ソーンによれば、作中の物理学はひも理論から着想を得ているという。

われわれが生き延びたら、いつかは同じような危機に直面する。ただし、今度は宇宙が死にかける危機だ。

遠い未来のあるとき、宇宙は冷たくなり、闇に閉ざされる。星々は光を失い、宇宙がビッグフリーズへ突入するのである。宇宙そのものが死を迎え、ついには温度が絶対零度近くに到達すると、あらゆる生命は死滅する。

しかしここで問う。何か抜け道はあるのか？　この宇宙の破滅は回避できるのか？　われわれはマシュー・マコノヒーのように、超空間に救いを見つけられるのだろうか？

宇宙がどのように死を迎えるかを明らかにするには、アインシュタインの重力理論がもたらす遠い未来の予測を分析してから、ここ一〇年でなされた驚くべき新発見を検討する必要がある。

そうした予測をする数式によれば、宇宙の最終的な運命については三つの可能性がある。

ビッグクランチ、ビッグフリーズ、ビッグリップ

ひとつめの可能性はビッグクランチだ。この場合、宇宙の膨張は減速したあと停止し、それから逆戻りする。このシナリオでは、散開していた天空の銀河はやがて止まり、凝集しだす。遠くの星々が近づくにつれ、温度は激しく上昇する。最終的にすべての星が合体し、原初の超高熱のかたまりとなる。シナリオによっては、ビッグバウンス（大反跳）が起こり、再び宇宙がビッグバンから始まる可能性さえある。

ふたつめの可能性はビッグフリーズだ。このシナリオでは、宇宙はたゆまず膨張しつづける。熱力学第二法則によればエントロピーの総和はつねに増大するため、やがて物質や熱がどんどん拡散して、宇宙は寒くなるはずだ。星々は光を失い、夜空は漆黒に呑まれる。温度はほぼ絶対零度にまで下がり、分子さえほぼすべての運動を止める。

数十年にわたり、天文学者はどちらのシナリオがこの宇宙の運命を決めるのか明らかにしようとしてきた。使われた手だては、宇宙の平均密度を割り出すことだった。宇宙の密度が十分に高ければ、遠くの銀河を引き寄せて、膨張を逆転させるだけの物質と重力が存在することになり、ビッグクランチの可能性が現実味を帯びる。一方、宇宙に十分な質量がなければ、膨張を逆転させるだけの重力が存在せず、宇宙はビッグフリーズへ向かう。このふたつのシナリオの分かれ目となる臨界密度は、一立方メートル当たりおよそ水素原子六個である。

だが二〇一一年、何十年も大事にされてきた考えを覆した発見の功績により、ソール・パールムター、アダム・リース、ブライアン・シュミットにノーベル物理学賞が贈られた。三人は、宇宙の膨張が減速するどころか、実は加速していることを突き止めたのである。宇宙の年齢は一三八億歳だが、およそ五〇億年前から急激に膨張が加速した。今日、宇宙はとめどなく膨張している。『ディスカヴァー』誌にはこうある。「宇宙がみずからを引き裂かんとしていることを知り、宇宙物理学界は愕然とした」。三人の天文学者は、遠方の銀河での超新星爆発を観測し、数十億年前の宇宙の膨張速度を決定することで、この驚くべき結論に達した（超新星爆発のなかでもⅠa型と呼ばれるものは、絶対的な光度が決まっているので、その明るさをもとに距離を正確に測ることができる。ヘッドライトの絶対的な光度がわかっていれば、どれだけ離れているのか簡単に知ることができるが、光度がわからなければ、距離を知るのは難しい。光度がわかっているヘッドライトを「標準光源」という。Ⅰa型超新星は標準光源となるので、距離がわかりやすい）。そうした超新星を調べたところ、予想どおりに遠ざかっていることがわかった。だが驚いたことに、われわれから近い超新星ほど、速く遠ざかっているように見えたのだ。これは膨張速度が加速していることを示していた。

ここでビッグクランチとビッグフリーズに加え、三つめの可能性がデータから浮かび上がる。ビッグフリーズをパワーアップしたような、ビッグリップだ〔リップ（rip）は引き裂くという意味〕。これは宇宙の一生をはなはだしく加速させたものとなる。

ビッグリップの場合、遠くの銀河はやがて光速を超えるほど猛スピードで遠ざかるようになり、見えなくなる（これは特殊相対性理論に反しない。光より速く広がるのは空間だからだ。物体は光より速く動けないが、空っぽの空間はどんな速度でも伸びて広がることができる）。すると夜空は真っ暗になる。遠くの銀河があまりにも速く遠ざかるので、その光がわれわれのもとに届かなくなるのだ。

この急激な膨張はいずれ圧倒的になりすぎて、銀河を引き裂くばかりか、太陽系をバラバラにし、われわれの体を構成する原子さえも引きちぎる。われわれの知る物質は、ビッグリップの最終段階では存在できない。

『ディスカヴァー』誌にはこのように書かれている。「銀河が破壊され、太陽系は結びつきを失い、やがてすべての惑星は破裂して、空間の急激な膨張で原子に至るまでバラバラになる。最終的に、われわれの宇宙は爆発——まさしく無限大のエネルギーをもつ特異点——で幕を閉じる」

イギリスの偉大な哲学者にして数学者でもあったバートランド・ラッセルは、こう記している。

あらゆる献身、あらゆる霊感、人間の天才の真昼の如き輝かしさ、すべては、太陽系の壮大な死滅とともに消滅する運命を荷っていること、ならびに、〈人間〉の業績の全殿堂は、不可避的に宇宙の廃墟の瓦礫の下に埋もれなければならないこと、……これらの真理の枠組の内側にのみ、取りつく島もない絶望という堅固な基礎の上にのみ、今後霊魂はその住家を安全に造営することができるのである。

（『神秘主義と論理』［江森巳之助訳、みすず書房］所収の「自由人の信仰」より引用）

ラッセルは、物理学者による地球の終焉の予言に応えて、「宇宙の廃墟」や「取りつく島もない絶望」と書いた。しかし彼は、宇宙計画の到来を見越していなかった。テクノロジーの進歩によって自分たちの惑星の死から逃れられる可能性を、見越していなかったのである。

だが、いつか宇宙船によって太陽の死から逃れられるとしても、宇宙そのものの死から逃れるにはどうすればいいのだろう?

火か氷か?

古代の人は、ある意味でこうした凶暴なシナリオの多くを予想していた。

あらゆる宗教には、宇宙の誕生と死を語るなんらかの神話が存在するようなのだ。

北欧神話では、ラグナロク――神々の黄昏《たそがれ》――という最後の審判の日に、世界は果てしない雪と氷に覆われ、天は凍りつく。世界は霜の巨人とアスガルドの神々との最終戦争を目の当たりにするのだ。キリスト教の神話にはハルマゲドンがあり、善と悪の軍勢が最後の決戦をする。黙示録の四騎士が現れ、最後の審判を予言する。ヒンドゥー教の神話には、終末の日がない。その代わりに果てしなく繰り返される周期があり、一周期はおよそ八〇億年続く。

しかし、数千年に及ぶ思索の末、科学はわれわれの宇宙がどのように進化を遂げ、やがて死を迎えるのかを解き明かしはじめている。

地球の場合、未来は火に包まれる。およそ五〇億年ほど、われわれは故郷の星ですてきな日々を過ごすだろうが、それから太陽は水素の燃料を使い果たし、膨張して赤色巨星となる。やがて太陽は空を燃え上がらせる。海は沸き立ち、山は溶ける。地球は太陽に呑み込まれ、灼熱の大気のなかを燃えかすのように周回するだろう。聖書には「灰は灰に、塵は塵に」という言葉があるが、物理学者に言わせれば、われわれは「星屑から生まれ、星屑へ還る」のである。

太陽そのものは、異なる運命をたどる。赤色巨星の段階を過ぎると、ついに核燃料をすべて使い果たし、縮んで冷たくなる。そして地球程度の大きさの小さな白色矮星となり、最終的に暗い矮星として、銀河を漂う核廃棄物のかけらとなって死を迎える。

太陽とは違い、天の川銀河は火に包まれて最期を遂げる。今からおよそ四〇億年後、天の川銀河は、一番近い渦巻銀河であるアンドロメダ銀河と衝突する。アンドロメダ銀河の大きさは天の川銀河の二倍ほどもあるため、いわば敵対的買収となるはずだ。この衝突のコンピュータ・シミュレーションをおこなうと、ふたつの銀河は互いのまわりを回りながら、死のダンスへ突入することがわかる。アンドロメダ銀河は天の川銀河の多くの腕を剝ぎ取り、全体をバラバラにしてしまう。両銀河の中心にあるブラックホールは、互いのまわりを回り、ついには衝突・合体して巨大なブラックホールとなる。そのようにして新たな銀河——巨大な楕円銀河——が衝突によって誕生する。

こうしたどのシナリオでも、再生もまた宇宙のサイクルの一部であると理解する必要がある。惑星や恒星や銀河はリサイクルされるのだ。たとえば、われわれの太陽はおそらく第三世代の恒星である。恒星が爆発するたびに、宇宙へ吐き出された塵やガスが次世代の恒星の種《たね》となる。

科学は、全宇宙の一生についての理解ももたらしてくれる。最近まで天文学者は、宇宙のたどってきた歴史と、何兆年も未来の最終的な運命を理解していると思っていた。次の五つの時代を経てゆっくり進化していると考えていたのだ。

1. ビッグバンから数十万年後までの第一の時代、宇宙はイオンの熱い不透明な雲で満たされていた。雲が熱すぎて、電子や陽子は凝集して原子を形成することができずにいた。

2. ビッグバンから数十万年後に始まる第二の時代、宇宙が十分に冷えて、混沌のなかから原子や恒星や銀河が誕生できるようになる。空っぽの空間はいきなり透明になり、恒星が初めて宇宙を照らした。われわれは今、この時代に生きている。

3. ビッグバンからおよそ一〇〇〇億年後に始まる第三の時代には、恒星が核燃料のほとんどを使い果たすだろう。宇宙にあるのは、ほぼ小さな赤色矮星だけになる。赤色矮星は非常にゆっくり燃えるため、何兆年も輝けるのだ。

4. ビッグバンから数兆年後以降の第四の時代には、あらゆる恒星がついに燃えつき、宇宙が真っ暗闇になる。残っているのは、死んだ中性子星やブラックホールだけだ。

5. 第五の時代には、ブラックホールさえも蒸発し、崩壊するため[*1]、宇宙はさまよう素粒子と核廃棄物の海となる。

宇宙の加速膨張が発見されたことで、このシナリオ全体が数百億年に縮まるかもしれない。ビツグリップがすべてをぶち壊すのだ。

ダークエネルギー

宇宙の最終的な運命の理解に、この突然の変化をもたらしている要因は何なのだろう?[*2]

アインシュタインの相対性理論によると、宇宙の進化を推し進めるエネルギー源はふたつある。ひとつは「時空の曲率」で、これは恒星や銀河をとりまくおなじみの重力場を生み出している。この曲率のおかげで、われわれは地に足をつけていられる。これは、宇宙物理学者に最も研究されているエネルギー源である。

一方、もうひとつのエネルギー源は、ふだんは無視されている。それは「無」すなわち真空のエネルギーであり、「ダークエネルギー」と呼ばれている(ダークマターと混同しないように)。まさに空っぽの空間に、エネルギーが収められているのだ。

ごく最近の計算から、このダークエネルギーは反重力のように働き、宇宙を押し広げていることが示されている。宇宙が膨張するほどダークエネルギーが増え、宇宙をさらに速く膨張させることになる。

現時点で最高のデータによれば、宇宙に存在する物質/エネルギー(物質とエネルギーは互換性があるため)のおよそ六九パーセントはダークエネルギーだ(一方、ダークマターは約二六パーセント、水素原子とヘリウム原子が約五パーセントで、地球やわれわれの身体を構成する重い元素はわずか〇・五パーセントにすぎない)。したがって、種々の銀河をわれわれから引き離しているダークエネルギーは、明らかに宇宙の支配的な力であり、時空の湾曲がもつエネルギーよりはるかに大きい。

だから宇宙論のすべてで中心的な問題のひとつは、ダークエネルギーの起源を明らかにすることなのである。ダークエネルギーはどこから生じているのか？　それは最終的に宇宙を破壊するのか？

一般に、相対性理論と量子論をただ強引にくっつけてもダークエネルギーの量を推測できるが、得られる推測値は観測値と10^{120}倍も異なる。これは科学史上最大のずれである。ここまで大きな食い違いはどこを探しても見つからない。宇宙に対するわれわれの理解に、ひどい間違いがあることを示しているのだ。そのため統一場理論は、科学的な興味の対象にとどまらず、あらゆるものの仕組みを理解するうえで不可欠となる。この問いに答えられれば、宇宙とそこに住むあらゆる知的生命の運命がわかるはずだ。

黙示録からの脱出

遠い未来、宇宙がおそらく凍死を遂げる運命にあるのなら、われわれに何ができるだろう？この宇宙の力を逆転させることはできるのだろうか？

取りうる選択肢は少なくとも三つある。

ひとつは、何もせず、宇宙のライフサイクルの進むがままに任せることだ。物理学者のフリーマン・ダイソンいわく、宇宙が寒くなるにつれ、知的生命は適応して、思考速度を遅らせていく。

やがて単純な思考に何百万年も要するようになるが、どの生命も思考がゆっくりになるので、そのことに気づかない。何百万年以上もかかりはしても、こうした生命同士で知的な会話はできるだろう。つまりそう考えれば、すべては変わらないように見えるはずだ。

そんな凍てつく世界で生きるのは、実はなかなか興味深いものかもしれない。人間の一生のうちにはまずありそうにない量子飛躍が、日常的に起こるようになるのではないか。ワームホールが目の前で開いては閉じ、泡宇宙も現れては消えるだろう。その世界にいる生命は、脳の働きがとても遅いために、つねにそうした現象を目にする可能性があるのだ。

だが、これはその場しのぎの方法にすぎない。いずれは分子運動が非常に遅くなって、情報をある場所から別の場所へ伝達できなくなるのだから。ここまで来ると、思考も含め、どれほど遅い活動であっても停止する。一縷《いちる》の望みは、そうなる前に、ダークエネルギーによる加速がいきなり勝手になくなるというものだ。宇宙が加速膨張している理由がだれにもわからないのだから、そうなる可能性だってある。

タイプⅣ文明になる

続いてふたつめの選択肢は、われわれがタイプⅣ文明へ進化を遂げ、自分たちの銀河系を超えるエネルギーを利用できるようになることだ。かつて宇宙論がテーマの講演で、私はカルダシェフの尺度について話したことがあった。講演のあとで、一〇歳の少年がやってきて、私が間違っていると言った。カルダシェフの分類にある一般的なタイプⅠ、Ⅱ、Ⅲ文明を超えるタイプⅣ文明もあるにちがいない、と。私は少年の言うことを正し、宇宙には惑星と恒星と銀河しかないのだから、タイプⅣ文明はありえないと説いた。銀河を超えるエネルギー源は存在しないのだ。

のちに私は、少年に対してカリカリしすぎていたのではないかと気づいた。各タイプの文明が前のタイプに比べ一〇〇億〜一〇〇〇億倍のエネルギーをもつことを思い出してほしい。観測可能な宇宙にはおよそ一〇〇〇億の銀河が存在するため、タイプⅣ文明は観測可能な宇宙全体のエネルギーを利用できると考えられる。

ひょっとすると、銀河系外のエネルギー源は、宇宙でもずば抜けて最大の物質／エネルギー源であるダークエネルギーかもしれない。タイプⅣ文明は、どうやってダークエネルギーを操り、ビッグリップを逆転させるのだろう?

タイプⅣ文明は銀河系外のエネルギーを利用できるため、ひも理論が明らかにする余剰次元をいくつか操作し、内部でダークエネルギーの極性が反転するような球体を作って、宇宙の膨張を逆転させられる可能性がある。球体の外では宇宙が指数関数的に膨張しつづけるとしても、球体のなかでは銀河が通常の進化をたどる。このようにして、周囲で宇宙が死にかけていても、タイプⅣ文明は生き延びることができるのだ。

ある意味で、この球体はダイソン球のような働きをする。もっとも、ダイソン球の目的は恒星の光をなかに閉じ込めることだが、この球体の目的はダークエネルギーを閉じ込めて膨張を食い止めることにある。

最後の選択肢は、空間と時間を通り抜けるワームホールを作ることだ。[*3] 宇宙が死にかけているとしたら、その宇宙を出て、別の若い宇宙に入ることがひとつの選択肢となるかもしれない。

アインシュタインが提示した当初の見方では、宇宙は膨張する巨大な泡だ。われわれはその泡の表面に住んでいる。ひも理論が新たに提示した見方では、ほかにいくつも泡があり、ひとつひとつがひもの方程式の解になっている。それどころか、たくさんの宇宙が泡風呂のようになってマルチバースを作り出しているのである。

こうした泡の多くは微小で、ミニ・ビッグバンによって現れてはすぐに崩壊する。ほとんどは真空の空間で短い生涯をまっとうするため、われわれにはなんら影響しない。スティーヴン・ホーキングは、真空がいくつもの宇宙で絶えず沸き返っている様子を「時空の泡」と表現している。だから「無」は空っぽではなく、絶えず活動しているいくつもの宇宙に満ちあふれているのだ。奇妙な話だが、これはつまり、われわれの体内でもこうした時空の泡の振動があるということにもなる。だがその振動はとても小さいので、われわれは幸いにも気づかずにいる。

この理論の驚くべき点は、ビッグバンが一度起こったとすれば、何度も起こりうるということだ。そこで「子宇宙」が「母宇宙」から芽吹くという新たな見方が現れ、われわれの宇宙ははるかに大きなマルチバースの小さなかけらにすぎなくなる（たまに、こうした泡のごく一部が元の真空に消えず、ダークエネルギーによって大きく膨張することもある。われわれの宇宙はそのようにして誕生したのかもしれない。あるいは、ふたつの泡がぶつかったり、ひとつの泡が小さな泡に分裂したりして、われわれの宇宙ができた可能性もある）。

前の章で語ったとおり、先進文明は、ワームホールを作れる小惑星帯サイズの巨大な粒子加速器を建造できるだろう。負のエネルギーによってワームホールを安定させることができれば、別の宇宙への脱出口となるかもしれない。すでに、カシミール効果を利用して負のエネルギーを生み出す方法については論じた。一方、もうひとつの負のエネルギーの源とされるのが高次元である。高次元はふたつの役目を果たす可能性がある。ダークエネルギーの値を変えることによって、ビッグリップを食い止めるかもしれない。あるいは、負のエネルギーを作り出し、ワームホールを安定させられるかもしれないのだ。

マルチバースにおけるひとつひとつの泡、すなわち宇宙には、それぞれ異なる物理法則が存在する。願わくば、原子が安定していて（入ったとたん、われわれの体がバラバラにならないように）、ダークエネルギーの量がずっと少ない並行宇宙に入りたいものだ。そうした宇宙なら、冷えてハビタブルな惑星を形成できる程度には膨張しつつも、早々にビッグフリーズになるほど膨張が加速することはない。

インフレーション

こうした推測はどれも、一見したところ途方もないものに思えるが、人工衛星による最新の観測データはこの見方を裏づけていそうだ。[*4] 懐疑的な人でも、マルチバースの概念が、古いビッグバン理論をパワーアップした「インフレーション理論」と整合していることは認めざるをえない。そのシナリオによれば、ビッグバンの直前にインフレーションと呼ばれる爆発が起こり、元の理論よりはるかに早い10^{-33}秒のうちに宇宙を生み出した。このインフレーション理論は、マサチューセッツ工科大学（ＭＩＴ）のアラン・グースとスタンフォード大学のアンドレイ・リンデによって最初に提唱され、宇宙論における謎をいくつも解決している〔日本の佐藤勝彦も同時期にグースらとは独立に発表している〕。たとえば、宇宙はアインシュタインの理論で予測されるよりもはるかに平坦で一様であるように見える。ところが、宇宙が急激に膨張したのだとすれば、巨大な風船がふくらんだときのように、平らになる。ふくらんだ風船の表面は、その大きさゆえに平坦に見えるのだ。

また、宇宙の一方向を見てから、一八〇度反対の方向を見ると、宇宙はどこを見てもほぼ変わらないことがわかる。[*5] そうなるには違う場所同士で何かしら混ざり合いが起きている必要があるが、光の速度は有限なので、情報がこれほど莫大な距離を伝わるだけの時間はない。そのため、物質が混ざり合うだけの時間がないのだから、宇宙はでこぼこで不均一に見えるはずなのだ。インフレーション理論は、宇宙が誕生時に一様な物質の小さなかけらだったと想定することで、この問題を解決する。インフレーションがこのかけらをふくらませて、現在われわれが見ているものを作り出したのだ。そしてインフレーションは量子論にもとづくので、それが再び起こる可能性も、わずかだが確実にある。

インフレーション理論は、観測データを説明することにまぎれもなく成功しているが、その土台をなす理論については、まだ宇宙論者のあいだで議論がある。宇宙が急激なインフレーションを起こしたことを示す証拠は人工衛星によってかなり得られているが、何がこのインフレーションを引き起こしたのかについては、正確にわかっていない。これまでのところ、インフレーション理論を説明する最有力の手だてはひも理論なのである。

かつてグース博士に、実験室でベビーユニバースを作ることはできるだろうかと訊いたことがある。彼は実際に計算していると答えた。おそらくとてつもない量の熱を一点に集中させる必要があるだろう。もしもベビーユニバースが実験室で生み出せたら、激しく爆発してビッグバンを起こす。だが、爆発は別の次元で起こるので、われわれから見て、ベビーユニバースは消滅するはずだ。それでも、ベビーユニバースが生まれる際の衝撃波は感じられ、その規模は多数の核兵器の爆発に相当する。そこでグースは、「それを作ったらすぐに逃げないといけない!」と結論づけた。

涅槃《ねはん》

マルチバースを神学の観点から見ることもできる。その観点では、あらゆる宗教はふたつに分類される。宇宙創成の瞬間があったとする宗教と、宇宙を永遠の存在とする宗教だ。たとえばユダヤ教とキリスト教では、宇宙が誕生したとてつもない出来事、天地創造が語られる(ビッグバンを初めて予想したのが、カトリックの聖職者で物理学者でもあったジョルジュ・ルメートルだったことも意外ではない。彼はアインシュタインの理論が創世記と矛盾しないと考えていた)。一方、仏教では神は存在しない。宇宙は始まりも終わりもない永遠の存在である。あるのは涅槃〔仏の悟りを得た理想の境地。また、その境地に達して永遠の平和と安楽が得られた世界〕だけだ。このふたつの考えは、真っ向から対立しているように見える。宇宙に始まりがあるのか、それともないのか。

しかし、マルチバースの概念を採用すれば、この正反対のふたつの考えを融合できる。ひも理論によると、われわれの宇宙は確かにビッグバンという猛烈な爆発によって生まれた。一方でわれわれは、泡宇宙からなるマルチバースに生きている。そうした泡宇宙は、はるかに巨大な舞台である一〇次元の超空間に浮かんでおり、その超空間に始まりはないのだ。

したがって、天地創造は涅槃（超空間）というさらに大きな舞台でしじゅう起こっている。

こうして、ユダヤ・キリスト教の天地創造の物語と仏教の考えが、単純かつエレガントに統一される。われわれの宇宙には確かに猛烈な幕開けがあったが、われわれは永遠の涅槃のなかで、並行宇宙と共存しているのである。

スターメイカー

これは、再びオラフ・ステープルドンの小説にわれわれをいざなう。ステープルドンは、スターメイカーという、あらゆる宇宙を生み出しては捨てる宇宙的な存在を思い描いた。スターメイカーは、天界の画家にも似て、新たな宇宙を絶えず呼び起こしてはその性質をいじり、次の宇宙へと移る。それぞれの宇宙には、異なる自然法則と異なる生物が存在する。

スターメイカー自身は、こうした宇宙の外にいて、マルチバースというキャンバスに種々の宇宙を描きながら全体を俯瞰できる。ステープルドンはこう書いている。「どの宇宙にも……固有の時間が与えられており、その意味で、スターメイカーはどの宇宙で起きるあらゆる出来事も、その宇宙自体の時間からだけでなく、外にいる彼自身にとっての時間からも、共存するあらゆる宇宙の時代とともに眺めることができた」

これは、ひも理論研究者によるマルチバースの見方とよく似ている。マルチバースの宇宙はひとつひとつがひもの方程式の解であり、それぞれにとっての物理法則と時間的尺度と測定単位がある。ステープルドンが言うように、これらの泡をすべて同時に眺めるには、通常の時間の外、すべての宇宙の外にいなければならない（これはまた、聖アウグスティヌスによる時間の本質に対する見方も思わせる。神が全能なら、この世のことがらに縛られることはない。つまり、神なる存在は大急ぎで締め切りに間に合わせたり、面会の約束をしたりする必要がないのだ。だからある意味で、神は時間の外にいなければならない。同じように、スターメイカーとひも理論研究者も、時間の外にいて、マルチバースにおける「宇宙の泡風呂」を見つめているのである）。

しかし、ありうる宇宙が泡風呂のように存在するのだとしたら、どれがわれわれの宇宙になるのか？　これは、われわれの宇宙が高位の存在によって設計されたのか否かという疑問も投げかける。

宇宙の基本的な力を調べてみると、まるで知的生命が存在できるようにちょうどよく「調整」されているかのように見える。たとえば、核力がわずかに強ければ、太陽は何百万年も前に燃えつきていただろう。逆にわずかに弱ければ、そもそも太陽に火がつくことはなかったはずだ。同じことが重力にもあてはまる。重力がわずかに強ければ、宇宙は数十億年前にビッグクランチを起こしていただろう。逆にわずかに弱ければ、すでにビッグフリーズを起こしていたはずだ。どちらの場合も、核力や重力は、地球に知的生命が存在できるようにちょうどよく「調整」されている。ほかの力やパラメータを調べても、同じパターンが見つかる。

生命の存在を可能にするこれらの基本定数の範囲が狭いという問題に取り組むべく、いくつかの考えが登場した。

そのひとつは、地球にはなんら特別なところはないとするコペルニクス原理である。すると地球は、宇宙をあてどなくさまよう一片の塵でしかなくなる。自然の力がちょうどよく「調整」されているのは、ただの偶然にすぎない。

ふたつめは、人間原理だ。これは、われわれの存在そのものが、存在しうる宇宙の種類に大きな制約を課しているとする考えである。弱いタイプの人間原理は、われわれが存在し自然法則について考えているのだから、自然法則は生命が存在できるようになっていなければならないとだけ述べる。どんな宇宙があっても結構だが、われわれの宇宙にだけ、この問題について考えて書くことのできる知的生命がいるのだ。一方、はるかに強いタイプの人間原理によれば、知的生命はきわめて存在しにくいものなので、宇宙はどうにかして知的生命を存在させるようにしているのかもしれず、宇宙はそうなるように設計されているのかもしれないということになる。

コペルニクス原理はわれわれの宇宙が特別ではないと言っているが、人間原理はそうではなく特別だと言っている。奇妙なことに、両者は正反対なのに、どちらもわれわれの知る宇宙と矛盾しないのである（私が小学二年生のとき、先生がこの考えを説明してくれたのをはっきり覚えている。「神様は地球をとても愛していらしたから、太陽からちょうど良い距離に置かれたのですよ」と先生は言った。地球が太陽に近すぎたら、海は沸騰していただろう。逆に太陽から遠すぎたら、海は凍りついていたはずだ。だから神様は、地球が太陽からちょうど良い距離になるようにしたというわけである。科学の原理がこのように説明されるのを、私はこのとき初めて耳にした）。

宗教を引き合いに出さずにこの問題を解決するには、系外惑星を考えてみることだ。系外惑星のほとんどは、恒星から近すぎたり遠すぎたりして、生命を養えない。われわれは幸運に恵まれていたので、今ここにいる。幸運にも、太陽のまわりのゴルディロックスゾーンに住んでいるのだ。

それと同じく、宇宙がわれわれの知る生命の存在を許すように微調整されて見えるのは、幸運に恵まれていたためだ。生命のために微調整されておらず、まったく生命がいないような並行宇宙も無数にあるのだから。われわれは、そうしたことを生きて語ることのできる幸運な存在だ。このように、宇宙は必ずしも高位の存在によって設計されているとは限らない。われわれがここにいて、この疑問について議論できるのは、生命に適した宇宙に生きているからなのだ。

だが、この問題には別の見方もある。それは私が好きな考えで、目下取り組んでいるところだ。このアプローチによれば、マルチバースにはあまたの宇宙が存在するが、そのほとんどが不安定で、最終的に崩壊してもっと安定した宇宙になる。かつてはほかの宇宙もたくさんあっただろうが、存続できずにわれわれの宇宙に取り込まれたのである。この見方では、われわれの宇宙はとりわけ安定だったために存続していることになる。

だから私の見方は、コペルニクス原理と人間原理を組み合わせている。コペルニクス原理のようにわれわれの宇宙は特別ではないが、ただし非常に安定していて、われわれの知る生命に適しているというふたつの特徴がある、と考えているのだ。したがって、超空間の涅槃には無数の並行宇宙が浮かんでいるが、そのほとんどが不安定で、もしかするとひとにぎりしか、存続してわれわれのような生命を生み出すことはできないのかもしれない。

ひも理論に対する最終的な判断はまだ下されていない。ひも理論が完全に明らかになれば、宇宙のダークマターの量や素粒子を記述するパラメータと照らし合わせることができ、この理論の正否に決着がつくのではないか。正しければ、いつか宇宙を破壊する原動力になると物理学者が考えているダークエネルギーの謎についても、説明してくれそうだ。そして、われわれがたいそう幸運にも、銀河系外のエネルギーを利用できるタイプⅣ文明に進化を遂げられたら、ひも理論で宇宙そのものの死を回避する手だてもわかるかもしれない。

ひょっとすると、本書を読んだ野心あふれる若者が、ひも理論の歴史の最終章を完成させ、宇宙の死を逆転できるかという疑問に答えてくれるのではなかろうか。

最後の質問

アイザック・アシモフはかつて、自分が書いた短編のなかで、大好きなのは『最後の質問』〔邦訳は『停滞空間』伊藤典夫ほか訳、早川書房に風見潤訳で所収〕だと語った。この作品は、何兆年も先の未来の生命について驚くべき新たなイメージを提示し、人類が宇宙の終焉にどう向き合うかを説明している。

作中、人類が永劫の歳月にわたり、「宇宙は死ぬ運命にあるのか、それとも膨張を逆転させ、宇宙が凍りつくのを防ぐことができるのか」と問いかける。「エントロピーを逆転させられるか？」と問われるたび、マスターコンピュータは「意味ある答えを出すにはデータが不足している」と答える。

やがて何兆年も先の遠い未来、人類は物質そのものの制約から解放される。人類は純粋なエネルギー体となっていて、銀河を飛びまわることができる。物質のくびきから逃れ、彼らは純粋な意識として銀河系の辺境を訪問できる。彼らの物理的な体は不滅だが、どこか遠くの忘れられた太陽系に保管され、精神が自由に移動できるようになっている。しかし「エントロピーを逆転させられるか?」という運命を決する質問をするたび、「意味ある答えを出すにはデータが不足している」という同じ答えが返ってくる。

最終的に、マスターコンピュータはおそろしく高性能になってどんな惑星にも置けないほど巨大になり、超空間に収納される。人類を構成する無数の精神は、このコンピュータと融合する。宇宙が最期を迎えようとするなか、コンピュータはついにエントロピーを逆転させる問題の答えを見つける。宇宙が死ぬ間際、マスターコンピュータはこう宣言する。「光あれ!」すると、光があった。

つまり最終的に、人類はまったく新しい宇宙を創造して一からやりなおせる神に進化を遂げるのだ。これは見事なフィクションの作品だった。だがここで、この短編小説を現代物理学の視点から検討してみよう。

前の章で触れたとおり、来世紀ごろには、われわれの意識を光速でレーザーポーティングできるようになるかもしれない。いずれレーザーポーティングは、恒星間をつなぐ長大なスーパーハイウェイとなり、無数の精神を乗せて銀河系を突っ走るのではなかろうか。すると、純粋なエネルギー体が銀河を探索するというアシモフのビジョンは、そう荒唐無稽なものではない。

次に、マスターコンピュータがとても大きく高性能になって超空間に置かざるをえなくなり、ついには人類がそれと融合する。いつの日か、われわれはスターメイカーのような存在となり、超空間の高みから見下ろして、われわれの宇宙がマルチバースを構成するほかの宇宙と共存し、それぞれの宇宙に無数の銀河が含まれているのを目にするかもしれない。そしてありうる宇宙を一望しながら、まだ若く、新たな故郷となりうる新しい宇宙を選ぶのだ。われわれは、原子のように安定な物質が存在し、恒星が新たな太陽系を作って新たな生命を生み出せる程度に若い宇宙を選ぶだろう。すると遠い未来は、知的生命にとって行き止まりではなく、新たな故郷が生まれるときとなる。そうならば、宇宙の死は物語の終わりではない。

われわれが長い期間にわたって生き延びられる唯一の道は、地球にずっとひそんでいることではなく、宇宙へ手を伸ばすことだ。……だが私は楽観している。この先二世紀のあいだ惨禍を免れられれば、われわれの種《しゅ》は宇宙へ広がるので、無事であるはずだ。独立した入植地をいくつも築けば、われわれの未来はずっと無事にちがいない。

——スティーヴン・ホーキング

どんな夢も夢想家から始まる。いつでも忘れてはならない。あなたの内には、星々に手を伸ばして世界を変える力と情熱があるのだと。

——ハリエット・タブマン

謝辞

本書のほか、公共ラジオやテレビで私が出演する番組のインタビューのために、寛大にも時間を割いて専門知識を提供してくれた、以下の科学者や専門家に感謝したい。彼らの知識と、科学に対する慧眼のおかげで、本書は日の目を見ることができた。

これまでずっと私の著書の成功にひと役買ってくれているエージェントのスチュアート・クリチェフスキーにも謝意を表したい。彼の精力的な仕事ぶりには大いに恩義を感じている。私が確かなアドバイスを求める最初の人物は、いつも彼だ。

本書が最後まで散漫にならないように導きコメントしてくれた、ペンギン・ランダムハウスの編集者エドワード・カステンマイヤーにも礼を述べたい。いつもながら、彼のアドバイスで原稿はとても良いものとなった。本書の編集では彼の確かな腕が発揮され、それはいたるところに表れている。

さらに、以下の先駆者たちにも感謝したい。

ピーター・ドハーティ（ノーベル賞受賞者、聖ユダ小児研究病院）

ジェラルド・エーデルマン（ノーベル賞受賞者、スクリップス研究所）

マレー・ゲル＝マン（ノーベル賞受賞者、サンタフェ研究所およびカリフォルニア工科大学）

ウォルター・ギルバート（ノーベル賞受賞者、ハーヴァード大学）

デイヴィッド・グロス（ノーベル賞受賞者、カヴリ理論物理学研究所）

ヘンリー・ケンダル（ノーベル賞受賞者、マサチューセッツ工科大学［ＭＩＴ］）

レオン・レーダーマン（ノーベル賞受賞者、イリノイ工科大学）

南部陽一郎（ノーベル賞受賞者、シカゴ大学）

ヘンリー・ポラック（気候変動に関する政府間パネル、ノーベル平和賞）

ジョーゼフ・ロートブラット（ノーベル賞受賞者、セントバーソロミュー病院）

スティーヴン・ワインバーグ（ノーベル賞受賞者、テキサス大学オースティン校）

フランク・ウィルチェック（ノーベル賞受賞者、ＭＩＴ）

アミール・アクゼル（『ウラニウム戦争』久保儀明・宮田卓爾訳、青土社の著者）

バズ・オルドリン（ＮＡＳＡ宇宙飛行士、人類で二番目

に月に降り立った人物）
ジェフ・アンダーセン（アメリカ空軍士官学校、*The Telescope* の著者）
デイヴィッド・アーチャー（地球物理学者、シカゴ大学、*The Long Thaw* の著者）
ジェイ・バーブリー（『ムーン・ショット』菊谷匡祐訳、集英社の共著者）
ジョン・バロウ（物理学者、ケンブリッジ大学、『科学にわからないことがある理由』松浦俊輔訳、青土社の著者）
マーシャ・バトゥーシャク（*Einstein's Unfinished Symphony* の著者）
ジム・ベル（天文学者、コーネル大学）
グレゴリイ・ベンフォード（物理学者、カリフォルニア大学アーヴァイン校）
ジェイムズ・ベンフォード（物理学者、マイクロウェーブ・サイエンシズ社長）
ジェフリー・ベネット（*Beyond UFOs* の著者）
ボブ・バーマン（天文学者、*Secrets of the Night Sky* の著者）
レスリー・ビーセッカー（アメリカ国立衛生研究所、医療ゲノミクス上級研究員）
ピアーズ・ビゾニー（*How to Build Your Own Spaceship* の著者）
マイケル・ブレイズ（アメリカ国立衛生研究所上級研究員）
アレックス・バーザ（嘘の歴史博物館の創立者）
ニック・ボストロム（トランスヒューマニスト、オックスフォード大学）
ロバート・ボウマン中佐（宇宙防衛研究所所長）
トラヴィス・ブラッドフォード（*Solar Revolution* の著者）
シンシア・ブリージール（ＭＩＴメディアラボ、未来のストーリーテリングセンター共同所長）
ローレンス・ブロディ（アメリカ国立衛生研究所、医療ゲノミクス上級研究員）
ロドニー・ブルックス（ＭＩＴ人工知能研究所元所長）
レスター・ブラウン（アースポリシー研究所の創設者・所長）
マイケル・ブラウン（天文学者、カリフォルニア工科大学）
ジェームズ・キャントン（『極端な未来』椿正晴訳、主婦の友社の著者）
アーサー・カプラン（ニューヨーク大学医学部、医療倫理学科の創設者）
フリッチョフ・カプラ（*The Science of Leonardo* の著者）
ショーン・キャロル（宇宙論者、カリフォルニア工科大学）
アンドルー・チェイキン（『人類、月に立つ』亀井よし子訳、ＮＨＫ出版の著者）

リロイ・チャオ（NASA宇宙飛行士）
エリック・チヴィアン（医師、核戦争防止国際医師会議）
ディーパック・チョプラ（『スーパーブレイン』大西英理子訳、保育社の著者）
ジョージ・チャーチ（ハーヴァード大学メディカルスクール遺伝学教授）
トマス・コクラン（物理学者、天然資源保護協会）
クリストファー・コキノス（天文学者、*The Fallen Sky* の著者）
フランシス・コリンズ（アメリカ国立衛生研究所所長）
ヴィッキ・コルヴィン（化学者、ライス大学）
ニール・カミンズ（物理学者、メイン大学、『もしも宇宙を旅したら』三宅真砂子訳、ソフトバンククリエイティブの著者）
スティーヴ・クック（マーシャル宇宙飛行センター、NASA報道官）
クリスティン・コスグローヴ（*Normal at Any Cost* の共著者）
スティーヴ・カズンズ（ウィローガレージ社、パーソナル・ロボッツ・プログラム）
フィリップ・コイル（アメリカ国防総省元国防次官補）
ダニエル・クレヴィエ（コンピュータ科学者、コレコ・イメージング社CEO）
ケン・クロズウェル（天文学者、*Magnificent Universe* の著者）
スティーヴン・カマー（コンピュータ科学者、デューク大学）
マーク・クツコスキー（機械工学者、スタンフォード大学）
ポール・デイヴィス（物理学者、『宇宙を創る四つの力』木口勝義訳、地人書館の著者）
ダニエル・デネット（タフツ大学、認知研究センター共同所長）
マイケル・ダートウゾス（コンピュータ科学者、MIT）
ジャレド・ダイアモンド（ピュリッツァー賞受賞者、カリフォルニア大学ロサンジェルス校［UCLA］）
マリエット・ディクリスティナ（『サイエンティフィク・アメリカン』誌編集長）
ピーター・ディルワース（研究者、MIT人工知能研究所）
ジョン・ドノヒュー（ブレインゲート開発者、ブラウン大学）
アン・ドルーヤン（作家・プロデューサー、コスモス・スタジオ社）
フリーマン・ダイソン（物理学者、プリンストン高等研究所）
デイヴィッド・イーグルマン（神経科学者、スタンフォード大学）

ポール・エーリック（環境問題専門家、スタンフォード大学）
ジョン・エリス（物理学者、ＣＥＲＮ［欧州原子核研究機構］）
ダニエル・フェアバンクス（遺伝学者、ユタ・ヴァレー大学、*Relics of Eden* の著者）
ティモシー・フェリス（作家・プロデューサー、『銀河の時代』野本陽代訳、工作舎の著者）
マリア・フィニッツォ（映画製作者、幹細胞専門家、ピーボディ賞受賞者）
ロバート・フィンケルシュタイン（ロボット工学者およびコンピュータ科学者、ロボティック・テクノロジー社）
クリストファー・フレイヴィン（ワールドウォッチ研究所上級研究員）
ルイス・フリードマン（惑星協会の共同創立者）
ジャック・ギャラント（神経科学者、カリフォルニア大学バークリー校）
ジェームズ・ガーヴィン（ＮＡＳＡ主任科学者）
エヴァリン・ゲイツ（クリーヴランド自然史博物館、『アインシュタインの望遠鏡』野中香方子訳、早川書房の著者）
マイケル・ガザニガ（神経学者、カリフォルニア大学サンタバーバラ校）
ジャック・ガイガー（社会的責任を果たすための医師団の共同創立者）
デイヴィッド・ゲランター（コンピュータ科学者、イェール大学）
ニール・ガーシェンフェルド（ＭＩＴメディアラボ、ビット原子センター長）
ポール・ギルスター（*Centauri Dreams* の著者）
レベッカ・ゴールドバーグ（環境問題専門家、ピュー慈善信託）
ドン・ゴールドスミス（天文学者、*The Runaway Universe* の著者）
デイヴィッド・グッドスティーン（カリフォルニア工科大学元学長補佐）
Ｊ・リチャード・ゴット三世（物理学者、プリンストン大学、『時間旅行者のための基礎知識』林一訳、草思社の著者）
スティーヴン・ジェイ・グールド（生物学者、ハーヴァード大学）
トマス・グレアム大使（六代の大統領のもとで軍縮および核不拡散の専門家）
ジョン・グラント（*Corrupted Science* の著者）
エリック・グリーン（アメリカ国立衛生研究所国立ヒトゲノム研究所所長）

ロナルド・グリーン（ゲノミクスおよび生命倫理、ダートマス大学、*Babies by Design* の著者）
ブライアン・グリーン（物理学者、コロンビア大学、『エレガントな宇宙』林一・林大訳、草思社の著者）
アラン・グース（物理学者、MIT、『なぜビッグバンは起こったか』はやしはじめ・はやしまさる訳、早川書房の著者）
ウィリアム・ハンソン（*The Edge of Medicine* の著者）
クリス・ハドフィールド（CSA［カナダ宇宙機関］宇宙飛行士）
レナード・ヘイフリック（カリフォルニア大学サンフランシスコ校メディカルスクール）
ドナルド・ヒルブランド（米アルゴンヌ国立研究所エネルギーシステム部門長）
アラン・ホブソン（精神科医、ハーヴァード大学）
ジェフリー・ホフマン（NASA宇宙飛行士、MIT）
ダグラス・ホフスタッター（ピュリッツァー賞受賞者、『ゲーデル、エッシャー、バッハ』野崎昭弘・はやしはじめ・柳瀬尚紀訳、白揚社の著者）
ジョン・ホーガン（スティーヴンズ工科大学、『科学の終焉』筒井康隆監修、竹内薫訳、徳間書店の著者）
ジェイミー・ハイネマン（『怪しい伝説』の司会者）
クリス・インピー（天文学者、アリゾナ大学、*The Living Cosmos* の著者）
ロバート・イリエ（コンピュータ科学者、MIT人工知能研究所、コグ・プロジェクト）
P・J・ジャコボウィッツ（ジャーナリスト、『PC』誌）
ジェイ・ヤロスラフ（MIT人工知能研究所、ヒューマン・インテリジェンス・エンタープライズ）
ドナルド・ジョハンソン（古人類学者、人類起源研究所、ルーシーの発見者）
ジョージ・ジョンソン（科学ジャーナリスト、『ニューヨーク・タイムズ』紙）
トム・ジョーンズ（NASA宇宙飛行士）
スティーヴ・ケイツ（天文学者、テレビの司会者）
ジャック・ケスラー（ノースウェスタン・メディカル・グループ医学教授）
ロバート・キルシュナー（天文学者、ハーヴァード大学）
クリス・コーニッグ（天文学者、映画製作者）
ローレンス・クラウス（物理学者、アリゾナ州立大学、*The Physics of Star Trek* の著者）
ローレンス・クーン（テレビ番組 *Closer to Truth* の制作者）
レイ・カーツワイル（発明家・未来学者、『スピリチュアル・マシーン』田中三彦・田中茂彦訳、翔泳社の著者）
ジェフリー・ランディス（物理学者、NASA）

ロバート・ランザ（バイオテクノロジーの専門家、アステラス・グローバル再生医療のヘッド）
ロジャー・ローニアス（*Robots in Space* の共著者）
スタン・リー（マーヴェル・コミックスのクリエイター、『スパイダーマン』富永和子訳、角川書店の原案）
マイケル・ルモニック（『タイム』誌元サイエンスライター）
アーサー・ラーナー＝ラム（地質学者・火山学者、地球研究所）
サイモン・ルベイ（*When Science Goes Wrong* の著者）
ジョン・ルイス（天文学者、アリゾナ大学）
アラン・ライトマン（物理学者、ＭＩＴ、『アインシュタインの夢』浅倉久志訳、早川書房の著者）
ダン・リナハン（*SpaceShipOne* の著者）
セス・ロイド（機械工学者・物理学者、ＭＩＴ、『宇宙をプログラムする宇宙』水谷淳訳、早川書房の著者）
ワーナー・Ｒ・ローウェンスタイン（コロンビア大学細胞物理学研究所元所長）
ジョーゼフ・リッケン（物理学者、フェルミ国立加速器研究所）
パティ・マース（ＭＩＴメディアラボのメディア・アートおよび科学の教授）
ロバート・マン（*Forensic Detective* の著者）
マイケル・ポール・メイソン（*Head Cases* の著者）
パトリック・マックレイ（*Keep Watching the Skies!* の著者）
グレン・マギー（*The Perfect Baby* の著者）
ジェームズ・マクラーキン（コンピュータ科学者、ライス大学）
ロバート・マクミラン（「スペースウォッチ」プロジェクトの責任者、アリゾナ大学）
フルヴィオ・メリア（宇宙物理学者、アリゾナ大学）
ウィリアム・メラー（*Evolution Rx* の著者）
ポール・メルツァー（アメリカ国立衛生研究所がん研究センター）
マーヴィン・ミンスキー（コンピュータ科学者、ＭＩＴ、『心の社会』安西祐一郎訳、産業図書の著者）
ハンス・モラヴェック（カーネギー・メロン大学ロボット工学研究所、『シェーキーの子どもたち』夏目大訳、翔泳社の著者）
フィリップ・モリソン（物理学者、ＭＩＴ）
リチャード・ムラー（宇宙物理学者、カリフォルニア大学バークリー校）
デイヴィッド・ナハムー（ＩＢＭフェロー、ＩＢＭ人間言語技術グループ）
クリスティナ・ニール（アメリカ地質調査所）
ミヒャエル・ノイフェルト（*Von Braun: Dreamer of Space,*

Engineer of War の著者）
ミゲル・ニコレリス（神経科学者、デューク大学）
西本伸志（神経学者、カリフォルニア大学バークリー校）
マイケル・ノヴァチェック（古生物学者、アメリカ自然史博物館）
S・ジェイ・オルシャンスキー（生物老年学者、イリノイ大学シカゴ校、『長生きするヒトはどこが違うか?』越智道雄訳、春秋社の共著者）
マイケル・オッペンハイマー（環境学者、プリンストン大学）
ディーン・オーニッシュ（カリフォルニア大学サンフランシスコ校医学の臨床教授）
ピーター・パリーズ（ウイルス学者、マウントサイナイ医科大学）
チャールズ・ペレリン（NASA宇宙物理学部門元責任者）
シドニー・パーコウィッツ（*Hollywood Science* の著者）
ジョン・パイク（GlobalSecurity.org の代表者）
ジェナ・ピンコット（『あなたがその人を捕まえたいと思ったら?』ボレック光子訳、飛鳥新社の著者）
スティーヴン・ピンカー（心理学者、ハーヴァード大学）
トマソ・ポッジョ（認知科学者、MIT）
コーリー・パウエル（『ディスカヴァー』誌編集主幹）
ジョン・パウエル（JPエアロスペース創立者）
リチャード・プレストン（『ホット・ゾーン』高見浩訳、小学館ほか、および『デーモンズ・アイ』真野明裕訳、小学館の著者）
ラマン・プリンジャ（天文学者、ユニバーシティ・カレッジ・ロンドン）
デイヴィッド・クォメン（進化生物学者、*The Reluctant Mr. Darwin* の著者）
キャサリン・ラムズランド（犯罪科学者、デサレス大学）
リサ・ランドール（物理学者、ハーヴァード大学、『ワープする宇宙』向山信治監訳、塩原通緒訳、NHK出版の著者）
サー・マーティン・リース（天文学者、ケンブリッジ大学、*Before the Beginning* の著者）
ジェレミー・リフキン（エコノミックトレンド基金の創設者）
デイヴィッド・リクワイアー（ハーヴァード大学ライティング教官／教育助手）
ジェーン・リスラー（憂慮する科学者同盟元主任科学者）
ジョーゼフ・ロム（アメリカ進歩センター上級研究員、*Hell and High Water* の著者）
スティーヴン・ローゼンバーグ（アメリカ国立衛生研究所、腫瘍免疫学セクションのヘッド）
オリヴァー・サックス（神経学者、コロンビア大学）

ポール・サフォー（未来学者、スタンフォード大学および未来研究所）
カール・セーガン（天文学者、コーネル大学、『コスモス』木村繁訳、朝日新聞社ほかの著者）
ニック・セーガン（*You Call This the Future?* の共著者）
マイケル・H・サラモン（NASAの基礎物理学分野科学者および「ビヨンドアインシュタイン」プログラム担当者）
アダム・サヴェッジ（『怪しい伝説』の司会者）
ピーター・シュワルツ（未来学者、グローバル・ビジネス・ネットワーク共同創立者）
サラ・シーガー（天文学者、MIT）
チャールズ・サイフェ（*Sun in a Bottle* の著者）
マイクル・シャーマー（懐疑派協会創立者、*Skeptic* 誌の創刊者）
ドナ・シャーリー（NASA火星探査計画元マネージャー）
セス・ショスタク（天文学者、SETI［地球外知的生命探査］研究所）
ニール・シュービン（進化生物学者、シカゴ大学、『ヒトのなかの魚、魚のなかのヒト』垂水雄二訳、早川書房の著者）
ポール・シュック（航空宇宙技術者、SETI同盟名誉事務局長）

ピーター・シンガー（『ロボット兵士の戦争』小林由香利訳、NHK出版の著者）
サイモン・シン（作家・プロデューサー、『宇宙創成』青木薫訳、新潮社の著者）
ゲイリー・スモール（*iBrain* の共著者）
ポール・スピューディス（地質学者・月科学者、*The Value of the Moon* の著者）
スティーヴン・スクワイヤーズ（天文学者、コーネル大学）
ポール・スタインハート（物理学者、プリンストン大学、『サイクリック宇宙論』水谷淳訳、早川書房の共著者）
ジャック・スターン（幹細胞医、脳外科の臨床教授、イエール大学）
グレゴリー・ストック（UCLA、『それでもヒトは人体を改変する』垂水雄二訳、早川書房の著者）
リチャード・ストーン（科学ジャーナリスト、『ディスカヴァー』誌）
ブライアン・サリヴァン（天文学者、ヘイデン・プラネタリウム）
マイケル・サマーズ（天文学者、*Exoplanets* の共著者）
レオナルド・サスキンド（物理学者、スタンフォード大学）
ダニエル・タメット（『ぼくには数字が風景に見える』古屋美登里訳、講談社の著者）
ジェフリー・テイラー（物理学者、メルボルン大学）

テッド・テイラー（物理学者、アメリカの核弾頭の設計者）
マックス・テグマーク（宇宙論者、ＭＩＴ）
アルビン・トフラー（未来学者、『第三の波』徳岡孝夫監訳、中央公論社ほかの著者）
パトリック・タッカー（未来学者、世界未来協会）
クリス・ターニー（気候学者、ウロンゴン大学、*Ice, Mud and Blood* の著者）
ニール・ドグラース・タイソン（天文学者、ヘイデン・プラネタリウム館長）
セッシュ・ヴェラムア（未来学者、未来財団）
フランク・フォン・ヒッペル（物理学者、プリンストン大学）
ロバート・ウォレス（*Spycraft* の共著者）
ピーター・ウォード（*Rare Earth* の共著者）
ケヴィン・ウォリック（ヒューマンサイボーグの専門家、レディング大学）
フレッド・ワトソン（天文学者、『望遠鏡４００年物語』長沢工・永山淳子訳、地人書館の著者）
マーク・ワイザー（研究者、ゼロックス・パロアルト研究所）
アラン・ワイズマン（『人類が消えた世界』鬼澤忍訳、早川書房の著者）
スペンサー・ウェルズ（遺伝学者・プロデューサー、『アダムの旅』和泉裕子訳、バジリコの著者）
ダニエル・ワートハイマー（天文学者、SETI@home、カリフォルニア大学バークリー校）
マイク・ウェスラー（ＭＩＴ人工知能研究所、コグ・プロジェクト）
マイケル・ウェスト（ＡｇｅＸセラピューティクス社ＣＥＯ）
ロジャー・ウィーンズ（天文学者、ロスアラモス国立研究所）
アーサー・ウィギンズ（物理学者、*The Joy of Physics* の著者）
アンソニー・ウィンショウ＝ボリス（遺伝学者、ケース・ウェスタン・リザーヴ大学）
カール・ジンマー（生物学者、『「進化」大全』渡辺政隆訳、光文社の著者）
ロバート・ジマーマン（*Leaving Earth* の著者）
ロバート・ズブリン（火星協会の創立者）

訳者あとがき

　近年、それどころかここ数か月だけでも、宇宙探査・宇宙開発の動きがとみに活発だ。二〇一八年一二月三日、米国版はやぶさと言われるNASAの探査機オシリス・レックスが、小惑星ベンヌ近傍に到着し、二〇一九年一月三日には、中国の探査機嫦娥《じょうが》4号が、史上初めて月の裏側に着陸。二月二二日には、日本の探査機はやぶさ2が、小惑星リュウグウの表面サンプルを採取するタッチダウンを敢行した。また同じ日に、ヴァージン・ギャラクティック社の宇宙船スペースシップツーは、初めて乗客とともに宇宙飛行をおこない、民間初の月面着陸を目指すイスラエルの団体スペースILの探査機ベレシートも、スペースX社のファルコン9ロケットで打ち上げられている。ベレシートは四月に月面に着陸する予定なので、本書が刊行されたころにはその成果が報告されているだろう。そして三月三日には、スペースX社が、有人飛行を前提とした宇宙船クルードラゴンで、国際宇宙ステーション（ISS）へのドッキング試験に成功した。これで、現在ロシアの宇宙船ソユーズのみに頼っているISSへの人の輸送を、米国が再びおこなうための大きな一歩が踏み出された。

　この先も予定が目白押しで、たとえば二〇一九年八月にボーイング社が宇宙船スターライナーの有人飛行試験を、二〇二〇年には探査機オシリス・レックスが小惑星表面のサンプル採取をおこなうことになっており、日本のJAXAも二〇二一年に初めて小型月面着陸機SLIMを打ち上げる見通しだ。さらに中期的には、NASAが民間と協力しながら二〇二八年に有人月面探査を予定し、中国やロシアも月面基地の建造計画を発表している。二〇二八年はまた、スペースX社のCEOイーロン・マスクによって、火星基地建設の目標とされている年でもある（本書では二〇二五年との記述があるが、二〇一八年九月にマスクが計画を修正している）。NASAも二〇三〇年代に火星有人探査を目指し、ジェフ・ベゾスのブルーオリジン社は当面月探査を計画中だ。そして、二〇二二～二五年にはNASAが、生命の可能性も取り沙汰されているエウロパ（木星の氷衛星）を調査する、エウロパ・クリッパーを打ち上げる予定となっている。二〇二五年ごろには、欧州宇宙機関（ESA）とJAXAが共同で打ち上げたベピ・コロンボが、水星軌道に投入されて探査を開始する。

民間の動きとして、日本でも ispace 社が、二〇二〇年から翌年にかけて無人機による月周回と月着陸を目指し、地球―月間の輸送サービスに乗り出そうとしている。だが打ち上げはスペースX社のロケットに頼っており、民間単独で一からロケットを飛ばす技術はまだ完成されていない。それでも、堀江貴文氏が設立したインターステラテクノロジズ社は、宇宙空間到達を目指すMOMOロケット打ち上げ試験の段階まで進んでいる。一方、航空会社のANAなどが出資するPDエアロスペース社は、航空機スタイルで離発着する再使用型宇宙機を開発中で、二〇二四年に有人での運用開始を目論んでいる。さらに九州工業大学発のベンチャーSPACE WALKER社も、二〇二七年にやはり航空機スタイルで離発着するスペースシャトル型の宇宙機での有人飛行を狙っている。

しかし、宇宙開発には高いリスクがあり、莫大な資金も必要なことを考えると、国家や世界的大富豪のバックアップを得たものに比べ、日本の民間宇宙開発には圧倒的に予算が足りていないのが現状だ（宇宙船開発には一般に数百億円は必要と言われるなか、数億円以下しか資金を集められていない）。大学でさえ満足に基礎研究予算がとれないとされる昨今の日本の状況からは、そもそも科学が十分に尊重されていない雰囲気も感じられる。ここで本書に記された著者の言葉が胸に刺さる。「私は、国家が何十年も輝かしい光に包まれたのちに、自己満足に陥って滅びるのがいかに簡単であるかということを、ときに考える。科学は繁栄のためのエンジンなので、科学や技術に背を向ける国家はいずれきりもみ降下に入るのである」

そんな時代の趨勢に合わせて、今回、科学の伝道師にしてエンターテイナーたる理論物理学者ミチオ・カク博士が選んだテーマは、「宇宙への人類の進出」だ。本書ではそれが、「地球を離れる」「星々への旅」「宇宙の生命」の三部に分けて語られる。宇宙への進出を本書で語る動機については、プロローグに書かれているとおり、地球はいつまでも安全に住める星ではないという事実だ。

まずはロケット開発の歴史から入り、まさに近年熾烈《しれつ》になっている国家や民間の宇宙開発競争を活写しながら、近未来の月基地建設や小惑星の資源採掘、火星の入植とテラフォーミングへと話を進める。そこにはもちろん、今をときめくイーロン・マスクやジェフ・ベゾスなども登場するが、とくに、破天荒で因習にとらわれないためよく批判の的にもなるマスクについて、カク博士はツイッターでこんなことを言っている。「マスクはビジョナリーで、宇宙探査の歴史が記されるときには、彼の章ができるだろう。ヘンリー・フォードのように、彼は経済の風景を変えたパイオニアだ。しかし、フォードは第二次世界大戦後、戦略上のミスをいくつか犯し、ライバルとなるGMの台頭を許した。マスクが同じミスを犯さないといいが」

ただここまでは、宇宙開発というとしばしば話題にされ、一般に想像される範囲内かもしれないが、カク博士はさらに、木星・土星をめぐる衛星、オールトの雲に浮遊する天体にまで、居住や中継基地設置の可能性を探る。その次は、別の恒星系への進出となるが、それをなし遂げるにあたって必要な推進手段や、宇宙での活動を支援するロボットを検討するとともに、居住可能な系外惑星の探索方法なども明らかにする。

それから、遠くの宇宙で暮らすためには、場合によっては「不死化」や人体改造といった方策で、長い旅路を生き抜いたり異なる環境に適応したりすることも考えなければならない。冷凍冬眠やクローン生成、遺伝子操作といった技術は多くの人の頭に浮かぶだろうが、本書ではそのレベルの話を超えて、脳をデジタル化し、その情報を光のビームに乗せて遠くの星へ送るといった、度肝を抜くような方法まで提示する。そのほか、地球外生命と先進文明の予想や、宇宙の最期と新たな宇宙への移住の話まで出てくるのは、『パラレルワールド』をはじめ、SFのような概念を縦横無尽に語る著作でおなじみのカク博士の真骨頂。そのとてつもないスケールの大きさに、ぜひとも脳を揺さぶられる快感を味わっていただきたい。

カク博士の著作を本書で初めて読んで面白いと思った方は、未来をテーマにした彼の既刊にも手を伸ばしてみてはいかがだろうか。たとえば『パラレルワールド』は宇宙の未来を描き、『サイエンス・インポッシブル』と『２１００年の科学ライフ』は科学技術の未来を予想し、『フューチャー・オブ・マインド』は「心」の未来を語っている。

最後になったが、本書の翻訳にあたって、佐藤亮さんと三輪美矢子さんに一部お手伝いをいただいた。ここに記してお礼を申し上げる。また、訳稿を丹念にチェックして細やかなお気遣いもしてくださった、ＮＨＫ出版の加納展子氏と鈴木由香氏、校正担当の酒井清一氏にも心より謝意を表したい。

二〇一九年三月

斉藤隆央

索引

■人名

ア

カ

サ

タ

ナ

ハ

■項目

カ

サ

タ

ナ

ハ

マ

ヤ

ラ

ワ

A～

推薦図書

Asimov, Isaac. *Foundation*. New York: Random House, 2004.（『ファウンデーション』岡部宏之訳、早川書房）

Barrat, James. *Our Final Invention: Artificial Intelligence and the End of the Human Era*. New York: Thomas Dunn Books, 2013.（『人工知能』水谷淳訳、ダイヤモンド社）

Bostrom, Nick. *Superintelligence: Paths, Dangers, Strategies*. Oxford: Oxford University Press, 2014.（『スーパーインテリジェンス』倉骨彰訳、日本経済新聞出版社）

Kaku, Michio. *The Future of the Mind*. New York: Anchor Books, 2014.（『フューチャー・オブ・マインド』斉藤隆央訳、NHK出版）

Kaku, Michio. *The Physics of the Future*. New York: Anchor Books, 2011.（『2100年の科学ライフ』斉藤隆央訳、NHK出版）

Kaku, Michio. *Visions: How Science Will Revolutionize the 21st Century*. New York: Anchor Books, 1999.（『サイエンス21』野本陽代訳、翔泳社）

Petranek, Stephen L. *How We'll Live on Mars*. New York: Simon and Schuster, 2015.（『火星で生きる』石塚政行訳、朝日出版社）

Stapledon, Olaf. *Star Maker*. Mineola, NY: Dover Publications, 2008.（『スターメイカー』浜口稔訳、国書刊行会）

Zubrin, Robert. *The Case for Mars*. New York: Free Press, 2011.（『マーズダイレクト』小菅正夫訳、徳間書店）

【未邦訳】

Arny, Thomas, and Stephen Schneider. *Explorations: An Introduction to Astronomy.* New York: McGraw-Hill, 2016.

Benford, James, and Gregory Benford. *Starship Century: Toward the Grandest Horizon*. Middletown, DE: Microwave Sciences, 2013.

Brockman, John, ed. *What to Think About Machines That Think*. New York: Harper Perennial, 2015.

Clancy, Paul, Andre Brack, and Gerda Horneck. *Looking for Life, Searching the Solar System*. Cambridge: Cambridge University Press, 2005.

Comins, Neil, and William Kaufmann III. *Discovering the Universe*. New York: W. H. Freeman, 2008.

Davies, Paul. *The Eerie Silence*. New York: Houghton Mifflin Harcourt, 2010.

Freedman, Roger, Robert M. Geller, and William Kaufmann III. *Universe*. New York: W. H. Freeman, 2011.

Georges, Thomas M. *Digital Soul: Intelligent Machines and Human Values*. New York: Perseus Books, 2003.

Gilster, Paul. *Centauri Dreams.* New York: Springer Books, 2004.

Golub, Leon, and Jay Pasachoff. *The Nearest Star.* Cambridge: Harvard University Press, 2001.

Grinspoon, David. *Lonely Planets: The Natural Philosophy of Alien Life.* New York: HarperCollins, 2003.

Impey, Chris. *Beyond: Our Future in Space.* New York: W. W. Norton, 2016.

Impey, Chris. *The Living Cosmos: Our Search for Life in the Universe.* New York: Random House, 2007.

Kasting, James. *How to Find a Habitable Planet.* Princeton: Princeton University Press, 2010.

Lemonick, Michael D. *Mirror Earth: The Search for Our Planet's Twin.* New York: Walker and Co., 2012.

Lemonick, Michael D. *Other Worlds: The Search for Life in the Universe.* New York: Simon and Schuster, 1998.

Lewis, John S. *Asteroid Mining 101: Wealth for the New Space Economy.* Mountain View, CA: Deep Space Industries, 2014.

Neufeld, Michael. *Von Braun: Dreamer of Space, Engineer of War.* New York: Vintage Books, 2008.

O'Connell, Mark. *To Be a Machine: Adventures Among Cyborgs, Utopians, Hackers, and the Futurists Solving the Modest Problem of Death.* New York: Doubleday Books, 2016.

Odenwald, Sten. *Interstellar Travel: An Astronomer's Guide.* New York: The Astronomy Cafe, 2015.

Sasselov, Dimitar. *The Life of Super-Earths.* New York: Basic Books, 2012.

Scharf, Caleb. *The Copernicus Complex: Our Cosmic Significance in a Universe of Planets and Probabilities.* New York: Scientific American/Farrar, Straus and Giroux, 2015.

Seeds, Michael, and Dana Backman. *Foundations of Astronomy.* Boston: Books/Cole, 2013.

Shostak, Seth. *Confessions of an Alien Hunter.* New York: Kindle eBooks, 2009.

Summers, Michael, and James Trefil. *Exoplanets: Diamond Worlds, Super Earths, Pulsar Planets, and the New Search for Life Beyond Our Solar System.* Washington, D.C.: Smithsonian Books, 2017.

Thorne, Kip. *The Science of "Interstellar."* New York: W. W. Norton, 2014.

Wachhorst, Wyn. *The Dream of Spaceflight.* New York: Perseus Books, 2000.

Wohlforth, Charles, and Amanda R. Hendrix. *Beyond Earth: Our Path to a New Home in the Planets.* New York: Pantheon Books, 2017.

Woodward, James F. *Making Starships and Stargates: The Science of Interstellar Transport and Absurdly Benign Wormholes.* New York: Springer, 2012.

Vance, Ashlee, and Fred Sanders. *Elon Musk: Tesla, SpaceX, and the Quest for a Fantastic Future.* New York: HarperCollins, 2015.

原注

プロローグ

＊1 A. R. Templeton, “Genetics and Recent Human Evolution,” *International Journal of Organic Evolution* 61, no. 7 (2007): 1507–19. *Supervolcano: The Catastrophic Event That Changed the Course of Human History; Could Yellowstone Be Next?* (New York: MacMillan, 2015)も参照。

＊2 トバの巨大火山の噴火は確かに破局的な出来事だが、すべての科学者がそれによって人類進化の方向が変わったと考えているわけではないことを指摘しておかなければならない。オックスフォード大学のあるチームは、アフリカのマラウィ湖で過去数万年にわたる堆積物を分析した。湖底に穴を掘れば、太古に沈殿した堆積物が取り出せるため、太古の気候条件を再現することができる。トバ火山の時代についてこのデータを分析したところ、恒久的な気候変化をはっきり示す徴候は見られなかった。これは従来の説に疑問を投げかける。しかし、この結果をマラウィ湖以外の地域にも一般化できるかどうかはまだわからない。別の説として、7万5000年前の人類進化のボトルネック（人口激減）をもたらしたのは、突然の環境破壊ではなく、ゆっくりした環境の影響だというものもある。疑問を明確に解決するには、さらなる研究が必要だ。

第1章　打ち上げを前にして

＊1 ニュートンの運動の3法則は、以下のとおり。

・運動中の物体は、外力が働かないかぎり運動を続ける（このため、われわれが飛ばす宇宙探査機は、いったん宇宙に出ればわずかな燃料で遠くの惑星に到達できる。宇宙では摩擦がないので基本的に慣性で進めるからだ）。

・力は、質量と加速度の積に等しい。これはニュートン力学の根底にある基本法則であり、このおかげで高層ビルや橋や工場といった建造物を作ることができる。どの大学でも、物理学の1年次の課程では基本的にこの方程式をさまざまな力学系で解く。

・どんな作用に対しても、等しく逆向きの反作用がある。だからロケットは宇宙空間を進むことができる。

この3法則は、太陽系に宇宙探査機を飛ばす際には完璧に当てはまる。ところが、いくつか特筆すべき領域では必ず破綻する。(a)光速に近い超高速。(b)ブラックホールのそばなど、きわめて強い重力場。(c)原子内部のきわめて短い距離。これらにおける現象を説明するには、アインシュタインの相対性理論と量子論も必要になる。

＊2 Chris Impey, *Beyond* (New York:W.W. Norton, 2015).

＊3 Impey, *Beyond*, p. 30.

＊4 歴史家たちは今も、ツィオルコフスキーとゴダードとフォン・ブラウンのような先駆者のあいだでいったいどれだけ交流があったかについて議論している。それぞれほぼ完全に個別に研究し、互いの成果を独立に再発見したと主張する人もいれば、とくに

彼らの成果の多くが公表されていたことから、かなりの交流があったと主張する人もいる。だが、ナチスがゴダードに問い合わせ、助言を求めていたことは知られている。するとフォン・ブラウンは、ドイツ政府にアクセスできたので、先達の成果についてすっかり知っていたと言ってもいいだろう。

＊5 Hans Fricke, *Der Fisch, der aus der Urzweit kam* (Munich: Deutscher Taschenbuch-Verlag, 2010), pp. 23–24.

＊6 Lance Morrow, "The Moon and the Clones," *Time*, August 3, 1998を参照。フォン・ブラウンが残した政治的遺産については、M. J. Neufeld, *Wernher von Braun: Dreamer of Space, Engineer of War* (New York: Vintage, 2008)に詳しい。また、ここでの議論はところどころ、2007年9月にNeufeld氏に対しておこなったラジオインタビューにもとづいている。宇宙時代を切り開いたものの、そのためにナチスの金銭的支援を得ていたこの大科学者については、多くの人が書いているが、下している結論はさまざまだ。

＊7 R. Hall and D. J. Shayler, *The Rocket Men: Vostok and Voskhod, the First Soviet Manned Spaceflights* (New York: Springer-Verlag, 2001)参照。

＊8 Gregory Benford and James Benford, *Starship Century* (New York: Lucky Bat Books, 2014), p. 3参照。

第2章　宇宙旅行の新たな黄金時代

＊1 Peter Whoriskey, "For Jeff Bezos, The Post Represents a New Frontier," *Washington Post*, August 12, 2013.

＊2 R. A. Kerr, "How Wet the Moon? Just Damp Enough to Be Interesting," *Science Magazine* 330 (2010): 434参照。

＊3 B. Harvey, *China's Space Program: From Conception to Manned Spaceflight* (Dordrecht: Springer-Verlag, 2004)参照。

＊4 J. Weppler, V. Sabathicr, and A. Bander, "Costs of an International Lunar Base" (Washington, D.C.: Center for Strategic and International Studies, 2009); https://csis.org/publication/costs-international-lunar-baseを参照。

第3章　宇宙で採掘する

＊1 www.planetaryresources.com参照。

第4章　絶対に火星へ！

＊1 イーロン・マスクの言葉について詳しくはwww.investopedia.com/university/elon-musk-biography/elon-musk-most-influential-quotes.aspを参照。

＊2 https://manofmetropolis.com/nick-graham-fall-2017-review参照。

＊3 *The Guardian*, September 2016; www.theguardian.com/technology/2016/sep/27/elon-musk-

spacex-mars-exploration-space-science.

＊4 *The Verge*, October 5, 2016; www.theverge.com/2016/10/5/13178056/boeing-ceo-mars-colony-rocket-spacex-elon-musk.

＊5 *Business Insider*, October 6, 2016; www.businessinsider.com/boeing-spacex-mars-elon-musk-2016-10.

＊6 同上。

＊7 www.nasa.gov/feature/deep-space-gateway-to-open-opportunities-for-distant-destinations 参照。

第5章　火星——エデンの惑星

＊1 ラジオ番組*Science Fantastic*でのインタビュー、June 2017.

＊2 R. Reider, *Dreaming the Biosphere* (Albuquerque: University of New Mexico Press, 2010)参照。

第6章　巨大ガス惑星、彗星、さらにその先

＊1 ロッシュ限界と潮汐力の計算には、ニュートンの重力法則の初歩的な応用しか必要としない。衛星は球体であって点状粒子ではないので、木星のような巨大ガス惑星からの引力は、木星から遠い側よりも近い側のほうが大きくなる。これによって衛星は少しふくらむ。一方、衛星を自身の引力でひとつに固めている重力を計算することもできる。衛星が惑星に十分近づくと、衛星を引き裂こうとする重力が、ひとつに固めている重力と等しくなる。ここで衛星は崩壊しだす。これがロッシュ限界だ。これまで報告されている巨大ガス惑星の環はすべて、ロッシュ限界の内側にある。これは、巨大ガス惑星の環が潮汐力によってできたことを示しているが、証明してはいない。

＊2 カイパーベルトの彗星とオールトの雲の彗星は、おそらく起源が異なる。当初、太陽は水素ガスと塵からなる巨大な球で、直径が数光年もあったかもしれない。ガスが重力によって収縮しだすと、次第に速く回転するようになった。このとき、ガスの一部が回転する円盤になり、やがて凝縮して太陽系ができた。この回転する円盤には水が含まれていたため、太陽系の外縁では彗星のリングができた。これがカイパーベルトになったのだ。一方、ガスと塵の一部はこの回転する円盤に凝縮しなかった。その一部が静止した氷の塊に凝縮し、原初の恒星のもともとあった輪郭をおおよそ描き出している。これがオールトの雲となった。

第7章　宇宙のロボット

＊1 *Discover Magazine*, April 2017; discovermagazine.com/2017/april-2017/cultivating-common-sense.

＊2 多くの人は、AIによって労働市場が激変し、おびただしい数の人間が職を失うという不安を抱いている。そうなる可能性はかなり高いが、この影響を打ち消すかもしれな

い動向も別にある。ロボットの設計、修理、保守、整備という新しい仕事が生まれ、その業界の規模が急激に拡大し、自動車業界に匹敵するほどになるかもしれないのだ。さらに、この先数十年はロボットに代われない職種もたくさんある。たとえば、用務員、警察官、建設作業員、配管工、庭師、工事の請負業者など、ある程度熟練が必要で反復的でない仕事は、ロボットに代われない。じっさい、今のロボットは未熟すぎてゴミも拾えないのだ。一般に、ロボットで自動化するのが難しい仕事としては、(a)常識、(b)パターン認識、(c)人間関係が絡んだ仕事が挙げられる。たとえば法律事務所で、パラリーガル（弁護士補助職員）はロボットに代わっても、弁護士は生身の陪審員や判事を前にして弁論するので、まだ必要とされる。中間業者はとくに職を失うおそれがあるので、サービスに付加価値（知的資本）が必要になるだろう。つまり、分析、経験、直感、イノベーションといった、ロボットに欠けている価値を加えるのである。

＊3 Samuel Butler, *Darwin Among the Machines*; www.historyofinformation.com/expanded.php?id=3849.

＊4 ほかに引用されるクロード・シャノンの言葉については、www.quates-inspirational.com/quote/visualize-time-robots-dogs-humans-121を参照。

＊5 Raffi Khatchadourian, "The Doomsday Invention," *New Yorker*, November 23, 2015; www.newyorker.com/magazine/2015/11/23/doomsday-invention-artificial-intelligence-nick-bostrom.

＊6 AIの脅威と恩恵についての議論は、広い視座から検討する必要がある。どんな発見も、善悪どちらの目的にも使われうる。弓矢が最初に発明されたときは、主にリスやウサギといった小動物を狩るために使われた。ところが、やがてほかの人間を狩るのに使える恐ろしい武器に進化した。また飛行機も、発明された当初は娯楽や郵便配達のために使われていたが、そのうち爆弾を運べる武器に変わっていった。同じように、AIもこの先何十年かは、仕事や新しい産業や富を生み出せる有用な発明であるだろう。だがそのうちに、知能が発達しすぎると、人類に存亡にかかわるリスクをもたらすかもしれない。では、どの時点でAIは危険になるのだろうか？　個人的には、自我をもつときが転換点だろうと考えている。今日のロボットは自分がロボットだとわかってはいないが、将来は大きく変わる可能性がある。とはいえ、私が思うに、この転換点にはおそらく今世紀の末近くまで到達しないから、われわれには準備する時間がある。

＊7 特異点の一面を分析する場合、「未来の世代のロボットは前の世代より賢くなれるので、知能が非常に高いロボットはすぐに作り出せる」と考えるのには慎重にならないといけない。もちろん、どんどん多くのメモリーをもつコンピュータを作り出すことはできるが、これはコンピュータが「賢くなった」と言えるのだろうか？　現実には、自分より知能の高い次世代のコンピュータを作り出せるコンピュータなど、一台も実証できていない。それどころか、「賢い」という言葉に厳密な定義がないのだ。これは、「賢

い」コンピュータを作り出せないということではなく、作り方がはっきりしないということにすぎない。実のところ、どうやってそれを実現できるのかがわからないのである。

＊8 思うに、人間の知能の鍵を握っているのは、未来をシミュレートする能力だ。人間は絶えず、未来について計画を立て、策をめぐらし、夢見て、思案し、思いにふける。そうせずにはいられない。われわれは予測する機械なのだ。だが、未来をシミュレートするためには、数限りない常識の法則を理解する必要があり、その法則はさらに、われわれをとりまく世界の基本的な生物学、化学、物理学の理解を前提としている。こうした法則を正確に理解するほど、未来のシミュレーションも正確になる。現在、この常識の問題がAIにとって大きなハードルのひとつだ。常識の法則をすべてコード化する試みが数多くなされているが、どれも失敗に終わっている。子どもでさえ、最新鋭のコンピュータよりもたくさんの常識を身につけている。したがって、ロボットはわれわれの世界についてごく単純なことも理解できないから、人類に代わって世界を支配しようとしても、ぶざまに失敗してしまうだろう。人類を支配しようとするだけではだめだ。なんらかの計画を実行するためには、単純きわまりない常識の法則を習得しなければならない。たとえば、ロボットに「銀行強盗をする」という単純な目標を与えても、失敗に終わる。ロボットには、起こりうるすべての未来のシナリオを現実的に描くことができないからだ。

第8章　スターシップを作る

＊1 R. L. Forward, “Roundtrip Interstellar Travel Using Laser-Pushed Lightsails,” *Journal of Spacecraft* 21, no.2 (1984): 187-95.

＊2 G. Vulpetti, L. Johnson, and L. Matloff, *Solar Sails: A Novel Approach to Interplanetary Flight* (New York: Springer, 2008) を参照。

＊3 Jules Verne, *From the Earth to the Moon*［邦訳：『月世界旅行』高山宏訳、筑摩書房など］。www.space.com/5581-nasa-deploy-solar-sail-summer.html で引用されている。

＊4 G. Dyson, *Project Orion: The True Story of the Atomic Spaceship* (New York: Henry Holt,2002).

＊5 S. Lee and S. H. Saw, “Nuclear Fusion Energy — Mankind's Giant Step Forward,” *Journal of Fusion Energy* 29, 2, 2010.

＊6 磁気核融合が地球上でまだなし遂げられていない根本的な理由は、安定性の問題にある。自然界では、重力がガスを均一に圧縮するため、ガスの巨大な球が圧縮されて恒星に核融合の火がつく。一方、磁気にはＮとＳの二極がある。だから磁気ではガスを均一に圧縮できない（風船をつぶそうとするのを考えよう。ある場所を絞ると、別の場所がふくらんでしまう）。これを解決する一手は、ドーナツ形の磁場を作り、その内部でガスを圧縮することだ。しかし物理学者は、高温のガスを10分の1秒以上圧縮できていない。これでは時間が短すぎて、自動継続的な核融合反応を起こせない。

＊7 反物質ロケットは物質を100パーセントの効率でエネルギーに変換するが、隠れた損

失もいくらかある。たとえば、物質と反物質の衝突で生まれるエネルギーの一部はニュートリノの形をとるため、集めて有用なエネルギーにすることができない。われわれの体は太陽からのニュートリノを絶えず浴びているが、何も感じていない。太陽が沈んでも、地球を突き抜けてきたニュートリノにさらされている。それどころか、ニュートリノのビームを鉛のかたまりに通すと、1光年の厚みを抜けてようやく止まるだろう。したがって、物質と反物質の衝突で生じたニュートリノのエネルギーは失われてしまい、力を生み出すのに使うことができない。

*8 R. W. Bussard, "Galactic Matter and Interstellar Flight," *Astronautics Acta* 6 (1960):179-94.

*9 D. B. Smitherman Jr., "Space Elevators: An Advanced Earth-Space Infrastructure for the New Millennium," NASA pub. CP 2000-210429.

*10 NASA SCIENCE, "Audacious and Outrageous: Space Elevators"; http://science.nasa.gov/science-news/science-at-nasa/2000/asto7sep_1.

*11 アインシュタインの特殊相対性理論は、次の簡潔な一文を基本とする。「光速はどの慣性系においても（すなわち、どの等速運動する系においても）一定である」。これは、光速について何も言っていないニュートンの法則に反する。したがって上述のアインシュタインの原理を満たすには、運動の法則に対するわれわれの認識を大きく変える必要がある。先ほどの一文から、次のことが言える。

・ロケットで速く動くほど、ロケット内部の時間の進みは遅くなる。

・速く動くほど、ロケットの内部の空間は縮む。

・速く動くほど、重くなる。

するとその結果、光速では時間が止まり、あなたは無限にぺしゃんこになって無限に重くなるはずだが、それはありえない。だからあなたは光速の壁を破れないのだ（ただしビッグバンのときには、宇宙がすさまじい速さで広がったため、膨張速度は光速を上回った。だがこれは問題にならない。光より速く広がっているのは、空っぽの空間だからだ。一方、物質が光速を超えて進むことは禁じられている）。

光速を超える手段で唯一知られているのは、アインシュタインの一般相対性理論に頼るものだ。一般相対性理論では、時空は一枚の生地になり、伸ばしたり、曲げたり、破ったりさえすることができる。第一の手段は、ふたつの宇宙を結合双生児のようにつなぐ「多重連結空間」（ワームホール）を通り抜けるというものだ。2枚の紙を平行に重ね、両方を貫く穴をあけたら、それがワームホールになる。あるいは、どうにかして前方の空間を縮められれば、その縮んだ空間を跳び越えて、光より速く進むことができる。

*12 スティーヴン・ホーキングが示した見事な定理によれば、負のエネルギーは、アインシュタインの方程式で、タイムトラベルやワームホール宇宙船を可能にするどの解にも欠かせない。

負のエネルギーは、通常のニュートン力学では認められていないが、カシミール効

果を通じて量子論では認められている。その大きさは実験で測定されているが、きわめて小さい。2枚の大きな金属板を平行に置くと、カシミール効果によるエネルギーは、板同士の隙間の距離の3乗に反比例する。つまり、2枚の板を近づけると、負のエネルギーの量は急激に増えるのだ。

問題は、十分な効果を得るには、板同士を原子未満の距離まで近づけなければならず、それは今日の技術では不可能という点にある。そこで、非常に進んだ文明ならどうにかして大量の負のエネルギーを利用できるようになり、タイムマシンやワームホール宇宙船が実現できていると考えるほかない。

*13 M. Alcubierre, "The Warp Drive: Hyperfast Travel Within General Relativity," *Classical and Quantum Gravity* 11, no. 5(1994): L73-L77を参照。ディスカバリー・チャンネルの仕事でアルクビエレにインタビューしたとき、彼は、アインシュタインの重力方程式に対する自分の解が科学に大きく貢献したことを自負しつつも、実際にワープドライブ・エンジンを作ろうとしたらぶつかる困難については懸念していた。第一に、ワープバブルの内部の時空は、外界と因果的に隔絶している。つまり、スターシップを船外から操縦したり、外からの指令で動かしたりするのは不可能だということだ。第二に、最も重要なことだが、ワープドライブ・エンジンは、(いまだ発見されていない)負の物質と(ごくわずかな量しか存在しない)負のエネルギーを大量に必要とする。そのため彼は、主な障害が解決されないかぎり、実用的なワープ・エンジンを作ることはできないだろう、と結論づけた。

第9章　ケプラーと惑星の世界

*1 William Boulting, *Giordano Bruno: His Life, Thought, and Martyrdom* (Victoria, Australia: Leopold Classic Library, 2014).

*2 同上。

*3 探査機ケプラーについて、詳しくはNASAのウェブサイトを参照。http://www.kepler.arc.nasa.gov.

探査機ケプラーは、天の川銀河の小さな一角に的を絞っていた。それでも、ほかの恒星を周回する惑星が4000個あまり存在する証拠を見つけてきた。だがその小さな一角からでも、銀河全体に敷衍(ふえん)すれば、天の川銀河にある惑星の概数が調べられる。ケプラーのあとに続くミッションでは、天の川銀河のさまざまな領域を観測する予定で、種々のタイプの系外惑星や、もっと地球に近いものが見つかることが期待されている。

*4 サラ・シーガー教授へのインタビュー、*Science Fantastic* radio, June 2017.

*5 Christopher Crockett, "Year In Review: A Planet Lurks Around the Star Next Door," *Science News*, December 14, 2016.

*6 サラ・シーガー教授へのインタビュー、*Science Fantastic* radio, June 2017.

＊7 www.quotes.euronews.com/people/michael-gillon-KAp4OyeAを参照。

第10章　不死

＊1 A. Crow, J. Hunt, and A. Hein, "Embryo Space Colonization to Overcome the Interstellar Time Distance Bottleneck," *Journal of the British Interplanetary Society* 65 (2012): 283-85.

＊2 Linda Marsa, "What It Takes to Reach 100," *Discover Magazine*, October 2016.

＊3 不死は、熱力学の第二法則に反すると言われることがある。その法則によれば、生物を含むあらゆるものは、いずれ朽ちて腐り、死ぬのだ。しかし、（孤立系のなかで）エントロピー（無秩序さ）は必ず増大するというこの第二法則には、抜け穴がある。エネルギーを外部から加えられる系ならば、エントロピーは逆戻りさせられる。これは冷蔵庫の仕組みと同じだ。冷蔵庫の下にあるモーターは、ガスをパイプに送り込み、膨張させることで、庫内を冷やしている。これを生物に当てはめると、エネルギーを外部（太陽）から加えればエントロピーは逆戻りさせられることになる。

　したがって、われわれの生存そのものが可能なのは、太陽が植物にエネルギーを与え、われわれがその植物を摂取し、それで得たエネルギーを使ってエントロピーを局所的に逆戻りさせられるからなのだ。すると人間の不死についても、外部から（食事の変化、運動、遺伝子治療、新種の酵素の摂取などの形で）局所的に新たなエネルギーを加えれば、第二法則をかわすことができる。

＊4 Michio Kaku, *The Physics of the Future* (New York: Anchor Books, 2012), p. 118に引用あり。［邦訳：『2100年の科学ライフ』斉藤隆央訳、NHK出版］

＊5 人口爆発にかんして1960年代に立てられた悲観的な予測は、おおかた外れている。むしろ、世界人口の増加率は下がっているのだ。だが問題は、世界人口の絶対数は――とくにサハラ以南のアフリカで――まだ増えていることであり、そのため2050年や2100年の世界人口を実際に見積もるのは難しい。それでも一部の人口統計学者は、この傾向が続けば、最終的に世界人口は横ばいになって安定するだろうと主張している。そうなれば、世界人口は頭打ちになるはずだから、人口爆発による破局は回避できる。しかしこれはまだ推測にすぎない。

＊6 https://quotefancy.com/quote/1583084/Danny-Hillis-I-m-as-fond-of-my-body-as-anyone-but-if-I-can-be-200-with-a-body-of-siliconを参照。

第11章　トランスヒューマニズムとテクノロジー

＊1 Andrew Pollack, "A Powerful New Way to Edit DNA," *New York Times*, March 3, 2014, https://www.nytimes.com/2014/03/04/health/a-powerful-new-way-to-edit-dna.html.

＊2 Michio Kaku, *Visions* (New York: Anchor Books, 1998), p. 220［邦訳：『サイエンス21』野本陽代訳、翔泳社］および、Michio Kaku, *The Physics of the Future*, p. 118［邦訳：『2100年の科学ライフ』斉藤隆央訳、NHK出版］を参照。

＊3 Kaku, *The Physics of the Future*, p. 118.

＊4 F. Fukuyama, "The World's Most Dangerous Ideas: Transhumanism," *Foreign Policy* 144 (2004): 42-43.

第12章 地球外生命探査

＊1 アーサー・C・クラークはかつて、「宇宙には知的生命が存在するのか、しないのか。どちらを考えても恐ろしい」と述べている。

＊2 Rebecca Boyle, "Why These Scientists Fear Contact with Space Aliens," NBC News, February 8, 2017, https://www.nbcnews.com/storyline/the-big-questions/why-these-scientists-fear-contact-space-aliens-n717271.

＊3 現時点で、SETI計画に対して意見の完全な一致は見られていない。銀河系には知的生命が満ちあふれていると考える人もいれば、われわれは宇宙で孤独かもしれないと考える人もいる。解析できるデータポイントがひとつ（地球）しかないため、解析の厳密な指針となる手段が、ドレイクの方程式以外にほとんどないのである。

別の意見については、N. Bostrom, "Where Are They: Why I Hope the Search for Extraterrestrial Intelligence Finds Nothing," *MIT Technology Review Magazine*, May/June 1998, 72-77を参照。

＊4 E. Jones, "Where Is Everybody? An Account of Fermi's Question," *Los Alamos Technical Report* LA 10311-MS, 1985を参照。S. Webb, *If the Universe Is Teeming with Aliens ... Where Is Everybody?* (New York: Copernicus Books, 2002)［邦訳：『広い宇宙に地球人しか見当たらない50の理由』松浦俊輔訳、青土社］も参照。

＊5 Stapledon, *Star Maker* (New York: Dover, 2008), p. 118.［邦訳：『スターメイカー』浜口稔訳、国書刊行会］

＊6 そのほか、容易には否定できない可能性もたくさんある。ひとつは、われわれが宇宙で孤独だという可能性だ。その論拠は、われわれが次々と新たなゴルディロックスゾーンを発見していることにある。つまり、そうした新たなゴルディロックスゾーンのすべてに当てはまる惑星を見つけるのがどんどん難しくなっているのだ。たとえば、天の川銀河のゴルディロックスゾーンがある。惑星が銀河中心に近すぎると、放射線が強すぎて生命が存在できない。ところが中心から離れすぎると、生命の分子を生み出せるだけの重元素が存在しない。ゴルディロックスゾーンはほかにも非常にたくさんあるかもしれず、その多くはまだ知られてすらいないので、知的生命がいる惑星は宇宙にただひとつなのではないかというわけである。ゴルディロックスゾーンがひとつ増えるたびに、生命の存在確率は大きく低下する。そうしたゴルディロックスゾーンが非常にたくさんあるのなら、全体として知的生命の存在確率はほぼゼロになってしまう。

一方で、地球外生命は、われわれが実験室で再現することはとうていできない、化

学や物理のまったく新しい原理にもとづいたものかもしれないと言う人もいる。つまり、自然に対するわれわれの理解は、地球外生命を説明するにはあまりに限られていて単純すぎるというわけである。それは正しいかもしれない。そして、宇宙を探索すれば、驚くべき新発見があるのは間違いない。とはいえ、未知の化学的・物理的現象が存在するかもしれないと言うだけでは議論を進められない。科学は検証可能で、再現可能で、反証可能な理論にもとづくものなので、未知の化学的・物理学的原理が存在すると仮定するだけでは役に立たないのである。

第13章　先進文明

＊1 David Freeman, "Are Space Aliens Behind the 'Most Mysterious Star in the Universe'?" *Huffington Post*, August 25, 2016; www.huffingtonpost.com/entry/are-space-aliens-behind-the-most-mysterious-star-in-the-universe_us_57bb5537e4b00d9c3a1942f1を参照.
Sarah Kaplan, "The Weirdest Star in the Sky Is Acting Up Again," *Washington Post*, May 24, 2017; www.washingtonpost.com/news/speaking-of-science/wp/2017/05/24/the-weirdest-star-in-the-sky-is-acting-up-again/?utm_term=.881e3264a807も参照.

＊2 Ross Anderson, "The Most Mysterious Star in Our Galaxy," *The Atlantic*, October 13, 2015; www.theatlantic.com/science/archive/2015/10/the-most-interesting-star-in-our-galaxy/410023/.

＊3 N. Kardashev, "Transmission of Information by Extraterrestrial Civilizations," *Soviet Astronomy*, 8, 1964: 217.

＊4 Chris Impey. *Beyond: Our Future in Space* (New York: W. W. Norton, 2016), pp.255-56.

＊5 David Grinspoon, *Lonely Planets* (New York: HarperCollins, 2003), p. 333.

＊6 ＬＨＣやそれを上回る巨大な加速器を作ると、ブラックホールができて地球をまるごと破壊してしまう、と言われることもある。それはいくつかの理由からありえない。
　第一に、ブラックホールを作るには巨星に匹敵するエネルギーが必要だが、ＬＨＣではそれだけのエネルギーを生み出せない。ＬＨＣのエネルギーは素粒子レベルであり、時空に穴をあけるにはあまりにも小さすぎるのだ。第二に、母なる自然はＬＨＣが生み出すものより強力な素粒子を地球に浴びせているが、地球はいまだ健在である。したがって、ＬＨＣを上回るエネルギーをもつ素粒子でも無害なのだ。さらに、ひも理論ではミニブラックホールの存在が予言されており、いつの日か粒子加速器でそれが見つかるかもしれない。だがそうしたミニブラックホールは恒星ではなく素粒子なので、まったく危険はない。

＊7 量子論と一般相対性理論を単純に組み合わせようとしても、数学的な矛盾が生じ、これは物理学者をほぼ1世紀にわたり悩ませてきた。たとえば2個のグラビトン（重力の粒子）の散乱を計算すると、無限大という解が出る。つまり意味をなさないのだ。したがって、理論物理学が直面している根本的な問題は、有限な解が導かれるように重

力と量子論を統一することなのである。

現在のところ、この厄介な無限大をなくすことが知られている唯一の手だてが、超ひも理論だ。この理論には、無限大同士を打ち消す強力な対称性のセットが存在する。ひも理論では、すべての粒子に「ス粒子」というパートナーが存在するためだ。通常の粒子に由来する無限大が、ス粒子に由来する無限大とちょうど打ち消し合うので、理論全体が有限になる。ひも理論は、物理学で唯一、次元を選り好みする理論である。超対称性のもとで対称な理論だからだ。一般に、宇宙のすべての粒子は、ボソン（整数スピンをもつ）とフェルミオン（半整数スピンをもつ）というふたつの種類に分けられる。時空の次元の数が増えると、フェルミオンとボソンの数も増える。そして一般に、フェルミオンの数はボソンの数よりもずっと急激に増していく。ところがこのふたつの数の増え方を示す曲線は、10次元（ひもの場合）と11次元（球面や泡のような膜の場合）で交わる。したがって、10次元と11次元でのみ、矛盾のない超ひも理論になる。

時空の次元を10に設定すると、矛盾のないひも理論が得られる。ところが、10次元では5種類のひも理論が存在する。時間と空間の究極理論を探し求める物理学者にとって、矛盾のないひも理論が5種類も存在するとは信じがたい。最終的に欲しいのは、ただひとつなのだ（その指針となる問いのひとつとして、アインシュタインはこう尋ねている。「神が宇宙を創造する際に選択の余地はあったか？」。言い換えれば、「宇宙はただひとつなのか？」となる）。

その後エドワード・ウィッテンによって、次元をもうひとつ加えて11次元にすれば、5つのひも理論をただひとつの理論に統合できることが示された。この「M理論」には、ひもだけでなく膜も存在する。11次元の膜から始めて、11の次元のうちひとつを（ぺしゃんこにしたり切り取ったりして）減らすと、膜をひもにする方法が5つあることがわかり、既知の5つのひも理論が得られるのだ（たとえばビーチボールをぺしゃんこにして赤道部分だけ残すと、11次元の膜を10次元のひもに減らしたことになる）。残念ながら、M理論の土台となる理論は、今日でもまったくわかっていない。わかっているのは、11次元を10次元に減らすとM理論が5種類のひも理論のそれぞれになり、低エネルギーの制約のもとでは、M理論は11次元の超重力理論になるということだけだ。

*8 タイムトラベルはまた別の理論上の問題を提起する。光の粒子である光子がワームホールに入って時間を数年さかのぼると、数年後にこの光子は現在にたどり着き、再びワームホールに入る。それどころか、光子はワームホールに無限回入れるので、タイムマシンは爆発してしまう。これが、タイムマシンに対してスティーヴン・ホーキングが唱えた反論のひとつだ。しかし、この問題を回避する方法がある。量子力学の多世界理論によれば、宇宙は絶えずふたつに分かれ、並行宇宙ができている。したがって、時間が絶えず分岐しているのなら、光子は一度しか時間をさかのぼらないことになる。光子が再びワームホールに入ると、単に別の並行宇宙に入るだけなので、ワー

ムホールを通るのは一度だけなのである。こうして無限回の問題は解決する。それだけでなく、宇宙は絶えず「並行現実」に分かれているとする考えを採用すれば、タイムトラベルにまつわるパラドックスがすべて解決する。あなたが生まれる前に自分の祖父を殺しても、あなたの祖父に似た、並行宇宙にいる祖父を殺したにすぎない。あなたの宇宙にいる祖父は殺されていないのである。

第14章　宇宙を出る

＊1 ブラックホールさえ、いずれは死を迎えるにちがいない。不確定性原理によれば、あらゆるものは不確定であり、ブラックホールもそうだ。ブラックホールは、そこへ落下するあらゆる物質を100パーセント呑み込むように思われているが、それは不確定性原理に反する。したがって、実はブラックホールからかすかに放射が漏れ出ていて、これをホーキング放射という。ホーキングは、これが黒体放射であり（溶融状態の金属が発する放射に近い）、そのため関連する温度があるということを明らかにした。計算によると、ブラックホール（実際にはグレー）は途方もない年月をかけて大量の放射を発するので、もはや安定ではなくなる。やがてブラックホールは爆発して消滅する。だからブラックホールさえ、いずれは死を迎えるのだ。

いつかビッグフリーズが起こると仮定するのなら、われわれの知る原子が今から何兆年の何兆倍も先には崩壊するという事実と向き合わなくてはならない。現在のところ、素粒子の標準模型によれば、陽子は安定であるはずだ。ところが、標準模型を一般化して種々の原子内の力を統一しようとすると、陽子はいずれ陽電子やニュートリノに崩壊する可能性があることがわかる。これが事実なら、（われわれの知る）物質は最終的に不安定になり、陽電子とニュートリノと電子などの霧になってしまう。こうした過酷な条件では、生命はきっと存在できないだろう。熱力学第二法則によれば、使える仕事を取り出せるのは、温度差がある場合に限られる。ところがビッグフリーズになると、温度が絶対零度近くまで下がるため、もはや使える仕事を取り出せるだけの温度差がなくなる。つまり、考えられるかぎりの生命も含め、何もかもが停止するのである。

＊2 ダークエネルギーは物理学における最大級の謎だ。アインシュタインの方程式には一般共変性をもつふたつの項がある。ひとつは「縮約曲率テンソル」で、恒星やダスト雲や惑星などによる時空の歪みを計量する。もうひとつは「時空の体積」だ。このため、真空にもそれにかかわるエネルギーがあることになる。宇宙が膨張するほど、真空も増えるため、使えるダークエネルギーが増えてさらなる膨張を生み出す。つまり、真空の膨張率は、存在する真空の量に比例するとも言える。すると当然、宇宙の指数関数的な膨張が生じることになり、これをド・ジッター型膨張（最初に突き止めた物理学者の名にちなむ）という。

このド・ジッター型膨張が、ビッグバンを開始させた最初のインフレーションを引

き起こしたのかもしれない。だが現在、それがまた再び宇宙を指数関数的に膨張させている。あいにく、物理学者はこれを根本原理からいっさい説明できずにいる。ひも理論は一番ダークエネルギーを説明できそうなところまで来ているが、問題は、それでは宇宙のダークエネルギーの量を厳密に予測できない点にある。ひも理論では、10次元の超空間をどのように巻き上げるかによって、異なるダークエネルギーの値が得られるのだが、それではどれだけのダークエネルギーが存在するのかを厳密に予測できないのである。

＊3 ワームホールがありうるとしても、まだ乗り越えるべき障害がある。ワームホールの向こう側でも物質が安定であるようにしなければならない。たとえば、われわれの宇宙が存在できるのは、陽子が安定だから——いや、少なくとも宇宙が138億年のあいだ崩壊して低い状態になっていない程度には、陽子が安定だから——である。マルチバースのなかにある別の宇宙には、たとえば陽子がずっと質量の低い陽電子のような粒子に崩壊してしまう基底状態が存在する可能性もある。その場合、周期表にあるおなじみの元素はすべて崩壊し、宇宙が電子とニュートリノの霧となり、安定な原子は存在できなくなるだろう。したがって、物質がわれわれのものと似ていて安定であるような並行宇宙に入るよう、取りはからわなければならない。

＊4 A. Guth, "Eternal Inflation and Its Implications," *Journal of Physics* A 40, no. 25 (2007): 6811.

＊5 インフレーション理論は、ビッグバンの厄介な問題をいくつか解決してくれる。ひとつは、われわれの宇宙がきわめて「平坦」に見えるという問題だ。標準的なビッグバン理論でふつうに予測されるよりも、はるかに平坦なのである。これは、われわれの宇宙が以前の考えよりはるかに速く膨張したと仮定すると、説明がつく。元の宇宙の小さなかけらが桁外れにふくらみ、その過程で平らになったのである。さらにインフレーション理論は、宇宙が本来考えられるよりはるかに一様である理由も説明してくれる。宇宙は、あちこちへ目を向けると、きわめて一様であることがわかる。ところが、（光速は究極の速度なので）元の宇宙が完全に混ざり合うだけの時間はなかったはずだ。これは、ビッグバンを起こす宇宙の小さなかけらが実は一様で、その一様なかけらが急激に膨張して今日の一様な宇宙になったとすると、説明がつく。

このふたつの成果に加え、インフレーション宇宙論は、これまでのところ宇宙マイクロ波背景放射から得られたデータのすべてと整合している。だからといってこの理論が正しいと言えるわけではなく、現在までのあらゆる観測データと整合しているだけだ。正しいかどうかはいずれわかるだろう。インフレーションにまつわる顕著な問題のひとつは、何が原因なのかだれにもわかっていないことだ。この理論は、インフレーションの瞬間以降についてはうまく説明できるが、最初に宇宙を膨張させた原因についてはまったく何も語っていないのである。

＊URLは2018年2月の原書刊行時のものです。

図版クレジット

p.56 Mapping Specialists, Ltd.
p.100 NASA
p.190 NASA
p.203 Adrian Mann
p.209 Adrian Mann
p.219 Mapping Specialists, Ltd.
p.222 Mark Rademaker
p.240 The Habitable Exoplanets Catalog, PHL @ UPR Arecibo (phl.upr.edu)
p.370 NASA

著者

ミチオ・カク　Michio Kaku

ニューヨーク市立大学理論物理学教授。ハーヴァード大学卒業後、カリフォルニア大学バークリー校で博士号取得。「ひもの場の理論」の創始者の一人。『超空間』（翔泳社）、『アインシュタインを超える』（講談社）、『パラレルワールド』『サイエンス・インポッシブル』『2100年の科学ライフ』『フューチャー・オブ・マインド』（以上、NHK出版）などの著書がベストセラーとなり、『パラレルワールド（*Parallel Worlds*）』はサミュエル・ジョンソン賞候補作。本書 *The Future of Humanity* は『ニューヨーク・タイムズ』ベストセラー。BBCやディスカバリー・チャンネルなど数々のテレビ科学番組に出演するほか、全米ラジオ科学番組の司会者も務める。最新の科学を一般読者や視聴者にわかりやすく情熱的に伝える力量は高く評価されている。
［著者サイト］**www.mkaku.org**

訳者

斉藤隆央　さいとう・たかお

翻訳家。1967年生まれ。東京大学工学部工業化学科卒業。訳書にミチオ・カク『パラレルワールド』『サイエンス・インポッシブル』『2100年の科学ライフ』『フューチャー・オブ・マインド』、フィリップ・プレイト『宇宙から恐怖がやってくる！』（以上、NHK出版）、ニック・レーン『生命、エネルギー、進化』（みすず書房）、オリヴァー・サックス『タングステンおじさん』（早川書房）、エドワード・O・ウィルソン『人類はどこから来て、どこへ行くのか』、ホヴァート・シリング『時空のさざなみ』（以上、化学同人）、ロブ・デサール、スーザン・L. パーキンズ『マイクロバイオームの世界』（紀伊國屋書店）、クリストファー・ボーム『モラルの起源』（白揚社）、ホッド・リプソン、メルバ・カーマン『2040年の新世界』（東洋経済新報社）、アリス・ロバーツ『生命進化の偉大なる奇跡』（学研プラス）など。

校正：酒井清一
本文デザイン：宮口　瑚
本文組版：佐藤裕久
編集協力：鈴木由香

人類、宇宙に住む
実現への3つのステップ

2019年4月25日　第1刷発行

著　者　ミチオ・カク
訳　者　斉藤 隆央
発行者　森永 公紀
発行所　NHK出版
〒150-8081 東京都渋谷区宇田川町41-1
電話 0570-002-245（編集）
0570-000-321（注文）
ホームページ http://www.nhk-book.co.jp
振替 00110-1-49701

印　刷　亨有堂印刷所／大熊整美堂
製　本　ブックアート

乱丁・落丁本はお取り替えいたします。定価はカバーに表示してあります。

Printed in Japan ISBN978-4-14-081776-6 C0098

NHK出版の本

フューチャー・オブ・マインド　心の未来を科学する

ミチオ・カク
斉藤隆央 訳

テレパシー・記憶の増強・AI……。SFの世界が現実になる。理論物理学の権威であるカク博士が、自然界最大の謎といわれる「心」を題材に、壮大でワクワクする旅へと誘う知的エンターテインメント。

2100年の科学ライフ

ミチオ・カク
斉藤隆央 訳

コンピュータ、人工知能、医療、ナノテクノロジー、エネルギー、宇宙旅行…。2100年までに科学は私たちの生活をどう変えるのか。物理学者ミチオ・カク博士が私たちの「未来」を描き出す。

サイエンス・インポッシブル　SF世界は実現可能か

ミチオ・カク
斉藤隆央 訳

かつて想像の世界にしか存在しなかったGPSや携帯電話も、いまや当たり前。それならば、タイムトラベルやテレポーテーションも、いつかは…？　ミチオ・カク博士が夢のテクノロジーに挑戦する。